传统营造文明

姚 慧 著

中国建材工业出版社

图书在版编目（CIP）数据

传统营造文明 / 姚慧著 . -- 北京：中国建材工业
出版社，2021.4
ISBN 978-7-5160-2913-8

Ⅰ．①传…　Ⅱ．①姚…　Ⅲ．①建筑文化－研究－中国
Ⅳ．① TU-092

中国版本图书馆 CIP 数据核字（2020）第 078671 号

传统营造文明

Chuantong Yingzao Wenming

姚 慧 著

出版发行：中国建材工业出版社
地　　址：北京市海淀区三里河路 1 号
邮政编码：100044
经　　销：全国各地新华书店
印　　刷：北京雁林吉兆印刷有限公司
开　　本：787mm×1092mm　1/16
印　　张：21
字　　数：350 千字
版　　次：2021 年 4 月第 1 版
印　　次：2021 年 4 月第 1 次
定　　价：**86.00 元**

记得六十多年前的 1954 年秋，我有幸考进了清华大学建筑系，见到了我景仰的梁思成先生。那时我们听高班同学说：梁先生非常欢迎学生到他家作客。于是，在一个晴好的周末下午，我们同班的几个同学，闯入了梁先生的家——圣因院 28 号。

我们以前从没有去过梁先生的家，是第一次开了眼界。在一座独院式住宅的一方客厅之中，四周布满了书架、书桌、字画、盆景，中间一组沙发。我们几个却被窗口的一个陶制小动物吸引住了：大家七嘴八舌窃窃私语，是小猪？小狗？小马？都不是，样子很丑。正在此时，梁先生在我们背后咯咯地笑了："你们说这个小动物美不美？你们一定会说它很丑吧，你们什么时候觉得它很美了，你们就可以毕业了！"这个景象，今天我历历在目，记忆犹新呵！

当我读到先哲罗丹的名言"美是到处都有的，美在于发现"时，我就会联想到，梁思成先生不正是期望我们这些莘莘学子都能有发现美的眼界吗？！

姚慧先生约我为他的《传统营造文明》写篇序言，我想把我对梁思成先生的思念之情，转嫁到这序言中来，是最好的笔墨了！姚慧先生在书中的"技术文明推动建筑发展""文化文明铸就建筑灵魂"不就是发现吗？！

姚慧先生在这本宏著的末尾有幅中国建筑屋脊的图片，我看很耐人寻味：它是结构，也是构造；防火，也防雷；是美观，也是心理愿望。各取所需、各显其长吧！

打住了。

是为序。

清华大学建筑学院教授

营造的发端皆出于人类致力衣食住行四大基本需求。文明初萌时期，人类衳皮为衣，渔猎为食，巢穴为居，轮轴为车，为基本需求而奋斗。因此，营造实际上是一种基于人的意识或思想而开展的有目的的活动。所幸的是，营造目的一旦达到，人类并不会就此满足，而是进一步提高营造目的的要求，追求一种更高更好的目标，不间断地进行完善。这种水涨船高式的目标成为营造进步的动力。随着营造技术的日臻提升，营造成果的推陈出新，营造智慧也在逐步积累。这种日积月累的营造智慧最终积淀成为一种营造文明。当我们今天回过头来审视历史留存下来的营造成果和营造智慧时，欣喜地发现古人留传给我们一份宝贵的遗产——传统营造的文明。因此，我们有责任把这份宝贵的遗产保存起来并传承下去。

中国古代建筑从新石器时期的"穴居野处""构木为巢"，发展到明清时期的"梁架结构""柱网体系"，薪火相传数千年，在世界建筑文化大家庭中独成体系，堪称典范。这个事实充分说明中国建筑文化的基因强大，肌体健康，传承严密，生命力旺盛。时至今日，我们仍然可以从中国建筑文化中汲取营养，激发灵感，显现秉性，增强自信，树立榜样。

本书的著者是一位从事三十多年建筑设计的建筑师，有着丰富的建筑创作与工程建造的经验。同时，通过大量的专业阅读，促使他对中国建筑文化进行了深入思考，试图从中国建筑文化的根基上梳理出建筑文化发展的脉络，从而达到真正认识中国建筑文化精髓的目的。这种追根溯源的态度有助于建筑创作从"知其然"的被动转化为"知其所以然"的主动，能够让历史文化的精髓为新时代的发展与进步发挥新的作用。

本书分为六章，实际上是六个关于营造的主题。前两个主题围绕建筑营造，后四个主题围绕古代政治、哲学、宗教、文学、艺术，每个主题之下又分为若干个专题，从编撰体例上讲这本书更像一本读书札记。这种编撰体例的好处是，读者可以从任何一个感兴趣的主题、甚至是一个感兴趣的专题切入阅读，不必拘泥于从头到尾、循序渐进。

最后，希望在"读屏"的时代能有更多的人把"读书"视为一种无形文化遗产（Intangible Heritage）去身体力行地保护和传承。

北京建筑大学教授

刘临安

2021 年早春

建筑源于人类的基本生活需要，古人为了遮风挡雨而"构木为巢"。所谓建筑是为人类提供居住和使用功能的场所，是人类行为活动的载体。所以建筑首先要满足人的生存和安全需求，在实用功能的基础上，随着社会、生活和生产的发展演变而不断发展、完善。"营造"一词，尤能概括中国人对传统建筑文化的认知和领悟。

建筑是一种艺术，更是一种文化。半个世纪之前，一位哲人曾忧郁地发问，中国文化之美丽精神往何处去？最能体现中国传统文化精神的，莫过于中国古代建筑。民族传统建筑最能彰显建筑文化的独特个性和其内涵本质，人类文化活动的所有历史记忆、哲学思潮、生活场景都能够在建筑中找到灵魂凝固的载体。不同时代的建筑承载着不同维度的哲学思维和文化根源，自古以来，建筑与其他不同文化思想之间相互影响、融合，文化引导着建筑，建筑诠释着文化，反映出不同历史时期的文明进程和时代精神，是人类文明的象征。

中国古代建筑文化历经几千年的发展铸就成一部丰富多彩的古代文化建筑史、营造文明史，成为中国传统历史文化的重要组成部分。作为人类文明、社会观念、时代精神的具体存在和表现形式之一的营造文明深深扎根于中华文明的历史长河。传统营造文明是伟大而广博的，是中华传统文明发展史上的一个重要标志，是涉及面最广、综合因素最多、影响因子最大、规模最为宏伟的文明群体；传统营造文明自人类活动以来的数千年，绵延不息，以其顽强的生命力生存发展，最终成为中华民族精神文化的一个缩影；传统营造文明是坚实厚重的载体，中国古代曾经存在过的每一座城市、每一个乡村、每一幢建筑，历史记载中的每一部文献、每一个故事，都蕴藏着丰富的历史、社会和文化内涵。从更广泛的文明意义来讲，在古老而独特的东方文化中，中国传统建筑营造文明的精神，不仅仅属于过去，而且属于未来；不仅仅属于中国，也属于世界。

营造文明应该是基于自然的基础之上，包含所有营造活动的内容。具体来说由一切有关营造的技艺、技术和与之相关联的政治制度、宗教信仰、法律法规、哲学思想、文学艺术、审美情趣等文化现象所组成。《周易·系辞上传》记载："形而上者谓之道，形而下者谓之器。"《语类》也称："形而上者无形无影，是此理；形而下者有情有状，是此器。""道"与"器"的关系，是一个充满辩证法的命题。传统建筑文化的文明研究，如果仅止于对建筑营造的技艺、技术上"器"的一般解析，仍然难以把握中国传统建筑"文脉"思想；所以对于营造文明不仅止于对建筑领域"器"之层次上的研究，而同时应将眼光扩大到整个文史、哲学、科技与艺术领域，才能叩摸中国建筑文化深邃而迷人的理性之"道"，把握传统营造文明之"魂"。

文明是使人类脱离野蛮状态的所有社会行为和自然行为构成的集合，这些集合至少包括了人类群族文化的历史、地理、风土人情、传统习俗、工具、附属物、生活方式、宗教信仰、文学艺术、规范、律法、制度、思维方式、价值观念、审美情趣、精神图腾等要素。而在中华文明、中国传统文化的大背景下，与传统营造文明有交集，互相影响、融合、同构的文化现象更可谓盘根错节、错综复杂。

在营造文明这个主干之下，有太多的并列主线，每一条线索都可以贯穿营造文明的长河。在有限的篇幅中，难以展开和挖掘其他更多内容，为避免史实的堆砌和细节罗列，如何才能尽可能多地展示古代营造文明的精华，更好地体现博大精深的营造文明内涵？这是最大的难题，而我们要做的就是怎么用尽可能符合逻辑的选择、独特的文化视角，把营造文明的精神和内涵恰当地表现出来。

所以本书的目的不仅仅是总结、概括前人的成果写一部新作，而是希望在涉猎学习名家大作、研究成果的基础上，展现出一种新的研究思路。其实有相当一部分内容有其专业的研究，所以我选择了一种平行线索的阐述方法，使我的视线可以从一个世界游移到另一个世界。如果说这种选择是受我所能掌握的资料情况和个人兴趣所主宰，我也觉得本书的鲜明特点就是它表现了营造文明的复杂性、多样性和充分的矛盾统一性，从而使人们对它进行更加全面的考虑，我认为无论是专业和非专业的读者所追求的正是这样一种全面的观点。

综合各种因素后，最后决定以发散性的思维，从不同的角度出发研究，并选用两大部分不同的主题。第一部分，主要阐述、分析建筑技术的文明，这部分内容抛开了对建筑营造技艺本身的具体研究，而将重点放在较少关注的古代营造建设的设计、管理、施工技术及建筑材料发展等技术文明手段的梳理解析上。第二部分，是关于建筑营造文化文明的整理与探索，直面中国传统建筑"文脉"思想。这一部分将重点放在分析阐明皇权政治、哲学宗教、文学绘画、自然社会等各种不同传统文化与建筑文化的相激相荡、交汇影响，展开伦理文化的精神探求，充分挖掘中国建筑文化的精神内涵，尽力把握中国传统建筑之"中国心"。

这种采用横断面不同角度切入、平行式分类讲述的结构方法，并不是最完美的选择，具有一定的局限性。但好处是可以兼顾不同的方面，每个主题独立成篇，基本可以做到收放自如。这种写作结构既关照到营造文明的各个层面，也具备较强的可操作性。

中华悠久的传统文明所蕴涵精神之博大，使得本书对营造文明的探讨与分析，仅显其深远影响之冰山一角。本书的撰写特点是在有限的范围内，阐明其历史文化基本形态和还原营造文明本来面目的基础上，采用丰富的资料、多学科角度的观察，尽量增强可读性、趣味性。由于本人学识所限，书中内容以中国古代广大汉族地区的营建文明、建筑文化为主要研究阐述对象，没有涉猎广大少数民族地区辉煌灿烂的营造文明，在此表示深深的歉意。

本书的写作是在无数前人的研究成果基础之上完成的，书中尽可能参考最原始的文献，凡引用中国古代文献的已在文中注明，参考文献中不再列出。引用前辈学人的研究成果，有的甚至直接引用作者的一些精彩片段，凡此种种在文中已一一注明，有挂一漏万和不妥之处请批评指正，在这里谨表达衷心的感谢。限于时间、精力以及个人学识水平，本书的编著留有许多的遗憾和不足，请各位专家、学者和广大读者批评指正。

本书由姚慧主稿，参与撰写的还有刘璐、董千、王敏芝、周胜华、赵雅丽、张鑫、王海洁、李珍、李青，并由清华大学单德启教授担任建筑史顾问，陕西师范大学王敏芝教授担任文学顾问。

谨以此书献给热爱传统建筑文化的朋友们。

姚　慧

2019 年 6 月于西安曲江

当我们想起任何一种重要的文明的时候，我们有一种习惯，就是用伟大的建筑来代表它。

——当代艺术史家杰克逊

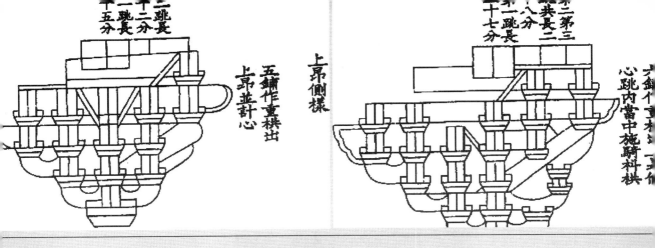

第一篇

技术文明推动建筑发展

马克思曾经说过："劳动生产力是随着科学和技术的不断进步而不断发展的。"在长期的营造过程中，中国古代无数的知识分子、能工巧匠在实践中积累了丰富的设计管理以及施工经验，创造发明并拥有了相当高的营造技艺，建造了许多匠心独运、巧夺天工的建筑，极大地促进了古代建筑技术文明的发展。

第一章

中国古代建筑营造设计

第一节 古代建筑营造"设计"

在中国古代，一项建筑工程究竟是如何开始筹划、设计的？苏轼在《思治论》中说："夫富人之营宫室地，必先料其资材之丰约以制宫室之大小，然后择宫之良者而用一人焉。必告之曰：吾将为屋若干，度用材几何？役夫几人？几日而成？土、石、竹、苇吾于何取之？其工之良者必告之曰：某所有木，某所有石，用财役夫若干。主人率以听焉，及其而成。既成而不失当，则规矩之先定也。"苏轼的这段话虽然是借题发挥，不过也说明了营建宫室的计划首先是选择委托一位"良工"。这位良工要根据"主人之心意"做出设计方案，确定建筑平面布局、建筑规模的大小，然后绘制出设计图纸，还需计算工程的材料造价和工日。这位"良工"就是设计师兼工程负责人。

清代小说《红楼梦》中有一段描述"大观园"的修建过程。贾府为了筹建"大观园"，首先请来一位名叫"山子野"的老名公来策划设计，在"山子野"制定出方案并绘出图样之后，贾府上上下下、清客等帮闲人物都提出意见，商量修改一番才最终决定了大观园的建筑方案。虽然是小说虚构的故事情节，但足以反映清代民间大型建筑工程的建设情况。而这位"山子野"绝对是见多识广、懂得营造工程知识的"匠人"，应该就是民间的建筑设计师了。由此可见，建筑设计的决定权虽然控制在房屋主人的手上，但是建筑物所反映出来的还是具有设计师的意匠。清代如此，再以前的民间建设是否这样呢？相信情况差不了多少。

一、古代营造设计的"匠师"与"大匠"

大型项目的建设离不开建筑设计师，然而"古代中国的建筑设计完全不同于其他方面的艺术创作，建筑创作并不会被看作一项个人的作品，因而设计者的名字流传下来比较少，换句话说，今日所知的可以称为'建筑师'的著名的、有成就和贡献的人物很少，不像文学艺术家那样数之不尽。而且，出现于不同历史阶段的记录也很不均衡，有些时代多一些，有些时代却没有，这都说明不能全面和正确地反映整个古代建筑师群体的情况。"（李允鉌著《华夏意匠》）。

根据史籍记载的资料分析，中国历史上曾经产生两类不同出身的建筑师：一类就是直接参加生产实践的专业工匠，其中技艺较高者，是民间修建工作的主持者，他们能集中反映广大劳动人民的集体智慧和发明创造，能以实践经验为基础加以归纳整理。

这些技术工人出身的匠师，他们的技艺有所"师承"，也有所发展，依靠薪火相传地接续下来。他们往往兼设计者和工程负责人于一身，是从工匠中分离出来的，他们地位逾越众匠，大功独居。例如隋朝的李春、北宋的喻皓、明末清初的梁九等；另一类是由古代工官制度诞生的建筑管理部门的官员，或知识分子出身的建筑计划主持者，他们既有熟识业务技术的一面，又有较高的社会地位，掌握一定的权力。如隋唐时期的工部尚书"将作大匠"宇文恺、阎立德，宋代担任"将作监"的李诫、清代的"样式雷"雷氏家族等就属于这一类。这一部分人并没有直接参加营建房屋的劳动，但是所有的建设计划、方案设计、工程实施等都是经过他们决定并布置各项工作的。其实这两类建筑师所掌握的专业知识和技能，在建设过程中所担负的职责也是完全不相同的。在古代并没有将他们混为一谈，"匠师"是"匠师"，"将作大匠"是"大匠"。

中国古代建筑技术主要是由实践经验的累积而发展起来的，中国建筑结构和构造技术的发展更得益于众多的工程实践和代代相传的匠人，喻皓、李春等古代匠师主要在建筑结构和构造上取得重要的成就，按照现代专业的分工定义，准确地说他们兼具结构工程师和建筑师的双重身份。因为古代建筑行业的分工方式和现代有所不同，中国古代没有严格的专业划分，也没有系统的专业知识培训，建筑设计和结构设计没有分割开来，因此这一类"匠师"兼具建筑师的性质。

知识分子出身的建筑师或者城市规划家，一般是具有一定地位和职权的政府官员。他们所担任的是代表政府制定政策、引导建设方向、确定建设方案等决定性工作。"而且这一类的建筑师除了具有建筑专业技术知识外，还兼通政治历史、文学艺术等学问，否则就无法主持城市规划或者巨大的建筑群计划工作。这些'将作大匠'们除了在职位上与'匠师'有高下之分外，业务和技术也不一样，在性质上，他们和现代的建筑师就较为类近。"（李允鉌著《华夏意匠》）

二、建筑设计的"木样"与"图样"

隋代的建筑师宇文恺曾经因为建造"明堂"，比较了历史上的各种明堂方案，提出了自己的方案建议——《进明堂仪表》。表曰"以一分为一尺，推而演之""研究众说，总撰今图。其样以木为之……"这些情况说明宇文恺提出的方案不仅有按比例绘制的"图样"，而且有方案成果的文字说明《明堂图议》二卷，最后还用木造了一座"木样"模型用来请皇帝批准。可以说，这是我国古代史籍中第一次详尽地阐述了设计一座建筑所用的表达方法。

　　我们在此探讨的是古人究竟怎样进行建筑外观和结构的设计和研究工作的。有人提出古人最早是通过制作具体模型来进行设计和研究工作的。宋代喻皓是"都科匠"出身的人，参与主持了不少房屋的建设，当然积累了不少实践经验和感性的结构知识。他是匠人，最拿手的自然是刀斧工具，据宋人笔记《下壶清话》说，宋开宝年间在京师开宝寺建木塔，并委派喻皓主持工程，喻皓为此造了一座木样进行研究。同时，著名的界画家郭忠恕也为设计此塔制作了一个木样。郭忠恕根据自己的木样进行验算，发现喻皓的木样模型有一尺五寸的误差，故而模型不能合榫，便向喻皓指出，喻皓经详细核查，发现果然有误差，因而"数夕不寐"去思考解决的办法。

　　利用模型来进行结构或者构造的设计和研究并不是始于喻皓，前面介绍隋代的宇文恺就曾经"其样以木为之"设计明堂，这是一种已经有很长历史的方法。现存最古老、最完整的一座建筑模型是山西大同下华严寺薄伽教藏殿中的"天宫楼阁"（图 1-1），

图 1-1　现存最古老、最完整的一座木模型——大同下华严寺薄伽教藏殿的"天宫楼阁。（引自王贵祥著《匠人营国——中国古代建筑史话》，中国建筑工业出版社，2015，第 48 页）

在新疆吐鲁番阿斯塔那古墓也出土了一座唐代的"阙楼"木结构模型（图1-2）。"相信，利用模型作为设计和研究的方法，比设计图样会有更长的历史。尤其是工匠出身的设计师，他们以模型来表达自己的构想和研究其中的构造，比拿起纸笔来表现当会是容易得多。"（李允鉌著《华夏意匠》）

图1-2　新疆吐鲁番阿斯塔那古墓出土的唐代"阙楼"模型。在斗拱的上面本来还应有一座"楼"。（引自李允鉌著《华夏意匠》，天津大学出版社，2005，第417页）

以木样来辅助建筑设计与施工，在清代仍用于重大工程中。据清代汪士祯《居易录》记载，清初工匠梁九，参加太和殿重建工程，"手制木殿一区，以寸准尺，以尺准丈，不逾数尺许，而四阿重室，规模悉具。"即十分之一的木比例模型。

作为建筑设计表现之"图"，它的起源还是比较早的，河北平山县战国时期中山国一号墓出土的一块金银错《兆域图》铜板（参见本章图1-9），是现知最早的实物建筑图样；两汉以来，在画像石、墓室中的壁画、石刻线画中都有丰富图样遗存；唐宋时期的界画在表现建筑外观和细部构造技术方面已具有高超的水平（图1-3）。古代知识分子不同于匠人，他们表达自己思想的工具应该是他们熟悉的纸和笔，因而必然以文字和图画来表达自己的构思。所以毫无疑问，一些文人艺术家、画家也曾积极地加入建筑设计的工作，在建筑制图和建筑艺术表现上他们起到极大的推动作用。

李约瑟看到宋代李诫《营造法式》的插图后（图1-4，图1-5），用非常惊奇的口吻说："为什么1103年的《营造法式》是历史上的一个里程碑呢？书中所出现的完善的构造图样颇显重要，实在已经和我们今日所称的'施工图'相去不远。李诫绘图室的工作人员所做出的框架组合部分的形状表示得十分清楚，我们几乎可以说这就是今日所要求的施工图——也许是任何文化中第一次出现。我们这个时代的工程师常常对古代和中世纪时候的技术图样为什么这样坏而觉得不解，而阿拉伯机械图样的含糊就是众所

图 1-3　月夜看潮图（引自林莉娜著《宫室楼阁之美》，台北故宫博物院出版社，2000）

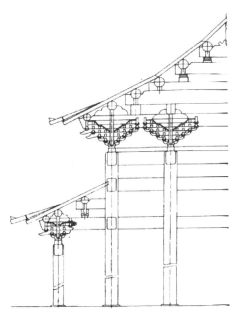

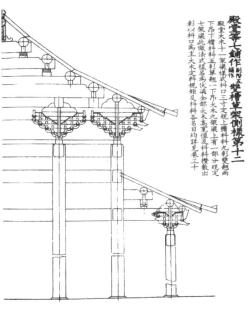

图 1-4　殿堂等七铺作双槽草架侧样图（引自［宋］李诫著《营造法式》，中国书店出版社，2006，今版第 801 页）

图 1-5　殿堂等七铺作双槽草架侧样图（引自［宋］李诫著《营造法式》，中国书店出版社，2006，今版第 800 页）

周知的事。中世纪的大教堂的建筑者是没有较好的制图员的，15世纪的德国，即使是达·芬奇本人，只不过是提供较为清楚的草图，虽然有时候也是十分出色的。西方是无法可与《营造法式》相较量的，我们必须要面对阿基米德几何学的事实（欧洲有而中国无），视觉的形象在文艺复兴时代已经发展成为光学上的透视图，作为现代实验科学兴起的基础。至少在建筑构造上，却竟然没有能力使欧洲产生超过中国的，在图面上良好的施工图。"（李约瑟《中国科学技术史》）这说明到了宋代，建筑制图已经达到了非常成熟的地步，它们的表达能力和现代意义的设计绘图已经差不多少。

三、"明堂"之制的纷争与建筑设计方案的确定

古代建筑师和建筑营建计划的主持者都十分注意对当代或者前代建筑物的调查和研究，例如陈师道的《后山谈丛》中记载："东都相国寺楼门，唐人所造，国初木工喻皓曰：他皆可能，唯不解卷檐尔。每至其下仰而观焉，立极则坐，坐极则卧，求其理而不得。门内两井亭，近代木工亦不解也"。这种对当代建筑现场调查研究的生动描写，是对木工喻皓苦学苦思精神的又一生动说明。至于对前代建筑的研究，宇文恺的《明堂仪表》就说："《宋起居注》曰：'孝武帝大明五年立明堂……'梁武即位之后，移宋时太极殿以为明堂。……平陈之后，臣得目观，遂量步数，记其尺丈。犹见基内有焚烧残柱，毁斫之余，入地一丈，俨然如旧。柱下以樟木为趺，长丈余，阔四尺许，两两相并。凡安数重。宫城处所，乃在郭内。"这种详细的考证报告，就是对古代建筑的现场考古研究。

那么古代建筑设计方案究竟是如何产生和决定的呢？其实，有关这类问题在古代文献中会常常出现一些有趣的记载。《南齐书》说："平城（北魏最初的首都）南有干水，出定襄界，流入海，去城五十里，世号为索干都。土气寒凝，风砂恒起，六月雨雪。议迁都洛京，（永明）九年，遣使李道固、蒋少游报使。少游有机巧，密令观京师宫殿楷式。清河崔元祖启世祖曰：'少游，臣之外甥，特有公输之思。宋世陷虏，处以大匠之官。今为副使，必欲模范宫阙。岂可令毡乡之鄙，取象天宫？臣谓且留少游，令使主反命。'世祖以非和通意，不许。少游，乐安人。虏宫室制度，皆从其出。"这段故事意思是说北魏派了一位"大匠"当大使，暗中去考察和学习建康（南京）都城的营造建设，他的舅舅知道他的来意就是做技术间谍，肯定是来"模范宫阙"——盗取宫殿的设计资料，故建议齐世祖将他扣留起来。而齐世祖因为邦交为重，并不同意这样做。为了制定一个建设计划，设计一套建设方案，特意派出技术专家到别国去暗

中考察调研，可见 5 世纪时北魏对待宫殿营建设计认真而严肃的态度。

　　对于建筑设计方案的决定常常会有方案的比较，也常会引起一些争论，最有名的就是"明堂"的建设。历史上许多朝代的皇帝对于营建明堂都给予特殊的重视，曾经多次由帝王亲自主持，由此引发了一次次对明堂古制的考证、阐释和激烈的纷争，成为儒家聚讼千载的建筑之谜，是中国历史上围绕建筑方案讨论得最认真、最热闹的课题。

　　隋代的时候，因为"自永嘉之乱，明堂废绝，隋有天下，将复古制，议者纷然，皆不能决"，在这种情况下，当时的"将作大匠"宇文恺就"博览群籍，参详众议"，经过一番认真考察，他对这个设计做了不少研究工作。《隋书》中记录有表达其设计思路的《明堂仪表》："自古明堂图，惟有二本：一是宗周，刘熙、阮谌、刘昌宗等作，三图略同；一是后汉建武三十年作，《礼图》有本，不详撰人。臣远寻经传，傍求子史，研究中说，总撰今图。其样以木为之，下为方堂，堂有五室，上为园观，观有四门。"宇文恺将设计图连同模型一并呈给皇帝，隋炀帝可其奏，方案这样才得到确定。宇文恺的工作可以说是一个很典型的古代中国建筑师的工作，最后，他将这个方案研究成果编撰成《明堂图议》二卷，刊行于世。

　　唐代立造明堂之事，史籍之中多有记载。唐高宗继位后，第一件大事就是议建明堂。永徽三年（公元 652 年），有关人员提出了两个方案，在确定方案时仍然"群儒纷竟，各执异议"，未能定夺，只能将两个方案"依两仪张设"，唐高宗"亲与公卿观之"。15 年后，唐高宗下决心摆脱古制的纠缠，"自我作古"，放开手来设计新式明堂，于总章二年（公元 669 年）做出了一个创新设计（图 1-6）。这个设计"是一个综合了儒、道、阴阳、五行、八卦、堪舆各种说法的大杂烩，又是一个集中了隋唐以来建筑技术与艺术最高成就的大建筑群"。然而这个设计提交群儒讨论时，仍然"群议未决"，终因古制茫然而未能实施。武则天临朝听政时，"儒者屡上言，请创明堂"，武后也视明堂为自己得天命的标志和王朝国运的象征，因此对造明堂之事极为重视。武后力排众议决断议案，不听诸儒喋喋不休的争议，而独与"北门学士议其规制"，明堂方案被很快确定（图 1-7）。大概历代制定重大的工程计划都要经历这样一个类似的过程。

　　宋初建汴京宫殿，据《宋史地理志》记载："东京，汴之开封也。梁为东都，后唐罢，晋复为东京；宋因周之旧为都。建隆三年，广皇城东北隅，命有司画洛阳宫殿之制，按图修之。而皇居壮丽矣。"还有《宋会要》等不少史籍较为详细地记载了绘制洛阳宫殿图的情况，反映出宋代初年在扩建宫殿的设计施工过程中，先进行调查研究，绘

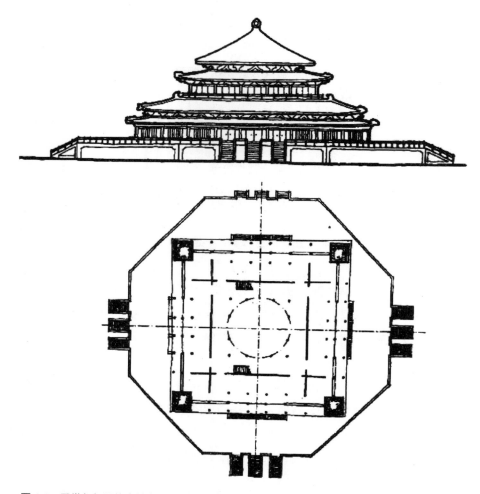

图 1-6　王世仁复原的唐总章二年明堂立面图、平面图（引自侯幼彬著《中国建筑美学》，黑龙江科学技术出版社，1997，第 172 页）

制设计图纸，然后按图营建的情景。在岳珂的《桯史》卷一中，详细记载了汴京故城的修建经过，再现了当时建设设计过程中审查设计方案，修改图纸和图纸存档的情景。从以上记载可知，古代任何一项重大工程，都是先调查研究、绘制图样、审查设计方案，然后修改确定，再按图施工，图样存档，符合现代工程设计的一般程序和工作方法。

四、古代建筑设计机构"工部营缮所"

中国古代从殷周时期就设有掌管城廓、宫室等营建的"司空"一职，是管理土木工程及车服、器械制作方面的最高官员。到唐宋时期营建事物均由"工部"直接掌管。

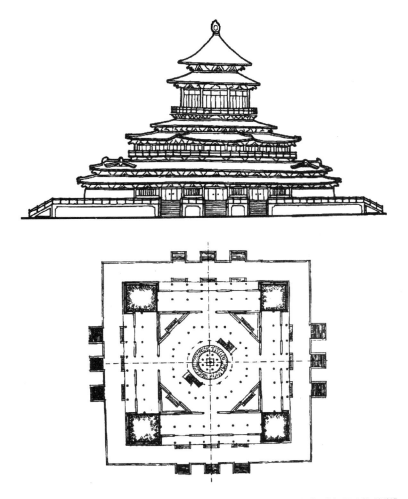

图 1-7　王世仁复原的武则天明堂立面图、平面图（引自侯幼彬著《中国建筑美学》，
黑龙江科学技术出版社，1997，第 173 页）

　　中国古代在方案研究、绘制图样、制作模型等建筑设计方面已经具有较为丰富的
经验。到了 14 世纪的明代，建筑设计工作已经相当成熟，官方建立了专门的建筑设
计机构，即由"工部"统领下的"工部营缮所"，专门负责设计策划各种政府的工程。
清代稍有区别，一般是皇城、坛庙、官署的营建属工部，宫室、园囿的修造属内务府。
清代的雷氏家族共七代人，都是宫廷的"总建筑师"，主管"营缮所"的设计工作，
历经 240 年之久。凡是宫廷建筑的设计均出自雷家之手，后人称呼雷家为"样式雷"。"样
式雷"一家在宫廷建筑设计方面的成就，主要表现在绘图、烫样方面，尤为突出。

　　清代的"工部营缮所"主要设立有"样房"和"算房"两个部门，"样房"相当于
现在的"设计绘图室"，负责设计、绘制方案和施工图纸，制作模型。当时的模型是用

草纸板按照一定的比例制作，这种模型称为"烫样"（图1-8），不但表达了外观样式，还可以拿去外壳，显示内部布局和构造情况，表现得非常真实。清代宫廷的著名建筑群全部出自这一设计机构，当时的这个"样房"堪称世界上规模最大、作品最多的一个"设计机构"了。"算房"则负责做工料人工的预算和估价，一如今日的"工程概预算"工作。

图1-8 ［清］"样式雷"所作"北京正阳门箭楼"烫样（引自何蓓洁、王其亨著《清代样式雷世家及其建筑图档研究史》，中国建筑工业出版社，2017，第214页）

"由此看来，古代的建筑设计工作很早就达到相当精细和完善的境地，即使与现代的设计机构相比较，在组织形式和工作内容上实在是相差不远的。"（李允鉌著《华夏意匠》）

（本节著者　姚慧）

主要参考文献

[1] 中国科学院自然科学史研究所 . 中国建筑技术史 [M]. 北京：科学出版社，2000.

[2] 李允鉌 . 华夏意匠 [M]. 天津：天津大学出版社，2005.

[3] 李约瑟 . 中国科学技术史 [M]. 北京：科学出版社，2018.

[4] 常青 . 建筑志 [M]. 上海：上海人民出版社，1998.

[5] 何蓓洁，王其亨 . 清代样式雷世家及其建筑图档研究 [M]. 北京：中国建筑工业出版社，
    2017.

[6] 侯幼彬 . 中国建筑美学 [M]. 哈尔滨：黑龙江科学技术出版社，1997.

[7] 姚慧 . 左祖右社 [M]. 西安：陕西人民出版社，2017.

[8] 思达尔汗 . 唐宋绘画中的建筑表现及其源流研究 [D]. 西安：西安建筑科技大学，2015.

第二节　古代建筑设计"图样"

　　中国古代十分重视"图样"在建筑设计与施工中的表达作用，"图样"设计是建筑营造中的第一步，通过设计"图样"可以提供更直观的设计形象，更有效地表达规划设计意图，从而对建筑施工进行有效的指导和管理，并形成中国古代特有的图样设计表现形式。根据相关的文献记载，"图样"作为建筑设计之"图"，它的起源还是比较早的。

一、建筑"图样"的发展与流变

　　《周礼·夏官·司马》曰："量人掌建国之法，以分国为九州，营国城郭，营后宫，量市朝道巷门渠，造都邑亦如之。"表明西周时期已设置了专门管理营国城郭、建造宫室、都邑的官职。《尚书·周书》记载："伻来以图，及献卜。"说明周公在营建洛邑时也进行了规划设计，并绘制成"图样"献给了成王。《考工记·匠人营国》载有王城、明堂建设制度和具体建造尺寸。《周礼·天官·内宰》记载："内宰，掌书版图之法，以治王内之政令。"郑玄注："图，王及后世之宫中，吏官府之形象也。"可知当时的都城规划、王宫、官府设计都是应有设计图的。

　　《周礼·春官·冢人》："掌公墓之地，辨其兆域而为之图。"郑玄注："公，君也。图，

谓画其地形及丘垄所处而藏之。"贾公彦疏:"谓未有死者之时先画其地之形势,豫图出其丘垄之处……既为之图,明藏掌后,须葬者依图置之也。"《墓大夫》记载:"掌凡邦墓之地域,为之图。"可知当时墓葬也是有规划设计图的。

河北平山县战国时期中山国一号墓出土一块金银镶嵌《兆域图》铜板(图1-9),是现知最早的实物建筑"图样"。在铜板上以金银镶错出王陵的平面布置图,以不同的线型刻画出宫室的内外两道宫墙("内宫垣""外宫垣")、三座大墓和两座小墓(后堂),图中详细标注了陵园内建筑的名称和尺寸。《兆域图》形象地表明,至迟在战国时期,已经有了利用图样进行规划设计的方法。《兆域图》所绘,是以中山王陵墓为主体的陵园总平面图,《兆域图》中的建筑并未全部建成,但它应是我国最早的一幅建筑组群总平面规划图,和现代意义的平面图的表现方法非常接近。这组建筑群已经有明确的中轴线,并且掌握了用建筑体量和高低对比来突出主体建筑的手法。对照战国中山国王墓《兆域图》,可以大致推测当时宫殿、官府的形象。

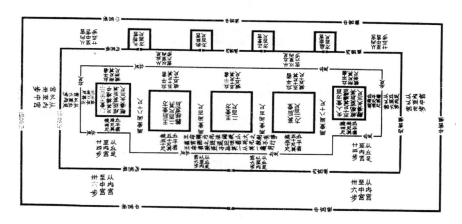

图1-9 战国中山国王墓《兆域图》(引自曹春平著《中国建筑理论钩沉》,湖北教育出版社,2004)

到春秋战国时期,建筑技术有了明显的进步,使得建筑图像的表达技巧有了很大的提高。在春秋战国时期的铜器上,宫室的形象已经有了直观的"图样",相当于今日的"正立面"和"剖面图"(图1-10)。

秦始皇统一六国之后,曾派人专门将各国都城宫殿的式样描画下来,然后在秦国国都咸阳仿造。《史记·秦始皇本纪》记载:"秦每破诸侯,写仿其宫室,作之咸阳北坂上,殿屋阁复道,周阁相属。"刘向《说苑》云:"敬君者,善画。齐王起九重台,召敬君画之。"从这两则文献可以看出,对六国宫室的写仿,建筑工匠已经有了能将不同形式、风格

图 1-10　春秋战国时的铜器上宫室
"正立面"和"剖面图"（引自傅熹年
著《傅熹年建筑史论文集》，百花文
艺出版社，2009，第 83、87 页）

的建筑准确地描摹绘制出"图样"的能力。抑或是还有制作模型，或用了六国宫廷的
匠师。

　　根据《汉书·郊祀志》记载，曾经有人收藏过一幅龙山文化时期的《黄帝明堂图》。
汉武帝元封二年（公元前 109 年），"济南人公玉带上黄帝时明堂图。明堂图中有一殿，
四面无壁，以茅盖。通水，圜宫垣。为复道，上有楼，从西南入，命曰昆仑，天子从之入，
以拜祠上帝焉。于是上令奉高作明堂汶上，如带图。"公玉带所进《明堂图》可为信史，
该建筑也是按照"图样"所建的汉代第一座明堂。

　　两汉以来，建筑的"图样"表现在画像石、墓室中的壁画、石刻线画和明器上，
可以看到，除了立面图（图 1-11）、剖面图外，还出现了表现阴阳向背的立体图，而
且从只表现单座建筑发展到能表现大型院落和建筑群。如山东曲阜市旧县村汉画像石
中之大型住宅形象（图 1-12），其建筑物已不再是单纯的背景衬托，而是表现画中人
物活动于其中的有体量、有深度的空间环境。

　　魏晋南北朝的史料中，有许多使用建筑"图样"的记载。东魏兴平元年（公元 534 年）
迁都于邺，《魏书》卷八四《李业兴传》记载："迁邺之始，起部郎中辛术奏曰：'今皇
居徒御，百度创始，营构一兴，必宜中制。上则宪章前代，下则模写洛京。今邺都虽
旧，基址毁灭，又图记参差，事宜审定。臣虽曰职司，学不稽古，国家大事，非敢专之。
通直散骑常侍李业兴，硕学通儒，博闻多识，万门千户，所宜防询。今求就之，披图

图 1-11 汉代画像砖楼立面（引自王洪震著《汉代往事：汉画像石上的史诗》，百花文艺出版社，2012，第 94 页）

图 1-12 山东曲阜市旧县村汉画像石中之大型住宅形象（引自王洪震著《汉代往事：汉画像石上的史诗》，百花文艺出版社，2012，第 2 页）

案记，考定是非，参古杂今，折中为制，召画工并所须调度，具造新图，申奏取定。庶经始之日，执事无疑。'诏从之。"《晋书·张华传》称，匠人张华"华地为图"；文献记载中李冲、蒋少游、李业兴等大匠，善"画刻"，立"模范"等。表明至迟在北魏时，已使用了有比例尺的"图样"与模型用于营造。

隋唐以后，开始以一定比例做出的"样"（图样、木样）来表达设计意图，运用建筑"图样"已十分娴熟。隋文帝仁寿年间，诏全国十三州依统一式样建舍利塔，由"所司造样，送往本州。"（《法苑珠林》卷四十《舍利篇·感应缘》）这是以统一的"样"指导大规模建造的例子。开皇十三年（公元 593 年），宇文恺"依《月令》文，造明堂木样，重檐复庙，五房四达，丈尺规矩，皆有准凭。"（《隋书·礼仪志一》）这是已知最早用木模型表达设计方案的记载。大业年间，宇文恺又博考群籍，奏《明堂仪表》及"图样"云："昔张衡浑象，以三分为一度；裴秀舆地，以二寸为千里。臣之此图，用一分为一尺，推而演之，冀轮奂有序。"（《隋书·宇文恺传》）由其比例、尺度相当精确，推算可知宇文恺的明堂图用 1/100 的比例尺做出。

宋初建开封开宝寺塔，木工喻皓"先作塔式以献"（[宋] 杨亿《杨文公谈苑》）。"郭忠恕……以所造小样末底一级折而计之，至上层余一尺五寸，刹收不得，谓皓曰：宜审之。皓因数夕不寐，以尺较之，果如其言，黎明，叩其门，长跪以谢。"（[宋] 释文莹《玉壶清话》）这是以木样纠正设计上的尺寸误差的例子。可见这种木样是可以直接量度、计算构件尺寸，作为施工的直接依据，兼有现在的建筑设计施工图和表现图的性质。

喻皓的《木经》和李诫的《营造法式》，总结了唐朝以来的营造经验，对建筑构件的标准化、各工种的操作方法和工料的结算，都有了较为严密的规定。古代的设计人员依照简单的数学原则建立系统，基于比例而非绝对尺度进行计算。特别是在古代建筑的结构上，斗与梁的测量并没有绝对的尺度，单位的长度根据建筑物整体尺度而变化。

《营造法式》共 36 卷，"图样"占 6 卷，共绘制了 500 余张"图样"。在这些"图样"中，22 幅殿堂"侧样"，近似今日的"剖面图"（正投影），但台基部分有一点透视的效果，椽头则画成椭圆形，这种制图标准在当时世界上处于领先地位。铺作分件图中（图 1-13），正面为平行的直线，侧面是平行的斜线，与当时的屋木画法相似。小木作"图样"中的许多建筑如乌头门、佛道帐等是按一定比例画出的，可直接度量尺寸。

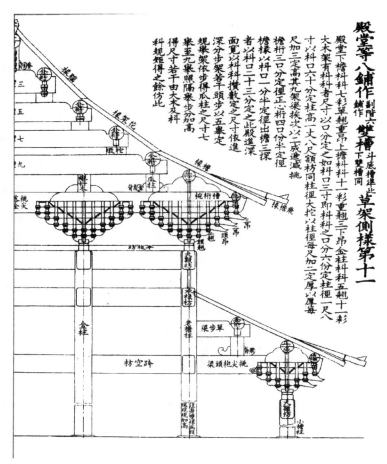

图 1-13　铺作分件图（引自 [宋] 李诫著《营造法式》，中国书店出版社，2006，第 798 页）

《鲁班营造正式》卷三"画起屋样"说："木匠按式用精纸一幅，画地盘阔狭深浅，分下间架，或三架、五架、七架、九架、十一架，则在主人之意。或柱柱落地，或偷柱及梁枋门阵，使过步梁、眉梁、眉枋，或使斗磉者，皆在地盘上停当。"《鲁班营造正式》及《鲁班经》中附有各式"地盘图"（图 1-14）及屋架图（图 1-15），相当于今日的平面图与剖面图，具有方案图、施工图的性质，可知民间匠师仍然用"图样"来表达设计意图。

宋代刘景阳、吕大防等所做《唐长安京城图》《唐兴庆宫图》《唐太极宫图》《洛阳宫阙图》等，以示意加形象的方法将总平面图以一定比例绘出，或刻线于石上，留下了珍贵的资料。在表达群体的建筑画中，还有南宋理宗绍定二年（1229 年）七月绘制的《宋平江府图碑》中的子城，金承安五年（1200 年）刻立的《大金承安重修中岳

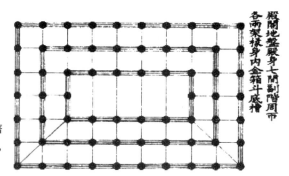

图 1-14　"地盘图"（引自［宋］李诫著《营造法式》中（平面），中国书店出版社，2006，今版第 796 页）

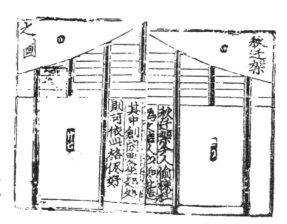

图 1-15　屋架图，《鲁班营造正式》卷三"秋迁架之图"（引自《新编鲁班营造正式》卷三，宁波市天一阁博物馆藏明刻本）

庙图》和《宋汾阴后土祠庙图》（图 1-16）中的祠庙。这种采用平面图叠加立面图的形式，有固定方向，有一定的比例关系，图形相对比较准确，其平面关系是顶视，没有任何透视关系。"这种画法，面对观者的主要建筑用正立面画出，东西向的附属建筑（如廊庑等）只画屋顶，其效果多带有夸张示意的成分，即相当于今日的'鸟瞰图'的方式表达总体效果。虽不合任何透视原理，却既可以直观地表达出建筑群体的总体位置，又能突出主要建筑的形象。"（曹春平著《中国建筑理论钩沉》）

二、"界画"——建筑"图样"的艺术表现

古代建筑画也是工程"图样"中不可分割的一部分，就是以建筑为主题，运用散点透视法的绘画作品。清姜绍书在《韵石斋笔谈》中提到，唐代的李思训、尹继昭，五代以降的卫贤、胡翼、郭忠恕，明末的王孤云等，均为建筑画的高手。

唐初阎立德、阎立本兄弟，既是通晓建筑的专家，又是精意宫观的大画家。唐中宗韦后欲效武后称帝，讽百官尊其号为顺天翊圣皇后，并妄称其衣箱中有五色云之异，

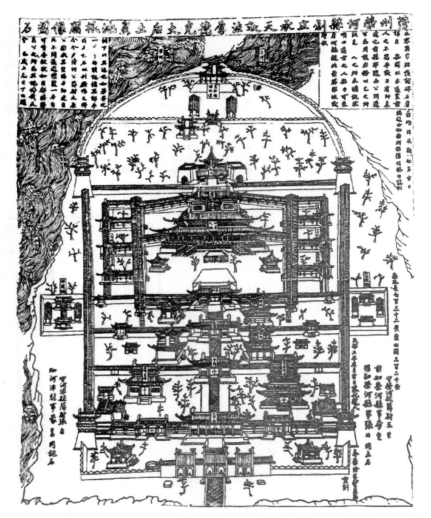

图 1-16 "宋汾阴后土祠貌碑（摹本）"（引自萧默著《敦煌建筑研究》，文物出版社，1989，第 82 页）

于景龙二年（公元 708 年）敕"宜于两京及荆、扬、益、蒲等州各置云翊圣等观，图样内出。"（《唐会要》卷五十"观"，景云观条）可知一些重要寺观是按照皇家颁布的统一"图样"建造的。从以上记载可知，隋唐时期的建筑官员是熟悉宫观建筑画的，宫观建筑画已与建筑设计表达和建筑实物有较紧密的结合了。

唐代把表现屋木建筑画称为"台阁"或"楼台"，历代画论中"屋木"一般指以建筑形象为主题的绘画。五代、北宋时，建筑画逐渐从山水画中独立出来，"屋木"画遂成为一个独立的画种，要求画家熟悉建筑的构件、构造、建筑图案等做法。当南宋淳熙六年（1179 年）重建天庆观时，赵伯骕"尝画姑苏天庆观样进呈，孝宗书其上，令依元样建造,今玄妙是也。"([元]夏文彦《图绘宝鉴》卷四)今玄妙观三清殿尚存。可见,界画"屋木"图可以作为建筑的设计图,甚至可以作为施工的依据。

郭忠恕是北宋初最负盛名的屋木画家,根据史籍记载,郭忠恕的屋木画以准确精细著称,甚至可以据图而造屋宇。宋代李廌《德隅斋画品》"楼居仙图"中说:"至于屋木楼阁,忠恕自为一家,最为独妙,栋梁楹桷,望之中虚,若可蹑足,阑楯牖户则若可以扪历而开阖之也。以毫计寸,以分计尺,一尺计丈,增而倍之,以作大宇,皆中规度,曾无小差。非至详至悉、委曲于法度之内者不能也。"刘道醇《圣朝名画评》卷三说宋初郭忠恕"尤能丹青,为屋木楼观,一时之绝也,上折下算,一斜百随,咸取砖木诸匠本法,略不相背。其气势高爽,户牖深秘,尽合唐格,尤有可观。凡唐画屋宇,柱头坐斗,飞檐直插,令之画者先取折势,翻檐疏壮(柱),更加琥珀枋及于柱头添铺矣。"

郭忠恕的画,"咸取砖木诸匠本法"是借鉴了工匠的建筑"图样"与方法。"折算"指按法式制度推算建筑比例尺度,并要求笔笔均要画到,不可虚拟。"一斜百随"指透视画法,应是一点透视,正确的透视才能表现建筑的空间。"向背"指建筑的立体感。"望之中虚"指要有深远的空间关系。"若可蹑足""若可以扪历而开阖之也",有身临其境的效果。历经几朝,屋木的创作手法日臻成熟,形成了一定的表现规律及理论。

"在传世的宋代建筑画中,多采用近似今天'轴测图'的画法来表达建筑的透视纵深效果。这种画法的特点是,保持建筑正面为正投影,即以'正立面'表达建筑形象,侧面轴向与正面形成一个角度,水平线条保持平行或以较远的灭点画出"。(曹春平著《中国建筑理论钩沉》)敦煌壁画中的佛寺建筑,界画中的《滕王阁》《黄鹤楼》(图1-17)《岳阳楼记》《金明池夺标图》等,都是这一时期的著名建筑画。

明末清初,随着欧洲科学和艺术的传入,西方文艺复兴后期的绘画技法也渐渐传入中国。清康熙五十四年(1715年),意大利传教士兼画家、建筑师郎世宁、艾启蒙和王致诚等人先后来到中国,他们带来的更能表现空间和体积的焦点透视和明暗技法,深深影响了一批中国画家,尤其体现在建筑画的表现手法上,并推动了宫廷界画技法的发展,这一时期著名的宫廷画家有焦秉贞、冷枚、徐扬等人。

焦点透视法也极大地影响了建筑设计"图样"的表现,清初的"样式雷"已经可以用科学的制图标准,绘出十分精确的宫廷建筑设计图纸。其设计图纸有"粗图"(草图)和"精图"(施工图)之分,精图阶段有总平面(图1-18)、平面、透视、局部大

图 1-17　［元］夏永作"黄鹤楼"（引自人民美术出版社，中国美术全集·绘画篇·明［M］.人民美术出版社有限公司，2006，图九六）

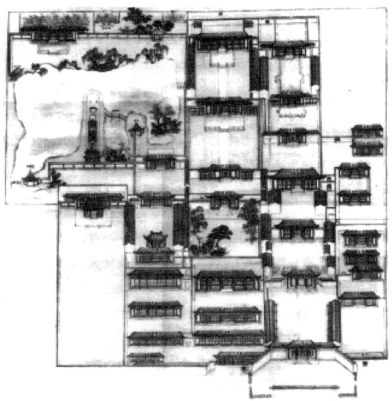

图 1-18　［清］"样式雷"所作"江宁行宫"图样（引自段智钧著《古都南京》，清华大学出版社，2012）

样、装修大样等图别。以草纸板为材料，经热烫加工的建筑"烫样"模型（图 1-19），
外观逼真细腻，按一定比例制作，并可以分片成型安装，拆卸内视。

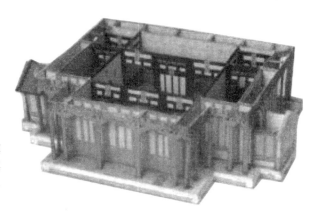

图 1-19　［清］"样式雷"所作"圆明园勤政
殿""廓然天工"烫样）（引自何蓓洁、王其
亨著《清代样式雷世家及其建筑图档研究史》，
中国建筑工业出版社，2017，第 254 页）

三、建筑"图样"是古代营造设计的重要手段

清代钱泳的《履园丛话》中载有从选定风水方向、平正地基、策划构思、平面设计、
建筑造型设计，到制作"烫样"模型、编制工程概预算等一整套"造屋次序"。"凡造屋，
必先看方向之利不利，择吉既定，然后运土平基，基既平，当酌量该造屋几间、堂几
进、弄几条、廊庑几处，然后定石脚，以夯石深石脚平为主。基址既平，方知丈尺方圆，
而始画屋样，要使尺幅中绘出阔狭浅深、高低尺寸，贴签注明，谓之图说。然图说者
仅居一面，难于领略，而又必以纸骨按画，仿制屋几间、堂几进、弄几条、廊庑几处，
谓之烫样。苏、杭、扬人皆能为之。或烫样不合意，再为商改，然后令工依样放线，
该屋用若干丈尺，若干高低，一目了然。始能断木料、动工作，则省许多经营、许多

心力、许多钱财。余每见乡村富户，胸无成竹，又不知造屋次序，但择日起工，一凭工匠随意建造，非高即低，非阔即狭。或主人之意不适，而又重拆，或工匠之见不定，而又添改，为主人者竟无一定主见。种种周章，比比皆是。至屋未成而囊钱已罄，或屋既造而木料尚多，此皆不画图、不烫样之过也。"特别强调图画、烫样在设计、施工中的重要性。

工程图学是一门应用相当广泛的基础科学，图或图样发挥了语言文字所不能替代的巨大作用。"而中国古代建筑图学的意义在于中国古代图学家所具有的人文素养，科学技术与艺术的结合，科学精神与人文精神的融合。"回顾历史，我们看到："中国建筑图学的发展，遵循人类科学技术的发展规律，也经历从早期粗略的示意图而后进入精确的按一定投影（比例）关系绘制的工程图样的历程。"（刘克明著《中国建筑图学文化源流》）建筑"图样"的绘制在科学著作和营造实践中广泛运用，历代文人、画家、大匠、工匠为我们留下了极为丰富的建筑"图样"遗产，这些古代的"图样"文献资料是我们研究古代建筑科学技术发展历史的重要线索。

（本节著者　姚慧）

主要参考文献

[1] 曹春平.中国建筑理论钩沉[M].武汉：湖北教育出版社，2004.

[2] 薛永年.中国绘画的历史与审美鉴赏[M].北京：中国人民大学出版社，2000.

[3] 箫默.敦煌建筑研究[M].北京：文物出版社，1989.

[4] 刘克明.中国建筑图学文化源流[M].武汉：湖北教育出版社，2006.

[5] 徐建融.中国美术史标准教程[M].上海：上海书画出版社，1992.

[6] 常青.建筑志[M].上海：上海人民出版社，1998.

[7] 姚慧.如翚斯飞[M].西安：陕西人民出版社，2017.

[8] 傅熹年.中国古代的建筑画[J].文物，1998（3）：75-94.

[9] 刘国胜.宋画中的建筑与环境研究[D].开封：河南大学，2006.

[10]宋之仪.建筑文化视野之下的两宋时期界画研究[D].长沙：湖南大学，2010.

第三节　古代建筑设计"大匠"

　　纵览历史的长河，中国古代建筑文化浩如烟海、建筑大师灿若群星。我们惊叹于建筑规模的宏伟、结构的精巧、形式的多样，但很少有人了解建筑背后的设计者是谁。这就如同品读《红楼梦》之后，称赞其内容的跌宕起伏、人物情感的丰富细腻，但不知道其作者是曹雪芹，以及发生在其身上的悲惨遭遇一样，对作品的解读难免会有所欠缺。中国历史上对于建筑师的轻视，原因主要有以下两点：一是中国古代社会对科学技术蔑视；学术界重视人文、轻视自然科学和技术科学；重视综合"论道"，轻视具体分析；科举考试重在引用经典、夸夸其谈。因此，以实践为主的工匠们社会地位低下。二是建筑的功劳总是归功于君王和物主（固然有的重要构思确实出自他们）。而与有名望无地位的诗人、画家相比，建筑师也是既无名望又无地位，于是只能沦为"无名氏"。朱启钤先生编著的《哲匠录》中收录了中国古代自唐虞到近代在建筑与规划领域有突出贡献的历史人物 400 余位，这在我国建筑史上有着十分重要的意义。

　　本章节将从中国古代建筑师个人的角度，主要以时间维度出发，在众多古代建筑匠人中选出 10 多位最具影响力的建筑师展开论述。他们璀璨的成就代表了成千上万建筑匠人的辛勤付出，使我们似乎看到一条蜿蜒前进的建筑历史长河，其壮观值得每个人为之骄傲。

一、有巢氏——中国古代第一位建筑师

　　万事万物皆有源头，建筑自然也不例外，中国古代第一座建筑以及它的设计建造者是有巢氏，简称"有巢"，号"大巢氏"，五氏（有巢氏、燧人氏、伏羲氏、女娲氏、神农氏）之一，是昊英氏之后的又一位远古时代部落首领，居住在古黄河下游一带。有巢氏开创了巢居文明。有巢氏的传说在先秦古籍即有记载。《庄子·盗跖》曰："且吾闻之，古者禽兽多而人少，于是民皆巢居以避之。昼拾橡栗，暮栖木上，故命之曰有巢氏之民。"《韩非子·五蠹》记载："上古之世，人民少而禽兽众，人民不胜禽兽虫蛇。有圣人作，构木为巢以避群害，而民悦之，使王天下，号曰有巢氏。"

　　由此可知，中国古代最早的建筑始于模仿鸟类建成的木构屋，而其设计建造者有巢氏就是中国建筑师的鼻祖。人们非常感激这位发明巢居的人，便推选他为当地的部落酋长，尊称他为有巢氏。有巢氏被推选为部落酋长后，为大家办了许多好事，名声

很快传遍中华大地。各部落的人都认为他德高望重，有圣王的才能，一致推选他为总首领，尊称他为"巢皇"，也就是部落联盟总部的大酋长。如此待遇，在建筑师历史上是绝无仅有的。

二、鲁班——中国古代建筑师的集中代表

据民间传说，鲁班是春秋时期鲁国人，姬姓，公输氏，名班，人称公输盘、公输般，尊称公输子，又称鲁盘或者鲁般，惯称"鲁班"。生活在春秋末期到战国初期，出生于世代工匠家庭，从小就跟随家里人参加过许多土木建筑工程劳动，逐渐掌握了生产劳动的技能，积累了丰富的实践经验。据说木工师傅们用的手工工具，如钻、刨子、铲子、曲尺，画线用的墨斗，都是鲁班发明的（图1-20）。而每一件工具的发明，都是鲁班在生产实践中得到启发，经过反复研究、试验出来的。大约在公元前450年以后，他从鲁国来到楚国，帮助楚国制造兵器。技艺高超的鲁班为楚王制造了在战国时期堪称大规模杀伤性武器的攻城云梯，制成之后将要用来攻打小国宋。和平主义者墨子听闻这个消息，裂裳裹足行十日十夜到达郢都见鲁班，希望劝说楚国罢兵以免生灵涂炭，鲁班将他引见给楚王。墨子继以雄辩折服楚王，楚王仍然迷信攻城云梯的威力，不肯罢兵，于是墨子和鲁班在楚王面前展开了一场惊心动魄的兵棋推演。鲁班在招式被墨子一一破解后起了杀意，未曾想到墨子门徒300人已持墨子的守城器械在宋国城墙上

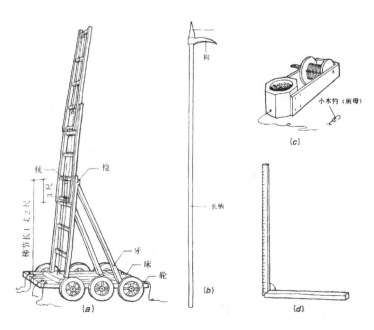

图1-20 鲁班发明的工具（引自中国科学院自然科学史研究所编《中国建筑技术史》，科学出版社，2000，第1011页）

严阵以待，万般无奈下只能罢兵。这便是历史上有名的"鲁墨之争"。

一直以来，人们把古代劳动人民的集体创造和发明也都集中到他的身上。因此，鲁班的名字实际上已经成为古代劳动人民智慧的象征。张钦楠先生在其《中国古代建筑师》一书中指出，鲁班只是人们对于公输般这个真实人物进行"周延"而演绎出来的人物，他认为鲁班是中国千千万万个无名匠师的总代表，是一个虚拟的人物，同时值得注意的是，在朱启钤先生所编的《哲匠录》中并没有鲁班之名。

三、萧何、杨城延——开创西汉建筑风格

萧何（公元前 257—前 193 年），西汉初年政治家。徐州小沛（今江苏沛县）人。早年任秦沛县县吏，秦末辅佐刘邦起义，史称"萧相国"。作为"汉初三杰"之一的萧何，为人所熟知的是他政治家和军事家的身份，但鲜有人了解他也是一位了不起的规划师与建筑师，西汉首都长安城及其宫殿同样是他的一项重要业绩（图 1-21）。在他的主

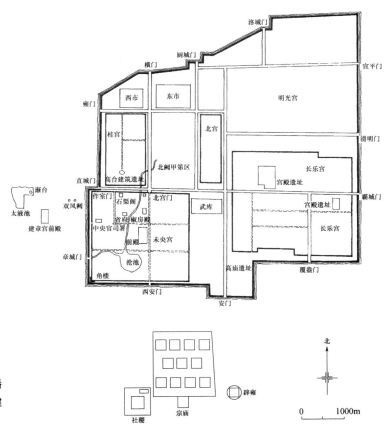

图 1-21　汉长安城图（引自潘谷西编《中国建筑史》，中国建筑工业出版社，2015）

持修建下，汉五年（公元前 201 年），改建秦燕乐宫为长乐宫，汉七年改建完成，开始使用。在《三辅黄图》中有这样的描述："长乐宫有鸿台，有临华殿，有温室殿。有长定、长秋、永寿、永宁四殿，高帝居此宫，后太后常居之"。在此之后，在长乐宫的西南侧建造了未央宫，作为吉语，"未央"的意思很简单，就是没有灾难，没有殃祸，含有平安、长寿、长生等意义。汉人喜以此命名，反映了当时追求长生不老、延年益寿的社会思潮的盛行。东晋葛洪所著的《西京杂记》对未央宫及其宫殿的规模之宏大做了详细阐述。

《汉书》中记载的一段对话广为流传："高祖七年，萧何造未央宫，立东阙、北阙、前殿、武库、太仓。上见其壮丽太甚，怒曰：天下匈匈苦数岁。成败未可知，是何治宫室过度也。何对曰：以天下未定，故可因以就宫室，且天子以四海为家，非令壮丽无以重威，勿令后世有以加也。上悦，自栎阳徙居焉。"由此可见萧何即是长乐宫和未央宫的总建筑师，在各种规范还未制定，宫殿建造的规模、尺度、装饰标准都没有经验可循的环境下，萧何可以在短时间建造出如此恢弘的宫殿，足见其过人的智慧以及政治地位。当然，如此庞大的工程，仅凭萧何一人是不可能完成的，《哲匠录》中提到一位叫杨城延的人，早年是一名从军的匠师，由于才华出众被调入少府任职，负责长乐宫与未央宫的建造，由于其卓越的功绩被封为梧齐侯，萧何去世后由他负责长安城的建造，他与萧何二人共同开创了西汉的建筑风格，对后世的建筑形式影响深远。

四、宇文恺——翻开中国古代建筑辉煌一页

宇文恺，字安乐，祖籍昌黎大棘，后迁往夏州（今陕西靖边）。他生于西魏恭帝二年（公元 555 年），卒于隋炀帝大业八年（公元 612 年），享年 58 岁。

当隋文帝杨坚在公元 581 年灭后周建隋以后，为了巩固其政权，对于同北周皇帝同姓的宇文氏大肆杀戮。宇文恺本也是被捕杀的对象，但因为他的才干颇得杨坚的器重，又因他的兄长宇文忻在建隋征战中功勋卓著，所以隋文帝派人飞马传敕，才使这位大建筑家得以幸免。宇文恺的家庭是西魏至隋时期的鲜卑贵族，他的父亲宇文贵，在北魏时是大将军，在北周孝闵帝时进位柱国，封许国公，他的几个兄长也都是武将，喜欢骑射，武艺高强。宇文恺在三岁时即被赐爵双泉伯，七岁晋封为安平郡公，邑两千户。宇文恺的志趣在他的家庭里是独特的。他喜欢读书作文，博涉经史众籍，尤其喜欢钻研建筑方面的知识，为他后来在建筑方面取得成就奠定了一定的基础。

开皇四年（公元 584 年），隋文帝欲通漕运，命宇文恺"总督其事"，自大兴城北

至潼关开渠 300 余里，名广通渠。是年，宇文恺被拜莱州刺史，"甚有能名"，百姓镌石颂其德政。

隋大兴城是宇文恺规划设计的第一座都城。隋，立国之初，仍以汉长安旧城为都，由于此城历经 800 余年，不能适应一个新时代都城在功能、文化等各方面的需求，抛开旧城再立新都成为必然。从开皇二年（公元 582 年）正月开始，隋文帝下诏命高颎、李询、宇文恺、刘龙等人于汉长安城之东南建造新都大兴，整个都城规划方案都由宇文恺主持设计。隋大兴城（参见本书第三章图 3-41）规划的诸多的成就中，至少在三个方面对后世具有重要影响：一是规划制度之精密；二是利用自然之巧妙；三是规划创新与规划惠民的精神。《隋书·宇文恺传》记载，隋大兴城建造之时"高颎虽总大纲，凡所规画，皆出于恺"，如此规模的建设工程竟由一位 28 岁的青年完成，足见宇文恺在规划与建筑领域的天资卓越。在当时，要做皇家和政府的工程最高负责人只精于技术是远远不够的，还需要熟悉典章制度、经学礼法，并能把这些知识与实际巧妙结合，宇文恺在这方面的能力远超同辈。大兴城的规划是把政治、经济、军事、城市实际生活需要与北魏以来的都城规划传统、《周礼·考工记》中的原则结合起来的杰出典范。

东都洛阳城（图 1-22）是宇文恺一生中规划设计的第二个都城，也是他晚年规划设计思想成熟时期的代表作。洛阳居天下之中，为历代建都之地。在隋之前曾是周、东汉、曹魏、西晋、北魏五朝都城。隋炀帝即位之后，在洛阳新建东都，使之成为隋朝的真正政治、文化中心。宇文恺规划隋大兴城时 28 岁，规划设计东都洛阳城时已 51 岁，这时的宇文恺规划手法和设计经验已经非常成熟和丰富。在东都规划建设中，因"恺揣帝心在宏侈，于是东京制度穷极壮丽""初造东都，穷诸巨丽"。东都洛阳的规划在适应和利用自然环境上有了新的突破，在利用模数进行规划布局上有了新的发展。

宇文恺除土木工程建筑外，还主持修筑过一些水利工程。不仅如此，他还有一些建筑设计及理论著作，其中有《东都图记》20 卷、《释疑》1 卷和《明堂图议》2 卷。

宇文恺的建筑实践发展和丰富了我国城市建筑的独特风格和优秀传统，他本人也因此受到了后世的尊重和崇敬。据宋代宋敏求《长安志》记载，唐代万年县（今长安县）的门屋就是宇文恺建造的。后来，唐高宗的女儿太平公主嫁给薛绍，在县衙内大设婚宴，人来车往、宾客盈门、热闹非凡。但是，由于县门狭窄，有碍通行，便准备予以拆毁。唐高宗得知了这件事，当即下旨："宇文恺所造，制作多奇，不须拆毁也！"县府的门屋不过是一个小小的建筑，就因为是宇文恺所造，虽已时隔数十年之久，却仍被人们另眼看待，甚至连皇帝也敕令保护。由此足见人们对这位建筑师是何等的崇敬。

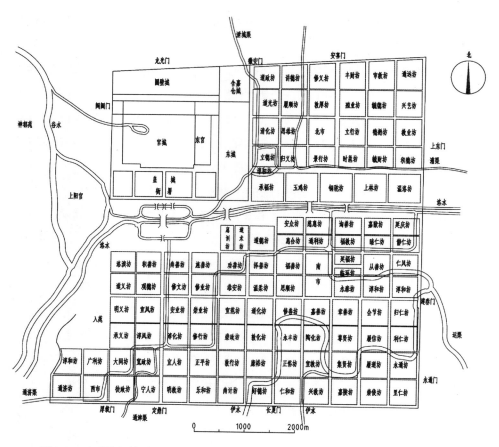

图 1-22　东都洛阳城（引自刘敦桢著《中国古代建筑史》，中国建筑工业出版社，1980）

五、阎毗、阎立德和阎立本——隋末唐初的营建世家

阎毗，榆林盛乐人（公元 564—613 年）。好经史，能作草隶，善画，以技艺知名于时。他娶了北周清都公主，成为贵戚。早年被太子杨勇所用，太子被废受到牵连流放为庶民。隋炀帝即位后极尽奢侈，先是命他修订军旗和车辂制度，之后又命他陆续主持重大工程，如建造长城、开凿永济渠、修建恒山坛场和临朔宫。其中修筑长城和永济渠两项工程耗费人力都在百万以上，史料记载修长城的百万民工"死者太半"，修永济渠时"丁男不供，始以妇人从役"，这都是导致隋朝走向衰亡的重要原因。

阎立德，本名阎让，字立德。他生于隋朝前的北周末年，即公元 580 年。由于家庭的影响和熏陶，阎立德和他的弟弟阎立本很早就继承了家传的巧思，无论在绘画、书法还是建筑方面的成就，弟兄俩都超过了他们的父亲，受到后人的赞誉，二阎的画迹，有许多作品，如《历代帝王图》和《太宗步辇图》（图 1-23），都已成为稀世珍宝，在世界美术史上享有很高的地位。后人和史家，往往只称颂阎氏兄弟的绘画才能和成就，而不大注意他们在建筑工程方面的成就。唐朝初期，人们只知道工艺美术家阎立德，技艺高超，他造的宫廷用品无比华丽。作为建筑家的阎立德在建筑方面的才干，是后来被善于识才用才的唐太宗所发现的。

图 1-23　阎立本《太宗步辇图》（引自北京故宫博物院官方网站）

唐太宗贞观初年，阎立德担任将作少匠，奉命修献陵，功绩受到褒奖升为将作大匠。贞观十年（公元 636 年），太宗长孙皇后去世，又奉命营修昭陵（图 1-24）。唐太宗去世后，唐高宗李治即皇帝位，李治命阎立德为唐太宗营建昭陵。年近古稀的阎立德，老当益壮，勇挑重任。他严格按照唐太宗生前的嘱咐："不藏金玉，人马器皿皆用土木形具而已"，呕心沥血，精心设计，精心组织施工，献出了他的全部艺术和建筑才华。昭陵工程浩大，气势磅礴，与天相接，无比壮观。陵园周长达 120 华里，面积约 30 万亩。在唐代帝王的陵墓中，昭陵是最高、最大的一座陵园。昭陵中的壁画和石雕，都是惊世之作，有极高的艺术价值和历史价值。其中举世闻名的为唐太宗生前喜爱的 6 匹骏马所刻的石雕"昭陵六骏"，造型生动，神态逼真，成为传世之宝。其中有 2 件，于1914 年被盗运到美国，现藏于美国费城宾夕法尼亚大学博物馆，剩下 4 件藏于西安

图 1-24　唐昭陵景区现状图（引自程义．关中地R唐代墓葬研究［M］．北京：中国社会科学出版社，2012）

碑林博物馆。阎立德因为唐太宗出色地营建了昭陵，被唐高宗李治进封为大安县公的爵位。

阎立德死后，其弟阎立本继续担任将作大匠，后升为工部尚书，总章元年（公元668年）又升为右相，咸亨四年（公元673年）卒。

阎毗在隋朝是仅次于宇文恺的建筑规划师，但隋朝灭亡后，宇文恺的技艺失传，而阎毗的两个儿子阎立德和阎立本在初唐相继担任工官职务，形成了一个在当时颇具影响力的营建世家，对隋唐两代建筑的传承与发展做出了重要贡献。

六、喻皓——精于木作的一代大家

喻皓，浙江杭州一带人，是一位出身较低的建筑工匠，生活的年代是五代末、北宋初，北宋初年当过都料匠（掌管设计、施工的木工）。喻皓一生都从事塔楼的建造，同时精于建筑理论的研究，他曾主持修筑了杭州梵天寺木塔和开封开宝寺木塔，著有《木经》等建筑学专著，对我国建筑学理论研究产生了重要影响。宋欧阳修《归田录》曾称赞他为"国朝以来木工一人而已"。

喻皓被后人赞颂为"造塔鲁班"，可见其造塔技术之精湛。为后人所传扬的故事有两件：一是建造杭州梵天寺木塔时，建造两三级之后，主管官员登塔检查发现塔身晃动，建造的匠师解释说是因为没有布瓦，上部过轻所致，但"以瓦布之，而动如初"，无奈之下去请教木塔的设计师喻皓，他笑着回答说："只要将每层铺上木板用钉子钉牢就不会晃动了。"匠师们照此方法施工，问题果然得到了解决；二是建造开封的开宝寺塔时，他先制作好塔的模型，每建一级外设帷帘，人们在外面只能听到里面施工的声音，一个月就能建造好一级，如果有遇到梁柱上下对不好、不牢固的时候，喻皓延塔周围巡视，时不时用手中的木槌敲打十几下，塔身随即就牢固成一体了。

喻皓在晚年时期总结自己从事建筑实践的经验，编著了我国历史上第一部木工手册《木经》。全书一共分为三卷，但由于当时那个年代对于科学技术的轻视，《木经》早已失传。万幸的是，北宋沈括在他的《梦溪笔谈》中有简略记载，《木经》对建筑物各个部分的规格和各构件之间的比例做了详细具体的规定，一直为后人广泛应用。

七、李诫——成就一代旷世之作

李诫，字明仲，北宋郑州管城人。出身名门的李诫从小就受家庭熏陶，好学多才。

他工书法，善绘画，藏书数万卷，手抄本数十卷。李诚一生对建筑营造钻研颇深，曾在宋朝时期先后主持朱雀门、九城殿、尚书省等多项重大工程，享有"十朝古都""七朝都会"之称的开封府廨也是在李诚的主持下建设完成的。

李诚对于自己负责的项目极其认真，无论是前期设计还是建造阶段中的每一个细节，他都把握很准，文献记载"其考工莅事，必究利害。坚扇之制，堂构之方与绳墨之运，皆了然于心。"可见李诚在建筑领域的深厚功底。李诚在宋朝时很受朝廷器重，这不仅源自李诚做事负责、认真钻研，更多的是因为他的技术得到大家一致认可，他屡次升职，很多也是源自对工程的负责。李诚为宋朝的建筑发展做出了重要的贡献。

李诚一生曾有多方面的著作，但均已散佚失传，只有他于绍圣四年（1097 年）奉旨编修的《营造法式》（参见本书第二章图 2-1）一书得以留存。《营造法式》是中国古代最完善的土木建筑工程著作之一，全书共 36 卷，分释名、制度、功限、料例和图样五部分，纵观全书，纲目清晰，条理井然，成为当时官方建筑的规范。《营造法式》的编修来源于李诚吸收古代建筑匠人营建经验，是历代工匠相传、经久通行的做法，所以该书反映了当时中国土木建筑工程技术所达到的水平。它的编修上承隋唐，下启明清，对研究中国古代土木建筑工程和科学技术的发展，具有重要意义。

八、蒯祥——明代皇家宫殿的总设计师

蒯祥，字廷瑞，今江苏吴县鱼帆村人，世袭工匠之职。蒯祥的父亲蒯富，有高超的技艺，被明王朝选入京师，当了总管建筑皇宫的"木工首"。蒯祥自幼随父学艺，父亲告老还乡时，他已在木工技艺和营造设计上颇有名气，并继承父业，出任"木工首"，后任工部侍郎。曾参加或主持多项重大的皇室工程。负责建造的主要工程有北京皇宫（1417 年）、皇宫前三殿、长陵（1413 年）、献陵（1425 年）、隆福寺（1425 年）、北京西苑（今北海、中海、南海）殿宇（1460 年）、裕陵（1464 年）等。

据《明史》及有关建筑专著评介，认为蒯祥在建筑学上的创造达到炉火纯青的程度。他精通尺度计算，每项工程施工前都做了精确的计算，竣工之后，位置、距离、大小尺寸与设计图分毫不差，其几何原理掌握得相当好，榫卯技巧在建筑艺术上有独到之处。中国古代的建筑大多是木结构，其关键在于主柱和横梁之间的合理组合，蒯祥在用料、施工等方面都精心筹划，营造的榫卯骨架都结合得十分准确、牢固。在北京皇

宫府第的建筑中，蒯祥还将江南的建筑艺术巧妙地加以运用，他采用苏州彩画、琉璃金砖，使殿堂楼阁显得富丽堂皇。蒯祥不仅木工技术纯熟，还有很高的艺术天赋和审美意识，据记载，蒯祥能以双手握笔同时画龙，合二为一，一模一样，技艺可谓是炉火纯青。在当时营建宫殿楼阁时，他只需略加计算，便能画出设计图来，待施工完毕后，建筑与设计图样大小尺寸分毫不差。

由同济大学古建筑学家路秉杰教授编著的《天安门》一书首次公开了南京博物院藏《明宫城图》（图 1-25），十分难得地保留了蒯祥的画像，他一副红袍官人打扮，身后是富丽的紫禁城建筑。该画一共有两幅，另一幅藏于北京故宫，画像旁有"工部侍郎蒯祥"字样。路秉杰教授认为，此画是一幅真正的新宫竣工图，画面极精细准确。当时的承天门（清重建后改称天安门）黄瓦、朱柱，上为面阔五间的门楼，下为开有五孔的城台，外有金水桥五座对应，两侧分列石狮、华表，与当前基本相同。路秉杰

图 1-25　明宫城图（引自路秉杰编著《天安门》，山东画报出版社，2004）

甚至认为《明宫城图》的作者即蒯祥本人。

　　说到蒯祥，需介绍一下以他为代表的"香山帮"。苏州香山位于太湖之滨，自古出建筑工匠，擅长复杂精细的中国传统建筑技术，人称"香山帮匠人"，史书曾有"江南木工巧匠皆出于香山"的记载。从匠心独运的苏州古典园林到气势恢弘的北京皇家宫殿，数百年来，苏州香山帮匠人的精湛技艺代代相传，香山帮匠人的杰作苏州园林和明代帝陵被列为世界文化遗产。

九、样式雷——清代皇家建筑设计世家

　　样式雷祖籍江西永修，从第一代样式雷雷发达于康熙年间，由江宁（现江苏南京）来到北京，到第七代样式雷雷廷昌在光绪末年逝世，雷家共有七代为皇家进行宫殿、园囿、陵寝以及衙署、庙宇等设计和修建工程。因为雷家几代都是清廷样式房的掌案头目人（首席建筑设计师），即被世人尊称为"样式雷"，也有口语话"样子雷"的叫法。

　　雷发达在很长时间内被认为是样式雷的鼻祖。而在样式雷家族中，声誉最好、名气最大、最受朝廷赏识的应是第二代的雷金玉，他因修建圆明园而开始执掌样式房的工作，是雷家第一位任此职务的人。康熙在《畅春园记》里曾经提到他非常牵挂一位杰出的匠师，即指雷金玉。

　　直至清代末年，雷氏家族后人都在样式房任掌案职务，负责过北京故宫、三海、圆明园、颐和园、静宜园、承德避暑山庄、清东陵和清西陵等重要工程的设计。传世的"样式雷"图档包括图样和烫样两部分。从建筑视图来说，图样可略分为地盘样和立样，又可细分为总平面地盘样、平面地盘样、立面立样、大木立样、轴测立样和透视立样等若干种。若按照制图进程划分，一所建筑要经历糙样、糙底、底样、细底、进呈样等绘制序列，其中，进呈样翔实清晰，制作最为精美。为了向帝后更明确地展示设计效果，有时候还会奉旨或奉谕按 1/100 或 1/200 比例制作烫样，也就是建筑模型。烫样是用杉木板、黏土、秫秸、纸张等材料经过锯截、培塑、裱糊、沥粉至彩画最后热压制成，故名烫样，从建筑布局到内檐装修，在烫样中皆可一览无余，流传至今的不过几十套，无不制作精良，弥足珍贵。留存于世的部分烫样存于北京故宫，是了解清代建筑和设计程序的重要资料（图 1-26~ 图 1-27）。

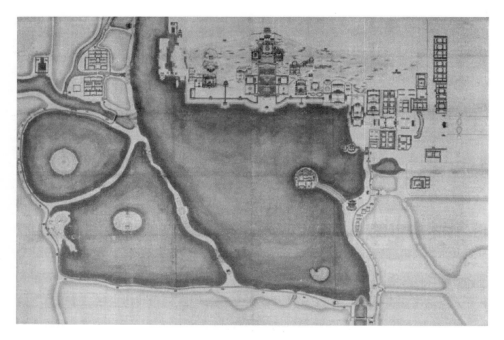

图 1-26　引自颐和园图样（东洋文库藏）

图 1-27　圆明园万方安和烫样
（图片来源：作者拍摄）

十、结语

我们从上古第一位建筑师有巢氏一路走来，纵览 5000 年华夏文明史，一个又一个工程奇迹灿若群星，这些辉煌建筑成就的背后离不开那些为之默默奉献的设计者和建造者，他们中的大多数被当时的政治主流所轻视，甚至随着时间的推移被后人逐渐淡忘。他们的建造智慧与高尚的职业素质值得我们后人细细品味与传承。本节之所以使用"大匠"来称呼这些建筑师，是因为中国古代并没有"建筑师"一词，它源于西方古罗马时代。现代职业中的建筑师到 19 世纪中叶才在法律上得到正式承认。英国皇家建筑师协会（RIBA）的成立标志着建筑师这一职业在国家层面得到批准。而在中国，建筑师这一职业与称谓直到 20 世纪 30 年代随着大批留学西方的建筑学人才回归，才被认可。

（本节著者　张鑫）

主要参考文献

[1] 张钦楠 . 中国古代建筑师 [M]. 北京：生活・读书・新知三联书店，2008.

[2] 常青 . 想象与真实：重读《营造法式》的几点思考 [J]. 建筑学报，2017（01）：35-40.

[3] 詹华山 . 蒯祥的建筑作品与造诣 [J]. 兰台世界，2015（10）：59-60.

[4] 姚远 . 隋代建筑大师宇文恺 [J]. 西安建筑科技大学学报（自然科学版），1986（03）：52-58.

[5] 王树声 . 宇文恺：划时代的营造巨匠 [A]. 中国建筑学会建筑史学分会，2014：10.

第二章

中国古代建筑营造技艺

第一节　古代建筑营造"管理"艺术

中国古代社会很早就出现了不同的社会分工，分工有利于社会生产的发展，提高生产效率。在封建制度下的古代建筑营造活动中，从建设的运营策划、规划设计到施工管理，诞生了一种独特的管理机构和组织形式，那就是以专职官员为主体的工官制度。

一、古代营造管理机构

大约1000年前，宋李诚为自己所编的《营造法式》写了一篇《进新修营造法式序》。文中一开头便说："臣闻上栋下宇，《易》为大壮之时期；正位辨方，《礼》实太平之典。共工命于舜日；大匠始于汉朝。各有司存，按为功绪……"（图2-1）这是一篇"皇文"，是完成皇帝交代的任务后写的一份工作总结报告。他这段话的大概意思是说自古以来，建筑工程都是"朝廷"的一项重要工作，要替"朝廷"做好这项工作，就要有很好的管理和组织机构，并且要有严格的规章和制度，按照一定的原则去办理，一直都遵循这样的原则去做的。

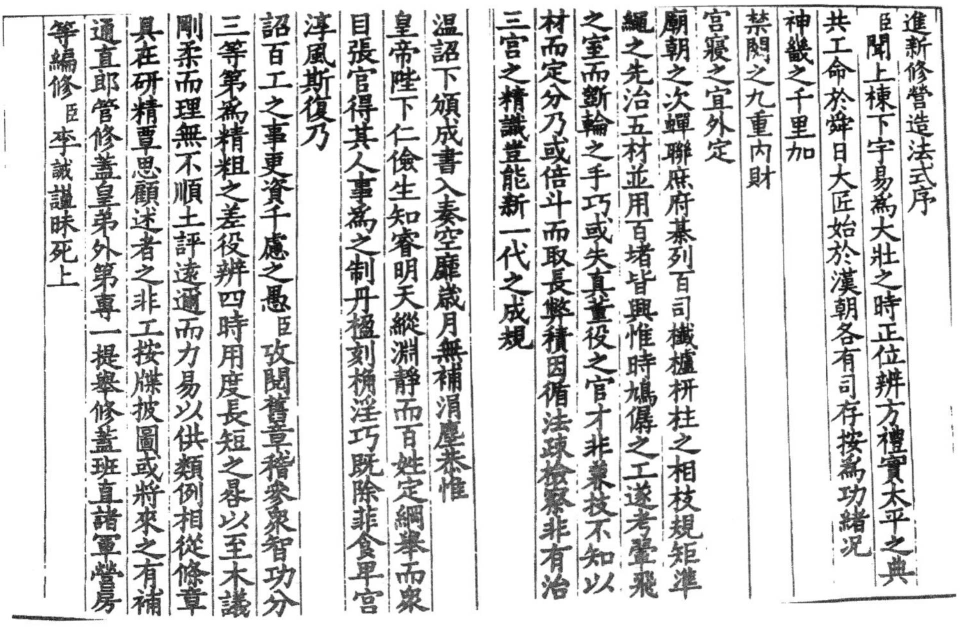
進新修營造法式序
臣聞上棟下宇易爲大壯之時正位辨方禮實太平之典
共工命於舜日大匠始於漢朝各有司存按爲功緒況
神畿之千里加
禁闕之九重內財
宮寢之宜外定
廟朝之次蟬聯庶府棊列百司櫼櫨枅柱之相枝規矩準
繩之先治五材並用百堵皆興惟時鳩僝之工遂考翬飛
之室而斲輪之手巧或失真董役之官才非兼技不知以
材而定分乃或倍斗而取長弊積因循法疎檢察非有治
三宮之精識豈能新一代之成規
溫詔下頒成書入奏空靡歲月無補涓塵恭惟
皇帝陛下仁儉生知睿明天縱淵靜而百姓定綱舉而衆
目張官得其人事爲之制丹楹刻桷淫巧既除非食卑宮
淳風斯復乃
詔百工之事更資千慮之愚臣攷閱舊章稽參衆智功分
三等第爲精粗之差役辨四時用度長短之晷以至木議
剛柔而理無不順土評遠邇而力易以供類例相從條章
具在研精覃思顧述者之非工按牒披圖或將來之有補
通直郎管修蓋皇弟外第專一提舉修蓋班直諸軍營房
等編修臣李誡謹昧死上

图2-1　进新修营造法式序（引自［宋］李诚著《营造法式》，中国书店出版社，2006，今版第15、16页）

　　事实上的确如此，两三千年来，中国一直都设有政府的建筑部门，由这个部门负责建筑设计、施工以及材料的生产和调配等工作。殷周之制的"司空"官职，位居六卿之一，是掌管土木工程的城郭、道路、沟渠、宫室兴建以及车服、器械制作方面的最高官员。秦代设有"将作少府"的官职，"司空"一职则失去原意，转为监察纠弹职务。西汉继承秦制改为"将作大匠"，自此"将作"一词一直沿用至明代。汉代扬雄《将作大匠缄》有"侃侃将作，经构宫室"的描写。东汉后期官职代之以"民曹尚书"，曹魏时期称为"左民尚书"。晋时设"左民尚书""右民尚书"和"司空"。南朝设"起步尚书"策划宫室、宗庙的建设，并以"将作大匠""大匠卿"和"材官将军"等职称兼领、管理工程事务。这些官职多因工而设，工程完毕即行撤销。

　　隋朝开始设"工部尚书"，下辖工部、屯田、虞部和水部，设各部侍郎，另有"将作寺大匠"一职，后改为"将作监"。工部掌管全国的农垦、山林、水利工程。将作监则掌管皇宫和中央官署的修建。唐代仍然是工部与将作监并列，袭承了隋朝制度。隋唐著名建筑家宇文恺、阎立德都曾任将作大匠、工部尚书，在城市规划和管理方面做出了杰出的贡献。

　　宋、辽、金各朝变化不大，工部尚书下设军械所、文思院、将作监、少府监等机构和官职。李诚是宋徽宗时期的将作监，以其工程管理、著述《营造法式》做出了历史性贡献，尤其"是能够'稽参'了文人和工匠的'众智'，编写出这样一部具有相当高度的科学性、系统性、实践性的技术书，的确是空前的。"（梁思成《凝动的音乐》）

　　明清保留了工部尚书的工官制度，设立了"营缮""水部""虞衡"和"屯田"四司，分别管理不同的营造事物。明代的木工蒯祥、蔡信，清代著名的营造世家"样式雷"，均曾任营缮所官员，蒯祥等人还官居工部侍郎。

　　工官制度下的"将作"，不论称为"寺""曹"府"以至"工部"都是不同朝代设立的营造管理机构。这些负责建筑工程的官署及其官员，在担负各种营造任务的过程中，总结出很多方法和经验，为古代建筑科技的发展和进步做出了贡献，就是所谓"各有司存，按为功绪"。

　　李允鉌在《华夏意匠》中评价："我们不能低估这些官方机构的工作对整个中国古代建筑的发展所产生的意义和影响，除了各个时代绝大部分的重要工程由这些政府建筑部门来完成之外，假如没有一个中央政府部门来主理建筑工程工作的话，中国古典建筑中心内容之一的'标准化'和'模数化'便不会成立，即使有这种意念也无法实施和推广，如果我们从'国家建设'的角度来衡量和考察中国古典建筑，结合'时间'

的观念来评价施工工作的效率，我们会发现这方面的成就比它的艺术和技术价值还会大得多。"

二、古代营造施工准备

根据已确定的整体设计方案，分不同阶段加以实施落实，并完成预期的建设目标，就是施工管理的全过程。建设工程开工之前，凡是制定工程计划和程序，预算工料，材料的准备、运输、储存，人员的调集（及其生活供应），道路的开辟，现场的平整，均属施工准备工作。这些施工管理程序和现代工程管理的方法看起来并没有太大的区别，说明中国古代对这一问题很重视，有不少科学的经验。

以古代的大型建设工程筑城、河堤、运河等为例，动员以万计的人力、千万吨的材料物资，这么规模宏大的工程，如无周密的准备工作，就难以有计划地进行施工。

关于这方面的记载《左传》就有多处，《左传·宣公十一年》载"令尹蒍艾猎城沂，使封人虑事，以授司徒。量功命日，分财用、平板干、称畚筑、程土物、议远迩、略基趾、具糇粮、度有司，事三旬而成，不愆于素。"这里的施工准备工作包括了劳动力计算、施工工期、工具物资调配、基址平整、粮食准备等，事"三旬而成"，效率是相当高的。我们可以看出古人对营造工作细致的考虑，精确的计算。从《左传》中的记载，到清代"营缮所"预算工料的"算房"，历时 2000 多年，古人给我们留下了大量的工程经济学方面的宝贵资料，反映了我国古代工程管理经验的丰富。

劳动力预算是准备工作的基础，一切粮食、生产工具、生活场所、劳力分工等，都由此决定。而要做出正确的估算，必先有劳动定额。劳动定额的测定是一个复杂的问题，需根据人的体力、效率、劳动复杂程度等确定，而这些本身就有很大差别。在中国古代文献中多有记载各种劳动定额数据，例如《营造法式》和《河防通议》中所记载的"功限"，须有大量的由实际工程中得来的统计数作为标准定额的基础，加以综合科学的分析，才可以制定。

从《营造法式》来看，所谓"功分三等""役辨四时""木议刚柔""土评远迩（近）"，已经比较细致地区别了劳动的复杂程度、加工的难易程度、生产季节的不同影响、有没有辅助的工人等，其所耗工时都有所区别，根据这些影响对统计数值进行调整，是比较合理的。

施工准备，除了劳动力预算之外，同样重要的就是材料的准备。材料的准备工作包括材料数量的计算、材料质量的选择、材料的运输和储存。

因天然材料的性能和用法各不相同，人们注重凭借经验予以选择和鉴别、检验材料。例如，木材选择首先是尺度，所谓"山有木工则度之"（《左传》），即用目测的方式鉴定其是否成材。明代朝廷在四川等地设常驻的采木官，其任务之一，就是登记可以入选的木材的品种、尺寸、数量、分布位置，呈报备案；将"树干宜高大挺拔，盘折弯曲则不堪入料"作为选择木材的标准。宋朝丁谓有判语云："不得将皮补曲，削凸见心"（《晁氏客语》），可谓言简意赅。16世纪明代出版物《王公忠勤录》中的插图（图2-2）表现了官方监督下的伐木情况，表明古代重大的建筑工程从材料生产以及施工等各方面都有官方全面的监督和组织。

图2-2　采木之图——16世纪时明代出版物《王公忠勤录》中的插图（引自李允鉌著《华夏意匠》，天津大学出版社，2014，第423页）

除了外形尺度，还须考虑木材本身质量。齐桓公时，命令工师翰修路寝。新屋修建完成，齐桓公前去查看，发现东侧一柱用的是樗木（臭椿），责怪翰说："樗，散木也。肤理不密，沈液固，嗅之腥，爪之不知所穷，为株为杗且不可，况为负任器邪？"（《燕书》）"负任器"就是栋梁之材，用樗木之类质理疏松的材质，来做承重构件肯定是不行的。

关于砖瓦材料，秦汉之际，已设有专门管理机构。大抵是何处建设工程，即在哪里自行设窑烧造。汉代砖瓦，就发现有"上林""左校"一类刻记。魏晋南北朝至隋唐，砖瓦烧造属于"甄官署"，宋代则属于"京西八作司"之"窑务"，元代设"窑场"。

明代初期，营建南京（应天府）时，用砖量巨大，建造用砖是由沿长江的各省以劳役形式缴进，砖上均有印戳，列举负责的州、县官吏和具体造砖烧窑匠工的姓名，以作为验收时记录之用。营建北京时，以就近设窑烧造的原则，主要于临清设砖厂制砖，北京也设黑窑厂、琉璃厂加工。至于宫殿铺地细料方砖（俗称"金砖"）则专门委托苏州厂家制作烧造，由应天（南京）工匠烧造，运往北京贮存备用。

所用砖料均须"坚莹透熟，广狭中度"，不得"色红泥粗"（见贺盛瑞《冬官记事》）就是当时的验收标准。《营造法式》中也有瓦的验收标准，所谓"撺窠"，即用竹片制作成半圆模，验收时把筒瓦从中一一穿过，以达到瓦件尺寸标准统一的要求。明代验收琉璃瓦的制度更是严格：事先须烧造两件瓦样，一件送皇帝，另一件送监造官员封存；验收时，即以样瓦为准，如"质有厚薄，色或鲜暗，即不准收"（见《冬官纪事》）。明代验收制度严苛，因而，明代制砖、制琉璃的技术确也达到极高水平。

三、古代营造经济预算

只要较为细心地去翻阅"官书"或者有关著述对于著名的重大工程建设的记录，我们就会发现所有的大工程都在很短的时间内便完成。当然，古代的官方施工工作是配合行政命令来执行的，我们暂且不去理会历史上对一些时代过分滥用人力、物力的批评，纯粹从施工的角度来看，劳动力和材料生产运输的组织假如不处在一个很高的水平上，实际上是不能产生效率和取得成绩的。

李诫的《营造法式》对这个问题就给我们解答了一大半。36卷的《营造法式》当中，其中第16卷至第28卷共13卷说的是"料例"和"功限"（图2-3）。事实上整部《营造法式》都是为"施工"需要而编订，绝不是一本谈设计和理论的书籍。其后明清的《正式》和《工部工程做法则例》都是继承这个传统的精神，主要为施工尤其是经济核算服务。由此看来，假如将"建筑工程"看作一个整体，中国传统的建筑思想落在施工而不是落在设计上面，或者

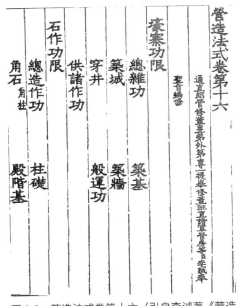

图2-3　营造法式卷第十六（引自李诫著《营造法式》，中国书店出版社，2006，今版第333页）

可以这样说，古代的看法是："设计"不过是为施工服务的，而不是施工的目的在于实现"设计"。因为时间已经过去，我们对古代施工的认识比对设计的认识更为困难一些，建筑学家和历史学家都较少注意中国古代建筑在施工方面的经验和成就。

在《营造法式》的"诸作功限"的各卷当中，将各个工种的劳动定额称为"功"，以"功"为单位分别详细定出各种工作所需的工作量，"功"以下还分有"分"和"厘"，可见制定的过程是十分严密仔细的。例如"筑墙"："诸开掘墙基，每一百二十尺一功，若就土筑墙，其功加倍，诸用蒉槾就土筑端，每五十尺一功"；又如造木柱："柱每一条，长一丈五尺，经一尺一寸一功，穿凿功在内，若角柱每一功加一分功，如径增一寸，加一分二厘功，如一尺三寸以上每径增一寸又递加三厘功……"一般来说，材料的用量是很容易计算出来的，但是劳动力的工作效率如果没有一定的标准就很难准确地估计了。古代的建筑部门在这方面做了不少工作。一方面，只有有了标准的定额，才可以制定劳动力的使用和调配计划，使施工工作能够和谐而有效率地进行。另一方面，没有工作量标准，除了估价困难之外，还会导致主办官员的贪污和舞弊。

当然，我们不能认为只有宋代才有这种制度，我们可以设想，这种"劳动定额"的标准在宋以前早就存在，宋以后，这种制度一直继续受到重视和认真执行。其实，只要是大规模的施工单位，这种制度是必然会产生的，否则无法全面地、有条理地管理和做出经济核算。

皇帝们其实并不是那么大方，任由负责施工的官员去支配人力和金钱，完成任务后还要考核一下支出的用度是否合理以及账目是否清楚。《隋书》中就记载了一段有关这方面的故事：何稠是隋代的一位设计师，曾与宇文恺合作参典"文献皇后"的山陵制。在担任"少府卿"的官职时，"所役工十万余人，用金银钱物巨亿计。帝使兵部侍郎明雅、选部郎薛迈等勾核之，数年方竟，毫厘无舛"。其后加之何稠能参会古今，多所改创，便升迁为"太府卿兼领少府监"。他因为领导有方，并且被证明没有贪污舞弊，最后当上工部尚书。唐朝时仍任用他为"将作少府监"，因为他的确是一位不可多得的有技术而又精于施工管理的人才。

（本节节选自李允鉌的《华夏意匠》中"建筑的施工工作"，略有修改，题目为本书作者所加）

四、古代营造施工组织

在施工组织计划上，关于场地、运输的安排，是工程准备中必须考虑的问题。虽无系统史料，但历史上不乏有关记载，有过相当多十分成功的先例，说明古人很早就注意到工作量的综合平衡。

丁谓于宋真宗大中祥符年间（1008—1016 年）修复宫殿一事，即一范例。在宋代沈括的《梦溪补笔谈》中就记载了这一段关于施工组织计划的颇有意义的故事："祥符（1008—1016 年）中，禁火（皇宫失火）。时丁晋公主营复宫室，患取土远，公乃令凿通衢取土，不日皆成巨堑。乃决汴水入堑中，引诸道竹木排筏及船运杂材，尽自堑中入至宫门。事毕，却以斥弃瓦砾灰壤实于堑中，复为街衢。一举而三役济，计省费以亿万计。""三役"指的是"取土""运输"和"清场"，丁谓大胆设想把街道挖掘成了运河，这一举措使得棘手的取土、运输问题迎刃而解。其实这个组织计划不但节省金钱，更重要的是大大缩短施工时间。此举的意义用现代管理科学来说，显然是"运筹学"的"线性规划"的初步运用。

又如，古代构筑城池，城垣与城壕并举施工。城垣取土，取土之处即成城壕，施工过程中节约了材料和运输过程，实际也符合施工组织设计的经济合理原则，一举两得。同时，城壕建成河道，又可以作为运输行船使用。明代南京城的城墙建设（图 2-4），用砖量很大，所用运输最快捷、节约的解决方案，就是依赖船运。所以南京城池城墙的走向，大多数临河道或湖泊修筑而成，这对减少修筑城垣所耗劳费具有非常显著的效果。

图 2-4 明南京城墙（图片来源：作者拍摄）

明代徐杲修复"三大殿"是建筑施工过程精心组织一个典型案例。嘉靖四十年（1561年）11月，在北京宫殿"三大殿"动工修建的第三年，西苑内永寿宫遭遇火灾烧毁。同年12月徐杲"以三殿大工之余材，趣治永寿宫"（《明会要》卷七十二）。"徐杲以一人拮据经营，操斤指示，闻其相度时，第四顾筹算，俄顷即出。而斫材，长短大小，不爽锱铢。"（沈德符《野获篇》卷二）更玄妙的是明世宗当时就居住在距永寿宫不远的玉熙宫里，可是听不到工地施工的凿斧之声，估计这个是传说，但足见徐杲现场管理艺术的高超和其匠作技术的精巧。永寿宫的建设从动工到落成，为时不足4个月，在明代宫殿建筑史上这种高速度实属罕见，并且还节省了约280万两白银的经费。这与徐杲苦心经营、勇于实践，对施工计划的运筹帷幄、工料的详细计算、施工工序的科学衔接、对施工现场指挥有方是分不开的。

（本节著者　姚慧）

主要参考文献

[1] 中国科学院自然科学史研究所. 中国建筑技术史 [M]. 北京：科学出版社，2000.

[2] 常青. 建筑志 [M]. 上海：上海人民出版社，1998.

[3] 李允鉌. 华夏意匠 [M]. 天津：天津大学出版社，2005.

[4] 梁思成. 凝动的音乐 [M]. 天津：百花文艺出版社，1998.

第二节　古代建筑营造施工技术精华

在中国古代长期的营造过程中，能工巧匠们创造发明了许多灵活巧妙的施工方法，这些发明创造促进了古代的建筑技术发展，堪称那个时代的"科技技术进步奖"。许许多多古代伟大工程都有他们的成绩，虽然许多匠师并没有留下他们的名字和事迹，但是他们的功绩是不可磨灭的。

一、定向、定平与定直的测量技术

建筑物的定位包括定向、定平、定垂直，以及其他测量距离、面积、高度的测量技术，是从古至今一切建筑工程实施过程中必不可少的技术手段。

定向，主要是确定建筑物的南北方向，也即地轴的南北方向。而在中国古代人们借以确定方位的主要依据是北极星、太阳、地球磁场。

定位，即空间定位，是古代建筑营造过程中的首要步骤。这些测量技术远在商周时期就已经出现了，称为"辨方正位"。在具体的操作中，称为"取正"与"定平"。定位包括了确定建筑的水平面、坐标基准点（方位）和朝向。对此，《周礼·考工记》中这样的表述："匠人建国，水地以悬，置染以悬，眠以景，为规，识日出之景与日入之景，夜考之极星，以正朝夕。"说明周朝在营建都城时，先确定出都城基址的水平面，再计算出太阳影子的长度变化，并参考北极星的方位来确定东西南北方向。

据《营造法式·看详》中所列举的利用天体取正定位的测量工具有圜版、望筒、水池景表（日晷）（图 2-5）。景表为直径 1.36 尺的圆石板，中央立表，以最短日影为正午；再以望筒昼望以南、夜望以北（极星），以确定四方。对日影的测量古人也早就注意到了，古代最早的历法中计算回归年时间的方法就来自日影观测，特别是冬至这一天（正午日影为全年中最长）的日影观测（图 2-6）。

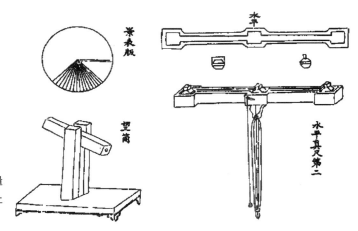

图 2-5　[宋]《营造法式》中测量工具（引自常青著《建筑志》，上海人民出版社，1998，第 260 页）

大约南宋以后，即逐渐广泛采用罗盘定向。主要原因是用太阳、北极星确定方向，具体操作往往要受到气候（阴雨时无法观测）、测量仪器架设和校正时间颇长、不便于携带转移等诸多因素限制。而磁针定向不受制约，具有极高的优越性。因此，当利用磁针创造出的具有实用价值的工具——罗盘（罗径）一经诞生，就广泛地代替了用天体定向的方法。因其携带便利，且具有较强的实用性，特别是在野外山区使用尤为便利。

一切液态的物质都具有保持水平面的性质，通常用以决定水平面的准物就是静止

图2-6　土圭测景图(引自[清]《钦定书经图说》)

状态的水。从古代的浮子到今天水平仪上密封的气泡，虽然精密程度和便利程度不一，但是定平的原理是一脉相承的。可见中国古代定平技术的先进性。远古时期的人们从日常千万次的经验中得知：水面是水平的，垂物的绳是垂直的，"水平"和"垂直"这两个词即由此而来。

定平是确定建筑物水平面的技术，宋《营造法式》曾于"看详"中"定平"一项内引了若干秦以前的文献，如《庄子》："水静则平、中准，大匠取法焉。"如《尚书大传》："非水，无以准万里之平。"以上，均说明定平用水，但并未详细描述水准工具。《释名》称："水，准也；平，准物也"，就是水平仪的意思。《周官考工记》有"匠人建国，水地以悬"的记述。考工记还提到"圜者中规，方者中矩，立者中垂，衡者中水。"郑司农注云，于四角立植而垂以水，望其高下；高下既定，乃为位而平地。

《营造法式》还记载："定平之制，既正四方，据其位置于四角各立一表，当心安水平。"于基址四角立表（标竿）作记，中央安水平（浮子），在平整地基的过程中，这个表不能分毫走失。这是为了随时校正基址水平面各点达到设计高度，即标高（图2-7）。一直到元末明初，民间汇辑的《营造法式》一书，所用定平仪器与上述完全一样，只是"浮木"称作"水鸭子"。

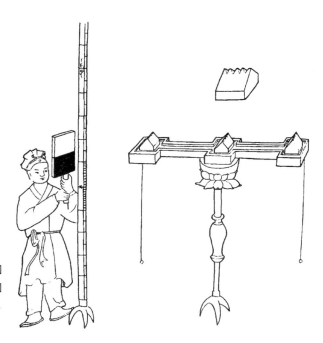

图 2-7　"水平"照版图（引自中国科学院自然科学史研究所编《中国建筑技术史》，科学出版社，2016，第 895 页）

　　用垂绳定垂直的方法应该是远早于有文字记载的事。利用垂绳定直的原理，来保证建筑的结构布局和柱中心与地面的垂直关系达到要求，这是中国古代建筑施工中非常重要的方法，这一看似简单的步骤却涉及许多工种和工序。这些古老的方法虽然多数不见于文字记载，但迄今仍然保存在传统的民间施工实践之中。

　　在施工过程中，正是这一精确的定向、定位技术，才保证了我国古代规划宏大城市建筑群的几何构图的均衡整齐。重心的掌握、垂绳校正的运用，才保证了许多古塔高楼，尤其是木构式砖石结构的高塔，经历千载风霜，屹立至今，其技术运用的成效是显然易见的。

二、运输、起重技术

　　运输建筑材料，最古老的办法是人力担运、畜力背驮。用人力或畜力直接承载重物，所运输的材料质量受到人、畜体力的限制，而车运、滚辊、滑动、浮运等运载工具所运输的物件质量会有很大的提升。

如明代修建故宫，最大最重的构件为保和殿后石陛，现存净尺寸为 16.57 米 × 3.07 米 ×1.70 米，质量在 200 吨以上。明清北京帝陵神道两侧的石像生，不但有高超的石像艺术，石料体积也很庞大。这些巨石的搬运，传说先在沿途每里掘一水井，然后利用寒冬泼井水成冰，千百人以绳索加以拽运，将巨石由遥远之地慢慢搬来。为减少重物和地面的接触来减少摩擦，以便拽运的另一种办法是用橇木或"旱舡"。橇端上翘，可避免与地表不平处抵触面小能省力前进。

远距离的运输，最经济有效的方法当然还是利用水运。由于水运极其省力，且具有显著的经济性，只要有河道就要充分利用，虽然用水运要受到河道流经地域的限制，但往往宁可迂道甚远也要利用水运，显示出水运巨大的价值。特别是古代，南北交通多集中于运河，大量的物资迂回千里经过运河由南方运至北方。

水运的方式有自浮、船载和筏载。除了竹木材料可以自浮以外，其他货物则只能依靠船载或筏载。而自浮材料的运送量，历史上是非常巨大的。"例如唐宋时期，主要木材来自秦岭山区及岷山地区同岚诸州，沿渭河出潼关以达黄河下游乃至华北地区。这些竹木材料均采取结筏编排的方式（图 2-8），往往前后衔接，长达数里。我国大批筏运木材的历史悠久，从规模、组织、技术上，均有丰富的经验。"（《中国建筑技术史》）

图 2-8　古代水运采集——《芦沟筏运图》局部（引自《中国美术全集》，人民美术出版社，2014）

起重是指由地面向高处输送材料和构件，是施工安装过程中最为关键的一环。欲起重较大、较重的构件，单靠人力没有办法解决，必须有专用的起重设备、工具。起重技术的水平，往往决定了建筑物的高度和结构方法。

　　首先是杠杆，利用重物近支点而力臂小、远支点而力臂大的简单原理。如古代的"桔槔"或"秤"之类。其次为滑车（轮状）或辘轳（筒状）。中国采用辘轳的历史很早，汉代画像砖和明器陶井屋已有辘轳的出现（图2-9）。单滑车可以改变用力方向，并且可以动用多个人力和畜力参加，如果是用滑轮组，则可大为减少劳动强度。用现代力学解释就是总做功是相同的，但单位时间内的做功可以降低，即降低了劳动强度，增加了功效率。辘轳加上绞盘长柄，还可以和滑车配套，形成更为有效的提升工具。宋曾公亮《武经总要》前集卷十二所载起吊城门闸板的绞盘，起重能力达到1吨。

图2-9　汉代画像砖盐井用辘轳拓片
（引自中国科学院自然科学史研究所编《中国建筑技术史》，科学出版社，2016，第902页）

　　由于尺度、质量巨大，应用在建筑物上的这些巨大的石材和金属构件，其提升就位是十分关键的技术问题。如古代建筑的石陛、础石、石像生还可以用斜面拽引，而质量巨大的华表石柱，沉重的巨钟、城门闸板，宫殿所用的高大木柱、大梁等，没有有效安全的起重设备，似乎是不可能完成的工作。据史料记载，北魏永宁寺刹柱、唐武则天时建东都明堂中柱、明南京钟楼铜钟都是尺度、质量惊人的构件。宋代泉州开元寺塔所用巨大石料，也是需要起重技术的。

　　还有，就是利用水的浮力起重。据《宋史·方伎传》中记载，怀丙是北宋仁宗时僧人，今河北正定人，自幼爱好工程技术，勤奋学习，刻苦钻研，因而十分精通工程技艺。民间流传着许多关于他在建筑工程施工方面的故事。

　　《宋史》中载有怀丙打捞铁牛的故事。当时河中府有一座大浮桥，奇怪的是在浮桥的两岸既没有常见的桥墩也没有司空见惯的大桩子，而是巧妙地用了8头大铁牛把浮桥拉住。有一天忽然天降大雨，河水暴涨，暴雨不但冲坏了浮桥，数万斤的大铁牛也被大水冲坏沉到河底去了，沉到河底的铁牛因为重量太大陷入泥沙里，铁牛的打捞难度可想而知。最后还是身怀绝技的怀丙很快地把这批每头几万斤的铁牛捞了起来。他的办法是用两只木船，在两只船之间绑上大木梁，大木梁上系上绳索，用绳索的一头捆绑铁牛的头角。先在船上装满了沙土，然后逐渐把船中的沙土挖出，船去掉原来装上的沙土就浮起来了，铁牛也就被抬了起来。

　　古人利用水的自然浮力提升水中重物是一种重要的施工方法，在我国古代建筑工程施工中屡见不鲜，尤其是水上建筑物和桥梁的施工。福建沿海所建的大量宋代石梁桥，就是充分利用海水潮汐的涨落，趁涨潮时将石梁升高就位于桥墩上。如福建泉州市的洛阳桥，始建于北宋皇祐五年（1053年），是我国最早的海港大石桥（图2-10）。洛阳桥的石梁共有300余块，每根石梁长约12米，宽厚约在0.5米以上，重量七八吨。那么古人是如何将这些质量庞大的石料从采石场地运送到建桥处并架设起来的呢？"我们从有关古籍的记载及调查访问中了解到，它是把沿岸及附近开采出来的石梁石块，放在木排上，随潮水的涨落进行运送、砌筑和架设的。趁退潮时砌筑桥墩，趁涨潮将载有石梁的木排驶入两个桥墩之间，待潮退，木排下降，石梁即被装在桥墩上的木绞车吊起，再慢慢放置在石墩上，并用木绞车校正好石梁的位置。"（罗哲文、王振复著《建筑文化大观》）明周亮工的《闽小记》、王慎中均称这种方法为"激浪以涨舟，悬机以弦纤"。在明末清初的《吴将军图说》的一幅画中生动地展示了用简易吊车修理洛阳桥的情况。

图2-10　洛阳桥（图片来源：作者拍摄）

宋代运输工具还较简陋，更无吊装设备，这些石梁升高就位的困难和所需的技术，是可想而知的。根据专家研究，200吨左右的石梁仍然是利用水的浮力起重，可以看到中国古代劳动人民的伟大智慧和高度技术水平。今天，浮运架桥的方法在国内外已被广泛采用，可是不能忘记，首创浮运架桥技术的是建造中国洛阳桥的工匠们。

三、标准化、模数化与装配式

中国历史上有很多关于建造速度的神话。所有的大工程绝大多数在很短的时间内完成。秦始皇统一六国后不过11年，却仿六国的宫室精华，于咸阳北郊、渭水南岸建起了覆压300里的阿房宫；汉代立国之初，占据长安城四分之一的长乐宫，萧何只用了两年时间便告完工；武则天时代的武氏明堂是唐代建造的最伟大的建筑，其高度约为88米，底层各边长约90米，无疑是中国古代建筑史上建过的最高大的木结构单体建筑。如此巨大的高层建筑，其设计和施工是极为复杂困难的，但仅用11个月就建成，可以看出当时建筑设计水平和施工技术已非常惊人。李白在天宝初年(约743年)游洛阳时曾作《明堂赋》，不禁唏嘘慨叹："盛矣，美矣！皇哉，唐哉！"唐朝名臣魏徵为官清廉，家里的住房非常简陋，甚至连古人讲究会客祭祖的堂屋也没有，李世民把皇宫里的一座小殿赐给魏徵。工匠们花了仅仅5天时间，就把这座小殿从皇宫搬到魏徵的府第盖了起来。

那么古代建筑能在这么短的时间建造完成到底有什么秘笈？《营造法式》中有一句非常重要的话，叫"凡构屋之制，皆以材为祖"。这个"材"，指的就是标准木材。据专家研究，这个标准材的断面规定为3∶2的比例，让材料本身具有很高的受力性能。这个"材"根据规模大小不等的建筑，又被分成8个等级。梁思成先生通过对大量古建筑的研究，尤其是在对独乐寺观音阁的研究中发现，这座建筑虽然有成千上万个木构件，但居然一共只有6种规格。这说明它有一整套高度标准化的设计，并就此解开了中国古代建筑非常重要的秘密。

《营造法式》里还有一段很重要的话："凡屋宇之高深，名物之短长，曲直举折之势，规矩绳墨之宜，皆以所用材之分，以为制度焉。"这句话简单来说，是指一座木结构建筑不同部位、不同构件的各种尺寸，其实都是以"材"为基本的模数。我们可以想象，在中国古代，一个木结构建筑的绝大部分材料是标准"材"，而且这些标准材可以在一个工厂里模数化大量地生产，然后搬运到工地现场进行二次加工和组装、装配，这就大大加快了建筑建造的速度。标准化、模数化的设计，这些现代建筑工业化的重要技术，是中国古代建筑一个非常重要的特点，也是中国古代能在短时间内完成工程建造的秘笈。如林徽因在给梁思成的著作《清式营造则例》写的序言中说：像《营造法式》这种标准化、模数化的设计，就是中国古建筑的真髓所在。

李允鉌先生曾在《华夏意匠》一书中说道：当然除了设计方法的标准化、模数化，我们必须指出的就是中国古典建筑的设计和施工基本上是基于一种"预制"构件和"装配"式的工艺制作观念而来的。中国古代的建筑工程之所以能够迅速地完成，除了有良好的施工组织计划之外，"预制"和"装配"的建筑方法也是其中一个重要的原因。建筑设计之所以走向定型化，大概主要就是配合施工中的"预制"和"装配"要求，各个工种、各种构件"制度"（大小和规格）的建立，目的就是打下"大量生产"（mass production）的基础。在建筑施工工作展开后，"预制工场"因不受房屋建筑面的限制，可以投入较大的人力，使"构件"的生产能够迅速地完成，由于"规格化"使劳动易于熟练，对质量能够做出更大的保证。

中国建筑木构架梁柱间的"节点"（joint）很早就发展为"卯接"（秦汉时用金红加固接点，说明"卯接"尚未完善），"卯口"的构造是十分精巧和复杂的，互相之间的尺寸大小必须完全吻合。这种发展可以说主要是由"装配"式的施工方法而引起，因为只要准确地装嵌进去，在高空中就不必再多做其他的工作。同时，反过来又证明了木构杆件非预制不可，因为复杂的"卯口"构造无法在高空中加工，非在地面上证明制作无误后才能使用（图2-11）。因为所有的构件都采用"预制"的方法，构件的大小和长度就必须预先准确地决定，不能等待"立架"后才做修正。

在古代的文献中，我们常常可以看到有关"搬迁"宫殿的记载。原来，中国传统的木结构是可以"搬家"的。"搬运宫室"在古代并不是什么新鲜的理念，因为房屋本来就是由很多部件装配而成的，将它们分拆下来重新装配自当是切实可行之法。再者木材较为轻巧，搬运起来并没有多大的困难，因而拆迁整座房屋不但快捷而且是经济的措施，至少大大缩短了重新兴建新宫的时间。汉长乐宫不到两年便顺利完工，其中一个原因就是拆迁和利用秦宫的构件。

"分拆"和"搬运""重新装配"其实也是中国建筑施工的一个重要技术内容，因为利用前代建筑物的构件并不是一件偶而为之的事。明宫也利用过元宫的材料，宋徽宗赵佶"竭天下之宫"营建汴梁宫苑，金人陷汴京，就把那一座座宫殿"输来燕幽"。燕京的宫殿，有一部分很有可能是从汴梁搬过来的。连赵佶辛辛苦苦从太湖运到汴京去修建"艮岳"的花石，其后又被金人弄到"中都"去了。今日北京北海的"假山"就是当年"青

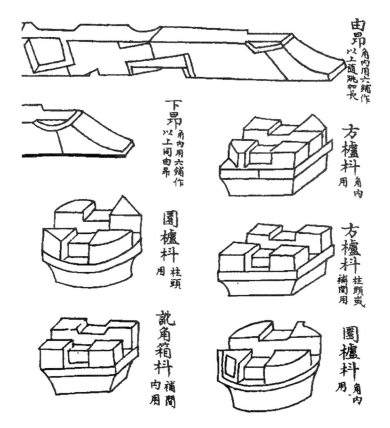

图 2-11　[宋]《营造法式》中卷三十"绞割辅作栱昂科等所用卯口第五"插图（引自李允鉌著《华夏意匠》，天津大学出版社，2005，第 426 页）

面兽杨志"一类的人负责押运之物。"官家"是这样，民间自然也如此，这是中国建筑十分特殊的"新陈代谢""古为今用"的方式。这些事例都十分清楚地说明建筑施工的"装配"和"组合"的性质。中国古代建筑之所以较少原原本本地保留下来，这种"取旧为新"的施工方式可能也是其中的原因之一，因为上了年纪的建筑物就常被"交替"去了。（节选自李允鉌著《华夏意匠》中"建筑的施工工作"，略有修改）

　　梁思成先生解释说："为什么千百年来，我们可以随意把一座座殿堂楼阁搬来搬去呢？用今天的术语来解释，就是因为中国的传统木结构采用的是一种'标准设计、预制构件、装配式施工'的'框架结构'，只要把那些装配起来的标准预制构件——柱、梁、枋、檩、门、窗、隔扇等拆卸开来，搬到另一个地方，重新再装配起来，房屋就搬家了。"（《凝动的音乐》）这高度总结了中国古代建筑"装配化"和"搬家"的必然联系。

四、古代建筑营建工艺

我国古代建筑以木构为主，木构建筑的营建工艺从原木的开采、加工成材到木作安装，都有一定的工序。这些加工工序在不同的时代对应配套的加工工具，形成相对完整的营建工艺。

我国古代木构建筑的营建工艺最重要的是木材的加工，这其中又分为制木工序（粗加工）和平木工序（细加工）。制木工序在框锯出现之前主要是"裂解"和"砍斫（zhuo）"制材（图2-12），使用工具有"斨（qiang）""镌""锹（qiu）"，这些工具都是为适应不同木材的裂解而产生的。锯的发明，给制木工序带来了极大的突破，特别是框锯的使用，可以克服以往裂解和砍斫制材造成的材料浪费，提高了材料的利用率，这在后世大材不易得的情况下显得尤为重要。平木工序一般用于粗加工之后，按其加工的精度，又可细分为粗平、细平、光料三个粗细等级不同的子工序。南北朝以前锯还未发明，靠楔具等破木，留下的粗加工及平本工作量是很大的，这项工作，古代笼统地称为"斫（zhuo）削"，用于"斫削"的工具，主要依靠斤。如果木材表面有特殊的要求，还需进一步光平，古代则用修磨工具"砻（long）"加以打磨。南北朝以后刨的出现，使制材工艺发生变化，直接导致了对平木工具新的要求。木材锯解后，面上出现的细毛似的本丝，称为"锯绒"。锯解后是需要刮光的。刨的平木作用，兼有刮和削两个功能。唐宋以后有了大框锯和刨，锯解后的木材基本平整，直接可以用刨来加工，省去了很大的斫削量。刨代替了撕、削、砻等细平木工具和光料工具，与用于粗平木的斤一起作为最终的平木工具流传至今（图2-13、图2-14）。

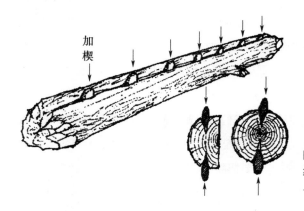

加楔

图2-12 木材裂解推测（引自杨鸿勋著《建筑考古学论文集》，文物出版社，1987）

木构建筑的营建工艺最后是木作的安装（穿剔工艺），工具有凿、锥、钻。榫卯结合最为突出，一直沿用至今，这里主要介绍榫卯的结合方法。榫卯结合，凿柄称为枘，

图 2-13　引自日本古图《春日权现灵验记》（局部）中木作加工工序及各种工具的操作

图 2-14　引自《成造木子图》（［清］
乾隆英武殿聚珍版）

古代借以称榫为枘，称凿为卯，合称"凿枘"。榫卯是唐宋以后的称法。榫卯是在两个木构件上所采用的一种凹凸结合的连接方式。凸出部分叫榫（或榫头），凹进部分叫卯（或榫眼、榫槽），榫和卯咬合，起到连接作用。这是中国古代建筑、家具及其他木制器械的主要结构方式。榫卯结构是榫和卯的结合，是木件之间多与少、高与低、长与短之间的巧妙组合，可有效地限制木件向各个方向的扭动。最基本的榫卯结构由两个构件组成，其中一个的榫头插入另一个的卯眼中，使两个构件连接并固定。榫头伸入卯眼的部分称为榫舌，其余部分称作榫肩（图2-15）。

砖瓦作的营建工艺对中国古代建筑的发展也起到至关重要的作用，砖瓦的发明，

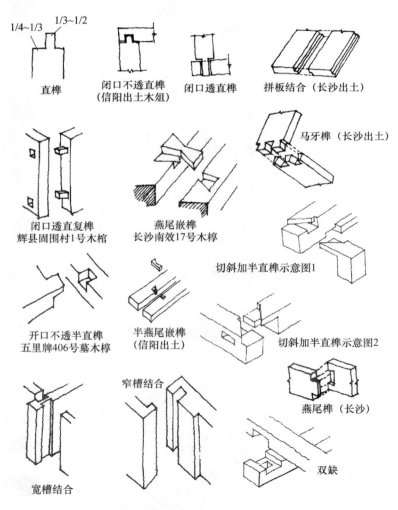

图2-15 春秋战国木作结合工艺（引自《文物》，文物出版社，2010；《考古》，科学出版社，1985）

改善了中国古代土木建筑的质量，延长了建筑寿命，也影响了木作、土作技术的变化。古代的砖瓦作技术与工艺，体现在两个大的方面：一是材料本身的制作工艺，其质量在不断提高；二是材料在建筑工程的应用过程中，在营造上形成了一套完整的工艺。

　　砖作技术主要分为两个部分。第一步砌砖，砌砖工艺的优劣关系到墙体牢固、墙面的美观和用砖是否经济，包括研砖、磨砖、灌浆、填料、粉刷、镶嵌、贴面等各个工艺环节。第二步是砖缝的处理，有经验的工人常说："三分砌七分勾（缝），三分勾七分扫"，可见砖缝和清扫是墙面效果的重要组成部分（图2-16）。

图2-16　室家暨茨图（引自［清］《钦定书经图说》）

　　瓦作技术主要是屋面铺瓦技术，其发展历史悠久，如《考工记》所记载的"茸屋三分，瓦屋四分"。而陕西扶风、客省庄出土的西周板瓦说明当时已有瓦作屋面。其后，在秦汉的遗址中，我们也能看到体现瓦作技术发展的板瓦、筒瓦、瓦当和瓦钉。再后来的铺瓦技术发展集中在防水和固定两个方面。

我国古代石构建筑的营建工艺也较为辉煌。不同时期分别用火烧法和火药爆破法开采石料，随后有打剥、粗博、细滤、褊棱、斫砟和磨光六道操作程序平整石料。石作雕镌方面则有剔地起突、压地隐起、减地平级和素平四种做法。石作加工的量画工具比较简单，常见的有弯尺、摺尺、平尺、墨斗、竹笔和线坠等，其操作与木工的量画工具使用方法基本相同。

石材的连接方式有两种：一是自身连接方式，包括榫卯连接、"磕绊"连接和用仔口连接；二是铁活连接，包括用"扒锔""银锭"和"拉扯"三种方式。石活表面应按铁活的形状凿出窝来，将铁活放好后，空余部分要用灰浆或白矾水灌严，精细的做法可灌注盐卤浆或铁水。

五、古代建筑营造的技术创新

始建于北魏太和 15 年（公元 491 年）的悬空寺（图 2-17）位于山西省大同市浑源县恒山金龙峡西侧翠屏峰的峭壁间，以如临深渊的险峻而著称。悬空寺以"奇、险、巧、奥"为基本特点，体现在建筑之奇、选址之险、结构之巧、文化之多元、内涵深奥，可谓世界一绝。

图 2-17　悬空寺（图片来源：作者拍摄）

李白游览悬空寺后，在石崖上书写了"壮观"二字，明代大旅行家徐霞客称悬空寺为"天下巨观"。而建成悬空寺的最奥妙之处，是利用力学原理在陡峭的悬崖"巧借岩石"为暗托、"半插飞梁"为基础，使梁柱上下一体化合理受力（图 2-18）。

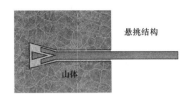

图 2-18　悬空寺"半插飞梁"结构示意图（图片来源：作者自绘）

20 世纪 90 年代，文物保护部门试图更换部分悬空寺的横梁，却无法将横梁从石孔中拔出。专家们发现，悬空寺的横梁有 27 根，所有的横梁都被做过独特的处理。原来建造悬空寺时，首先要在岩石上凿洞，洞口要求内大外小，凿成了形似直角梯形的样子，然后再将安有锥形楔子的横梁打入石洞，楔子会撑开横梁，使其与洞内直角梯形锐角部分充分接近，牢牢地卡在洞里，它的作用类似今天的膨胀螺栓，飞梁打得越深，固定得就越紧密，楼阁受力就越稳定、安全。

有专家推算，悬空寺打入山体内部的飞梁长度，比露出来的部分长两倍。据说建造之初飞梁还经过桐油浸泡，可以防止虫蚁腐蚀。所以悬空寺千年不倒也并非奇迹，乃是人们智慧的结晶。

表面上看支撑悬空寺的是十几根碗口粗的木柱，其实这些木柱并不是主要的承重结构，只是部分协同受力。据说在悬空寺建成时，这些木桩其实是没有的，只是为了满足人们的心里需求而后加的装饰柱，所以有人用"悬空寺，半天高，三根马尾空中吊"来形容悬空寺的灵巧奇险。

《宋史》中记载了宋代匠师怀丙巧换塔心柱的故事。怀丙曾经在真定县建造了一座 13 层的木塔，但木塔经过几十年使用以后，高耸挺拔的塔中心柱的中段由于年久失修毁坏了，整个塔体有向西北倾倒的危险。一般而言，塔的中心柱中段正是整个塔心最吃力的地方，无论更换还是修补，难度都非常大，如果没有科学合理的加固方法，一旦操作不当就有塔身坍塌的危险。怀丙仔细了解了塔的倾斜原因和中心柱中段损坏的情况后，经过深入的研究分析，通过测量中心柱中段的长短，另外做了一根与损坏的中心柱同样大小的木柱，用绳子把做好的木柱系在旧柱上，然后在塔内亲自操作，不久就把损坏的柱子更换了下来。他这种更换柱子的方法即是所谓的"偷梁换柱"，这个办法就是"墩接"柱子的方法，直到现在修整古建筑还在采用此技术。这种修复方法是利用木结构的受力原则，先把建筑物的上部重量用柱子从周围支撑起来，让损坏的柱子处于无荷载状态，这时即可换掉损坏的柱子。接上去的新柱子还要用榫卯与原来的旧柱相扣接。

徐杲是明代中期重建北京故宫"三大殿"的一位匠师。明世宗嘉靖年间（1522—

1566 年），朝廷大兴土木，营建宫殿，徐杲作为"匠役"，因其匠艺出众，被誉为"近代之公输""其巧侔前代而不动声色"（见谢肇淛的《五杂俎》）。由于他技术精湛、经验丰富，逐渐被拔擢为重大土木工程的设计师和建造指挥者。

当时的重大土木工程莫过于北京故宫的"三大殿"建设。三大殿初建于明永乐十八年（1420 年），次年即毁于火灾，不曾修缮，直至正统五年（1440 年）才开始重建，次年建成。由于三大殿建成已经将近 120 年之久，随着岁月的流逝、资料的缺失，工匠们大多不明白原有的规模和制度。徐杲"躬身操作"，亲自参加施工，凭借记忆进行设计。三大殿建成后，竟然和原来的一模一样。"三殿规制，自正统间再建后，诸将作皆莫省其旧，而匠官徐杲以意料量，比落成，竟不失尺丈。"（见《日下旧闻考》）可见他对明宫式建筑的娴熟和杰出的设计水平。

在重建"三大殿"的施工期间，徐杲和雷礼同心协力，总结当时的施工经验，集中广大工匠的智慧，"易砖石为须弥座，积木为柱。"所谓"积木为柱"是指用加铁活拼合料代替整根的大木料作为柱子使用，这不仅解决了当时由于政治腐败有增无减、土地兼并日趋激烈，长期采伐而致使环境凋残、山林空竭造成大木料奇缺以及运输不便等困难。实践证明，这种方法提高了建筑质量，并且节约了大量的建设经费，"省不可计，……然三殿之工，估者至数十百万，而费止什一。"（见焦竑的《国朝献征录》）

"徐杲等创造的'积木为柱'，对后世有深远的影响。清代的建筑匠师继承并发展了这一崭新的建筑筑术。整个的大木料极少使用，而大量使用加铁活的拼合料，如故宫太和殿和天坛祈年殿的柱子。而且使用铁活有发展，如故宫太和殿斗拱后尾及吊顶帽儿梁等处的交接，不似明代多凭榫卯的交接方法。这些都标志着木材加工技术的进一步发展。"（引自《中国建筑技术史》）

（本节著者　姚慧、李青）

主要参考文献

[1] 中国科学院自然科学史研究所.中国古代建筑技术史 [M].北京：科学出版社，2016.

[2] 李允鉌.华夏意匠 [M].天津：天津大学出版社，2005.

[3] 常青.建筑志 [M].上海：上海人民出版社，1998.

[4] 梁思成.凝动的音乐 [M].天津：百花文艺出版社，1998.

[5] 李浈.大木作营造工艺 [M].上海：同济大学出版社，2015.

[6] 李浈. 中国传统建筑形制与工艺 [M]. 上海：同济大学出版社，2009.

[7] 刘娟. 中国传统建筑营造技术中砖瓦材料的应用探析 [D]：太原：太原理工大学，2009.

第三节　古代建筑材料演变现象

土和木作为重要的自然材料，是我国建筑发展的一个重要方面，这和我国所处的地理位置和文化习俗有关。土木是人类最早使用且使用时间最长的建筑材料。在土和木的基础上，产生了砖、瓦、琉璃等建筑材料。根据建筑材料的不同性能特点，古代匠师将它们发挥地淋漓尽致，极大地促进了建筑技术及文化的发展。

一、土木之功——原始自然材料的应用

梁思成曾说："从中国传统沿用的'土木之功'这一词句作为一切建造工程的概括名称可以看出，土和木是中国建筑自古以来采用的主要材料。这是由于中国文化的发祥地黄河流域，在古代有密茂的森林，有取之不尽的木材，而黄土的本质又是适宜于用多种方法（包括经过挖掘的天然土质、晒坯、版筑以及后来烧制的砖、瓦等）建造房屋。这两种材料之掺合运用对于中国建筑在材料、技术、形式传统之形成是有重要影响的。"原始先民最早是在天然洞穴里生存，到了新石器时代，人们从天然洞穴中走出来，进而利用原始土壤而挖掘洞穴，这是黄河流域先民所创造居住环境的一种方式，也是由黄土的特性所决定的，因为土壤结构呈垂直肌理，壁立而不易倒塌，由此而形成穴居、半穴居（图 2-19）。作为横穴形式的窑洞，是利用黄土材料特性发展起来的一种形式。其主要存在于我国的山西、陕西、甘肃等地，这些地区土层厚，土的导热能力差，有很好的隔热、保温和蓄热功效，冬暖夏凉，很适于人类居住，即使现代，我国很多地方仍有窑洞的居住形式。

在南方，木材主要用作建筑材料。《韩非子·五蠹》曰："上古之世，人民少而禽兽众，人民不胜禽兽虫蛇。有圣人作，构木为巢以避群害，而民悦之，使王天下，号曰有巢氏。"所谓构木为巢，就是在自然树木上搭巢（参见本书第六章图6-11）。巢居是木建筑的最初表现形式，是人类生活经验的总结，在古代氏族社会时已有发展。

木材的使用由原始的巢居到汉代发展为抬梁式和穿斗式的建造方式，建筑面积增

横穴和竖穴的发展过程

半穴居的发展过程

图 2-19　穴居和半穴居的发展过程（图片来源：作者自绘）

大，柱间距也随之增大，同时作为木结构显著特点之一的斗拱，在汉代已普遍使用。木材与建筑技术及艺术的结合，同时木材在建筑中的使用更加娴熟与完整，在唐代已解决了大面积、大体量的技术问题，形成了唐代建筑高大雄伟、庄严质朴的风格。在宋代，木材的使用采用模数制形式，在宋李诚的《营造法式》中已有明确记载。明清时，对木材的样式和施工进行简化，同时在清代颁布了《工部工程做法则例》，使官式建筑做法和用料制度更具体和定型化。

土木作为原始自然材料，在建筑中的表现形式是循序渐进、一脉相承的。因为土木具有取材方便、经济实用的特点，且其各有缺点，遂古代先人们总结经验，创造出土木混合使用的建筑形式，如西安半坡遗址、陕西临潼姜寨仰韶遗址等（图 2-20），均以土木为建筑材料，表现出土木之功的早期形式。在土木材料的使用中，有了"墙倒屋不塌"的建筑特性，即是用木材料作为骨架、土墙壁作为围护结构，同时，木建筑的榫卯结构

图 2-20　陕西临潼姜寨仰韶遗址模型图（图片来源：作者拍摄）

具有很强的灵活性和抗震作用，这也是木建筑在我国广泛流传的原因之一。

图 2-21　版筑技术（引自《尔雅》）

在土木材料的使用中，先民也认识到土的缺点，例如土壤疏松、隔湿防潮能力差等，但是通过挤压夯实可增加其坚固性，且可防潮隔热，具有较好的保温、耐久和防火性能等，于是发展了夯土技术。在夯土技术发展的基础上，利用智慧，总结经验，使用模板，于是产生了一种竖向的建筑筑墙形式，即夯土墙，也是版筑技术的表现形式（图 2-21）。

在土木混合结构中，有一种建筑形式存在千年有余，是当时建筑技术和文化思想共同发展的成果，这种建筑形式就是"高台建筑"。高台建筑是在大体量的多层台基上采用小体量的木构廊屋围合建造的建筑。高台建筑（参见本书第三章图 3-13）作为土木混合结构的重要表现形式，在商周时已有发展，在战国时盛极一时。高台建筑的发展，既可以防止房基下沉，又可以产生威严、居高临下的感觉，表现出对天体的崇拜和通天的思想。"高台榭，美宫室，以鸣得意"是对高台建筑形象的最直接描述。

除土和木这两种原始建筑材料外，石料作为我国最早的原始材料之一，在古代建筑中也有一定的应用。最早的石料是用天然的河卵石和砺石堆砌的柱础、明沟、下水道和散水。石料具有坚固耐久、耐磨、抗压性强的特点，所以用于具有纪念性意义和象征庄严雄武的建筑，但由于不便于运输，建造使用劳力多，所以建筑发展过程中使用较少。

二、秦砖汉瓦——材料技术的发展

历史的发展是循序渐进的。在土木材料发展的基础上，随着人们生活水平和生产能力的提高以及在生产和生活中的经验总结，发现土泥经火烧制硬化后强度增强，防火能力也提高，于是产生了陶制产品，如砖、瓦等。砖瓦的出现，是我国古建筑材料发展史上的一项重大进步。砖瓦作为建筑物的重要组成部分，反映出建筑的特性与文化内涵，是中国古建筑特色的重要表现形式，是我国古建筑材料里程碑式的发展。

关于陶瓦，《本草纲目》中记载："夏桀始以泥坯烧做瓦"，《古史考》中有"夏世，昆吾式作屋瓦"的记载，但在夏商建筑遗址中未发现陶瓦。瓦最早发现于西周（公元前 1046—前 771 年）建筑遗址中。《天工开物》中有一段记载制瓦过程的文字："凡埏泥造瓦，掘地二尺余，择取无沙黏土而为之。百里之内必产合用土色，供人居室之用。凡民居瓦形皆四合分片。先以圆桶为模骨，外画四条界。调践熟泥，叠成高长方条。然后用铁线弦弓，线上空三分，以尺限定，向泥不平戛一片，似揭纸而起，周包圆桶之上。待其稍干，脱模而出，自然裂为四片。凡瓦大小古无定式，大者纵横八九寸，小者缩十之三。室宇合沟中，则必需其最大者，名曰沟瓦，能承受淫雨不溢漏也……"文中对瓦的选材、大小、成型进行了具体的描述。

瓦的种类，有板瓦、筒瓦，还有瓦当和琉璃瓦。与大体量的建筑本身相比，瓦当仅是其中的一个小小构件，但这个小小构件除了使用价值外，还有装饰价值，是建筑艺术中的一颗璀璨明珠。瓦当用于筒瓦顶端，既可以保护檐头，又可以防水、排水。其样式也划分为很多种，按形式划分有半圆形、圆形、大半圆形、弯月形。半圆瓦当是周代的主要形式，到了战国时期，才出现圆形瓦当。按纹饰划分，有图像、文字，如"朱雀""延年益寿""长生无极""长乐未央"等祝福语（图 2-22）。瓦当，是中国历史文化中的一份瑰宝，其内容丰富多彩，具有很高的艺术与收藏价值。

图 2-22　朱雀、长乐未央瓦当（引自王亦儒编著《秦砖汉瓦》，黄山书社，2016，第 125、126 页）

到北魏开始出现琉璃瓦。琉璃瓦色彩绚丽，质地坚硬，其实质是在陶瓦上饰以色彩亮丽的釉，是陶瓦中最昂贵的，通常施以金黄、翠绿、碧蓝等彩色铅釉。在等级森严的封建社会，其色彩的使用也不同。如黄色用于宫殿或庙宇，绿色用于王公大臣建筑，灰色用于民间建筑。元代也是琉璃瓦的重要发展阶段，琉璃色彩趋向多样化。在明清宫廷建筑中，已广泛使用琉璃。

继瓦的发明后，《天工开物》中对制砖过程有这样的描述："凡埏泥造砖，亦掘地验辨土色，或蓝或白，或红或黄（闽、广多红泥，蓝者名善泥，江浙居多），皆以粘而不散、粉而不沙者为上。汲水滋土，人逐数牛错趾，踏成稠泥，然后填满木框之中，铁线弓戛平其面，而成坯形……"描写了砖的选材、烧制要求、烧制方法和地理位置（图 2-23）。砖的出现比瓦晚了四五百年，但这并不影响砖在中国传统建筑材料中占有的重要地位。与烧结砖同时出现的还有土坯砖。土坯砖的出现，与先民使用土夯墙有关，人们从土夯墙的制作中得到灵感，受到启发。土坯砖在使用中取材方便，不用烧结，制作周期短，方便使用。

发现的最早实物砖是春秋时的一种砖，砖薄且是素面。到战国时砖又分为方形砖和长条形砖，表面有纹饰，主要用于铺地和镶墙壁。在砖的使用过程中，还发展了一种空心砖，此种砖主要用于墓室、铺砌台阶和踏步。空心砖一般都比较大，砖表面一般饰有花纹，有几何纹、叶形纹、卷云纹等，也有动物、植物、建筑和文字等。

砖初始主要使用于地下，从东汉时逐步用于地上，这种由地下到地上、由装饰到承重的变化，是古代人们思想文化变化的结果。魏晋时，砖已用于筑墙，同时出现了全用小砖砌筑的我国最早的砖塔——河南登封嵩岳寺塔（参见本书第四章图 4-22）。由于之前砖用于墓室，人们会觉得有阴阳之忌讳，所以砖没有直接用于建造居住建筑。

中国传统窑砖烧制业中的珍品——金砖的出现，表明我国的烧窑技术更加精湛了。金砖又称御窑金砖，古时用于宫殿建筑的地面铺装，在明清宫殿中使用很多。因其质地坚硬，坚如金石，敲之若金属般铿然有声。现这种制作工艺已经失传，故视为珍宝。

三、"三雕"——材料艺术魅力的升华

木、砖、石等建筑材料在使用与发展中，除了用于建造建筑房屋外，还用于装饰。利用这些原始材料，施以各种工艺做法，创造出形态各异的艺术作品，分别称为木雕、砖雕和石雕。我们将之总称为"三雕艺术"。

新石器时代出现了木雕。木雕一般采用木材和树根作为原始材料，工艺做法有圆雕、浮雕和镂雕。题材多样，造型精巧，图案从飞禽走兽到花鸟鱼虫，从神仙故事到吉祥图案，寄托一种情感，凸显一种情怀，是室内装饰和建筑点缀的细腻之作，在古代建筑装饰上一直占据着重要位置。隋唐时期，国家经济繁荣，统治阶级大兴土木，建造宫殿庙宇，促使木雕快速发展，雕刻出造型华丽、雍容华贵、体态丰腴的人物形

图 2-23　制砖图（引自 [明] 宋应星著《天工开物》）

象。明清时期，木雕的发展更为广泛，在皇家宫殿建筑和民居中都有体现（图 2-24），用于建筑装饰构建或木制家具，凸显了木雕技术极高的艺术价值和科学价值。

砖的雕刻有两种艺术表现形式：一种为"画像砖"，另一种为"砖雕"（图 2-25）。画像砖始于战国，盛于两汉，是一种表面有模印、彩绘或雕刻图像的古建筑用砖。画

图 2-24　浙江衢州龙游民居苑雍睦堂撑拱（引自黄滢、马勇主编《天工开悟：建筑古建装饰　木雕2》，华中科技大学出版社，2018，第125页）

图 2-25　亳州山陕会馆——砖雕人物（引自容浪著《山西会馆》，当代中国出版社，2007）

像砖一般采用空心砖和小型实心砖，主要用于墓室建筑。汉代人们的思想认为"事死如事生"，他们将死者生前的生活场景重新展现于墓室，所绘画像砖是生活的刻画，形制多样、图案精彩、主题丰富，表现了人们的生活习俗和日常生活习惯（图2-26），深刻反映了汉代的社会风情和审美风格，是中国美术发展史上

图 2-26　四川汉画像砖·酒肆图（引自朱存明著《汉画像之美》，商务印书馆，2017，第94页）

的一座里程碑。画像砖的意义不仅仅在于它是物质的、一块块刻有花纹画像的建筑用材，更重要的是作为一种墓葬装饰，反映了当时社会的政治、经济、思想以及由此形成的墓葬制度和习俗。画像砖有文字类、花纹类、题材类等；其中，题材类有神像题材、动物题材、辟邪祥瑞等，表现形式有浅浮雕、阴刻线条和凸刻线条，有的还有红、绿、白等颜色。

砖雕同木雕一样，是古建筑中的一种雕刻艺术。砖雕以青砖为原料，雕刻题材多样，如山水、花鸟、人物、民居生活场景等，在宋朝开始形成并快速发展。砖雕最初主要用于墓室建筑，随着砖雕的发展和人们思想认识的变化，到明朝时，砖雕发展为皇室贵族和富豪官吏建筑样式中的装饰品，广泛用于厅堂、大门、照壁、祠堂等。雕刻手法有浮雕、透雕和平雕等，装饰性很强，在民居建筑中也很常见，具有极高的历史价值与文化价值。

图 2-27　亳州山陕会馆——台柱石雕（引自容浪著《山西会馆》，当代中国出版社，2007）

石雕（图 2-27），作为"三雕艺术"之一，在距今 200 万年前的旧石器时代已有发展。不同的历史时期，石雕具有不同的艺术形式。早期石雕的发展，是古人们从磨制石质装饰品，制作石杵、石臼、研磨盘和各种农具发展而来。石雕的发展历程，在唐代达到雕塑史上的最高峰，主要分为陵墓石雕和佛教石雕。陵墓石雕又分为陵前雕塑和墓室小陶俑（参见本书第三章图 3-56、图 3-64）。佛像石雕以石窟造像为主，如唐代的天龙山石窟、炳灵寺石窟等。石雕在明清时期的建筑中广泛应用，如在皇室建筑中的台基、阶梯栏杆、走道、石桥中都有精美的石雕装饰。

（本节著者　刘璐、姚慧）

主要参考文献

[1]　刘叙杰, 傅熹年, 潘谷西, 等. 中国建筑史五卷集第一卷 [M]. 北京：中国建筑工业出版社, 2003.

[2]　王亦儒. 秦砖汉瓦 [M]. 合肥：黄山书社, 2015.

[3]　李楠. 中国古代砖瓦 [M]. 北京：中国商业出版社, 2014.

[4]　陈鹤岁. 汉字中的中国建筑 [M]. 天津：天津大学出版社, 2014.

[5] 杨国忠，直长运．论"土"在中国古代建筑中的作用和地位 [J]．河南大学学报（哲学社会科学版），2010（6）：99-104．

[6] 张驭寰．我国古代建筑材料的发展及其成就 [A]．建筑历史与理论（第一辑）[C]．南京：江苏人民出版社，1981．

第四节　古代建筑文献遗珍

　　中国古代在历史更迭和发展中形成了诸多建筑类型，在对建造方式的不断探索创新中，形成了中国特有的建筑营造体系。在建筑发展历程中，建筑文献的整理略晚于建筑实物，一直未形成系统的建筑文献资料。这种结果的形成：一是可能与当时的文化思想有关，古人注重儒学，认为儒家出身于"士"，又以教育和培养"士"（"君子"）为己任，对建造这种"粗活"不甚重视；二是中国古代战乱不断，对历史建筑的留存文献保存意识淡薄，造成建筑文献流传甚少。今天我们所掌握的关于古代建筑的文献，是先辈们通过各种形式的记录与记载方式而流传下来的。对于古代建筑文献重要性的认识，是从近代朱启钤先生 1930 年创立中国营造学社开始的。在战火纷飞的年代，建筑先辈们为研究中国古建筑长途跋涉，付出了艰辛的努力，也是他们的不辞辛苦，使我们对中国古建筑的传承保护和文献的重要性有了更多的认识，也为现今古建筑文献的整理与思考奠定了基础。

　　中国古建筑文献博大精深，繁冗复杂，各个历史时期存在着不同的历史典籍，现归纳整理并从以下几方面进行阐述。

一、经史类的建筑文献

　　经类建筑文献即以古代经书为主，经部类又分为经、礼、乐和小学四部类。先秦时期诸子百家的作品和秦汉时期的部分作品，内容丰富多样，都是以经书的形式出现的，如《礼记》《周礼》《诗经》等，小学类的如《尔雅》《释名》和《说文》等。

　　《礼记》是西汉礼学家戴圣所编，是中国古代一部重要的典章制度选集，主要记述了儒学的礼制，体现了先秦儒家的哲学思想，是研究先秦社会的重要资料。其中的《礼记·月令》《礼记·祭法》《仪礼·士冠里》等描述了周代祭祀、丧葬、婚冠等礼节，在《礼记·月令》中表达了"天人合一"的思想，同时占卜之术在建筑中也有应用。《礼记》中也有集中讲述明堂制度的《明堂位》。

《周礼》是一部通过官制来表达治国方案的著作，内容极为丰富，涉及社会生活的各个方面。《周礼》所记载礼的体系最为系统，记有祭祀、朝觐、封国、巡狩、丧葬等国家大典。其中《周礼·考工记·匠人》（图 2-28）是一部重要的文献资料，由春秋战国时齐国人编撰，是中国目前所见年代最早的手工业技术文献。该书在中国科技史、工艺美术史和文化史上都占有重要地位，是先秦时期匠人营建国都及其布局的重要史料，是现存最早的城市建设及其规划方面的史籍之一，对研究中国古代建筑独具一格的特点及其背后蕴含的丰富设计思想具有重要的价值，对我国古代都城规划有着深远的影响。其中的"匠人营国，方九里，旁三门。国中九经九纬，经涂九轨，左祖右社，面朝后市，市朝一夫"，是第一次为都邑建设而制定的营国制度之一。

图 2-28 《考工记》书影（引自 https: //
image.baidu.com/search/detail?ct=
503316480&z=0&ipn=d&word= 考工记 v）

《诗经》中的部分诗篇描写了周代城邑、宫室、苑囿和筑城情况，对我们了解先秦的建筑文化内涵和建筑背景具有很高的历史价值。如《诗经》中的《定之方中》，选自《诗经》中的《鄘风》篇，为周代鄘国一带的民歌。文中歌颂了春秋时期卫文公营建宫室，劝民农桑，使卫国走向富强之事。此诗分为三章。第一章，"定之方中，作于楚宫。揆之以日，作于楚室。树之榛栗，椅桐梓漆，爰伐琴瑟。"描写了古人运用日月星宿确定方位，建造宫室，同时兼有栽种树木品种对环境和后期制造歌舞娱乐所用乐器琵琶的考虑，兼顾了自然景观和人文景观，对后人也是一种启发。第二章，"生彼虚矣，以望楚矣。望楚与堂，景山与京。降观于桑，卜云其吉，终焉允臧。"描写了占卜之术在营造建筑方面的思想观念。对于建筑选址和风水的考虑在《诗经·小雅》中的《斯干》中也有描述："秩秩斯干，幽幽南山。如竹苞矣，如松茂矣。""约之阁阁，椓之橐橐。风雨攸除，鸟鼠攸去，君子攸芋。如跂斯翼，如矢斯棘，如鸟斯革，如翚斯飞，君子攸跻。殖殖其庭，有觉其楹。哙哙其正，哕哕其冥，君子攸宁。"《斯干》中通过生动的描写与精确的构思，记述了宫室建筑所处的环境，描绘了宫室的营筑过程及外观和庭堂，凸显了宫室的宏大与壮丽，是对西周宫室建筑进行详尽描述的唯一诗篇。《诗经·大雅·绵》中也有描述通过占卜术定居的事实，同时描述了修筑宫室宗庙的劳动场面。

小学类的《尔雅》（图 2-29）作为儒家的经典之一，收集了比较丰富的古代汉语词汇。"尔"是"近"的意思（后来写作"迩"），"雅"是"正"的意思，即在语音、词汇和语法等方面都合乎规范的标准语，是我们研究和阅读古书的重要参考文件。在历史上，《尔雅》备受推崇。这是由于《尔雅》汇总、解释了先秦古籍中的许多古词古义，成为儒生们读经、通经的重要工具书。《释宫》是《尔雅》的第五篇，解释了"宫"等的定义，"宫谓之室，室谓之宫。牖戶之间谓之扆，其内谓之家。东西墙谓之序。西南隅，谓之奥。西北隅，谓之屋漏。东北隅，谓之宧。东南隅，谓之窔。"（参见本书第六章图 6-51）等，描写了宫室功能内各部位的名称。

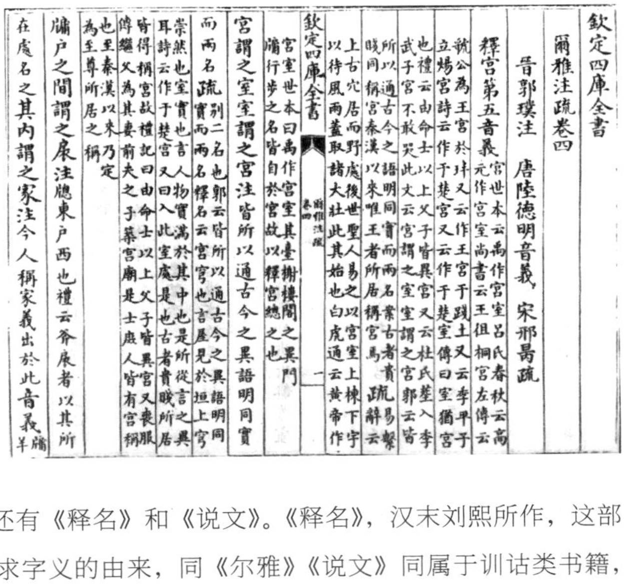
欽定四庫全書
爾雅注疏卷四
晋郭璞注　唐陸德明音義　宋邢昺疏
釋宮第五音義宮世本云禹作宮室呂氏春秋云高元作宮室尚書云王徂桐宮左傳云
就公為王宮於圻又云作王宮于踐土又云季平子立煬宮詩云作于楚宮又云作于楚室傳曰室猶宮
也禮云由命士以上父子皆異宮又云杜氏墓入季武子宮不敢哭此文云宮謂之室室謂之宮郭云皆
所以通古今之語明同實而兩名業古者貴賤同稱宮秦漢以來唯王者所居稱宮焉疏易繫辭云
上古穴居而野處後世聖人易之以宮室上棟下宇以待風雨蓋取諸大壯此其始也白虎通云黃帝作
欽定四庫全書　爾雅注疏 卷四　一
宮室世本曰禹作宮室其臺榭樓閣之異門牖行步之名皆自於宮故以釋宮總之也
宮謂之室室謂之宮注皆所以通古今之異語明同實
而兩名疏別二名也郭云皆所以通古今之異語明同實而兩名釋名云宮穹也言屋見於垣上穹
崇然也室實也言人物實滿於其中也是所從言之異耳詩云作于楚宮又曰入此室處是也古者貴賤所居
皆得稱宮故禮記曰由命士以上父子皆異宮又喪服傳繼父為其妻前夫之子築宮廟是士庶人皆有宮稱
也至秦漢以來乃定為至尊所居之稱
牖戶之間謂之扆注牕東戶西也禮云斧扆者以其所
在處名之其內謂之家注今人稱家義出於此音義牖羊

图 2-29　尔雅（引自［清］纪晓岚《文渊阁四库全书》，上海古籍出版社，2012，第 221-282 页）

小学类的古代建筑文献还有《释名》和《说文》。《释名》，汉末刘熙所作，这部书是从语言声音的角度来推求字义的由来，同《尔雅》《说文》同属于训诂类书籍，也是参照《尔雅》而作。《说文》为《说文解字》的简称，东汉许慎撰，是中国第一部系统地分析汉字字形和考究字源的字书。"文"指的是整体象形表意字，"字"指的是结体有表形表声的合体字，所以许慎以《说文解字》为书名，后代常常简称为《说文》。

史部类的建筑文献有《三辅黄图》和《史记》等。《三辅黄图》是中国古代最早专门讲述城市都邑内容的典籍，记载秦汉时期三辅的城池、宫观、陵庙、明堂、辟雍、郊畤等，其中涉及周代旧迹。所谓"三辅"是指汉代在都城长安附近的京畿地区所设立的三个郡级政区，即京兆尹、左冯翊、右扶风。其中的《咸阳故城》，描写了战国后期秦国的都城。"始皇穷极奢侈，筑咸阳宫，因北陵营殿，端门四达，以则紫宫，象帝居。"描写了咸阳城的营建，利用"法天象地"的思想进行整体布局，使咸阳形成了"渭水贯都，以象天汉；横桥南渡，以法牵牛"的宏伟壮观局面（图 2-30、另参见本书第四章图 4-1）。

在史部类的建筑文献中，有一种文献对当地地理、人文与文化进行了具体详尽的描述，这种建筑文献即以地方志的形式出现。如《长安志》是现存最早的古都志，北宋熙宁九年（1076 年）宋敏求撰，20 卷，着重记述唐代旧部，并上至汉以来长安及其附属县的情况。《水经注》和《山海经》是地理性文献，也

图 2-30　《三辅黄图》书影（引自 https: //baike.baidu.com/item/%E4%B8%89%E8%BE%85%E9%BB%84%E5%9B%BE/9791425？ fr=aladdin）

是地方志的一种表现形式。《水经注·河水四》中有一段关于函谷关的记载："河水自潼关北东流，水侧有长坂，谓之黄巷坂。傍绝涧，陟此坂以升潼关，所谓沂黄巷以济潼矣。历北山东崤，通谓之函谷关也……"文中讲述的函谷关为春秋战国时建立，为我国古代的重点关隘，易守难攻，是历代军事重地。

二、"规范性"的建筑文献

在建筑的形成与发展过程中，为了取得统一、有效的建造形式，国家对于建筑的营建方法也有相应的要求，这样即形成了一种称之为"规范性"的建筑文献，如宋代的《营造法式》、清代的《工部工程做法则列》和《梓人遗制》。

宋《营造法式》作者李诚（？—1110 年），杰出的建筑学家。《营造法式》是北宋崇宁二年（1103 年）颁行的一部官修建筑设计、施工的规范性书籍，作为我国古代最

完整的建筑技术书籍，标志着中国古代建筑发展达到了更高的阶段。

北宋建立后百余年间大兴土木，建造官员贪污成风，国库亏空，因而急需建立一套建造标准、制度，用以确定工程造价，防止贪污受贿现象发生。宋哲宗元祐六年（1091年），将作监第一次编成《营造法式》，由皇帝下诏颁行，此书史曰《元祐法式》。但在使用中，发现此书的用料描述不够具体，用材制度也不完善，在工程使用中形成了各种弊端，所以北宋绍圣四年（1097年）又诏李诫重新编修。李诫以他个人多年来修建工程之丰富经验为基础，参阅大量文献和旧有的规章制度，收集工匠讲述的各工种操作规程、技术要领及各种建筑物构件的形制、加工方法，终于编成流传至今的这本《营造法式》，在崇宁二年（1103年）刊行全国。

《营造法式》崇宁二年的版本已经失传，在南宋绍兴十五年（1145年）曾重刊，但仍未传世，现版本为朱启钤先生于1919年在南京江南图书馆（今南京图书馆）发现的丁氏抄本《营造法式》（后称"丁本"）。《营造法式》全书共分为34卷。主要成就是规定了用"材"制度。确定了"材分八斗""以材为祖"和以斗拱断面作为建筑模数基准的用材制度。其作为世界上现存最早最完备的一部建筑工程学专著而被后世所推崇（图2-31）。

工部《工程做法则例》同《营造法式》一样是官方发布的关于建筑标准的文献。于清雍正十二年（1734年）由工部颁布，共计74卷，前27卷为27种不同建筑物，如大殿、厅堂、角楼、箭楼、凉亭、仓库等各类建筑的结构，依据每件构件的实际尺寸进行叙述。自第28卷到第40卷为斗

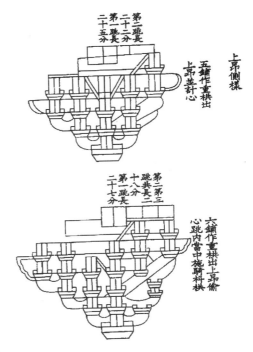

图2-31　斗拱（引自［宋］李诫著《营造法式》卷三十，中国书店出版社，2006，今版第670页）

拱之做法。自第41卷至第47卷为门窗隔扇、石作、瓦作、土作，以上47卷为设计样式的标准描述，后27卷为各种工料之估计。

《梓人遗制》为金末元初薛景石著。薛景石，字叔矩，著名的木工理论家，唐以

后称木工为"梓人",于是以《梓人遗制》为书名,由元初文学家段成已作序。书中关于小木作木门的制作内容,是研究元代木作技术的珍贵资料,也是对《营造法式》中相关内容的补充。

三、文学类的建筑文献

除了建筑设计人员或能工巧匠对于建筑文献的编纂与记载外,也有文人墨客对于建筑的描述,他们以"赋"或"记"为题材,在诗词歌赋中对建筑进行描写。如汉班固的《东都赋》《西都赋》、张衡的《两京赋》、傅毅的《洛都赋》、刘桢的《鲁都赋》、杜牧的《阿房宫赋》、柳宗元的《柳州东亭记》、白居易的《庐山草堂记》、范仲淹的《岳阳楼记》等。其中,《东都赋》和《西都赋》合成《两都赋》,作者班固(公元32—92年),东汉史学家、文学家,字孟坚,扶风安陵(今陕西咸阳东北方向)人。《东都赋》通过虚拟人物"东都主人"和《西都赋》中的虚拟人物"西都宾"的对话,描写了东都和西都的不同。《西都赋》描写了西都长安城的壮丽宏大,宫殿之奇伟华美,后宫之奢侈淫靡,《东都赋》则是对建立洛阳都城后各种政治制度的美化与歌颂,从理法制度上描写赞美了东都洛阳。

《阿房宫赋》作者唐代文学家杜牧,文中的开篇"六王毕,四海一,蜀山兀,阿房出。覆压三百余里,隔离天日。骊山北构而西折,直走咸阳。二川溶溶,流入宫墙。五步一楼,十步一阁。廊腰缦回,檐牙高啄。各抱地势,钩心斗角……"语言凝练细致,描写了阿房宫的雄伟壮丽,同时描写了阿房宫依山就水、巧夺天工的气势,使我们对阿房宫的营建特点有了更直观的感受(图2-32)。

图2-32　阿房宫图屏([清]袁江,现藏于故宫博物院)

《柳州东亭记》作者唐代柳宗元（公元 773—819 年），字子厚，河东解（今山西运城西）人，唐代文学家、哲学家。"出州南谯门，左行二十六步，有弃地在道南。南值江，西际垂杨传置，东曰东馆。"描述了东亭周围的环境。"至是始命披制蠲疏，树以竹箭松栉桂桧柏杉。易为堂亭，峭为杠梁。下上徊翔，前出两翼。凭空拒江，江化为湖。"描述了人们改造自然、美化自然的成就。

《庐山草堂记》作者唐代白居易（公元 772—846 年），字乐天，号香山居士，伟大的现实主义诗人。"明年春，草堂成。三间两柱，二室四牖，广袤丰杀，一称心力。洞北户，来阴风，防徂暑也；敞南甍，纳阳日，虞祁寒也。木斫而已，不加丹；墙圬而已，不加白。砌阶用石，幂窗用纸，竹帘纻帏，率称是焉。堂中设木榻四，素屏二，漆琴一张，儒、道、佛书各两三卷。"描述了庐山草堂的开间、样式。建造结合经济条件和生活物理需求，同时描述了建筑材料的选用和装饰特点，对草堂内的家具陈设也做了简单说明。

《岳阳楼记》作者北宋范仲淹（公元 989—1052 年），字希文，杰出的思想家、政治家、文学家，苏州吴县人。"至若春和景明，波澜不惊，上下天光，一碧万顷；沙鸥翔集，锦鳞游泳；岸芷汀兰，郁郁青青。而或长烟一空，皓月千里，浮光跃金，静影沉璧，渔歌互答，此乐何极！登斯楼也，则有心旷神怡，宠辱偕忘，把酒临风，其喜洋洋者矣"描写了岳阳楼周围景色的气势磅礴，寓情于景，将岳阳楼的周围环境描写得具体透彻。

在文学类的建筑文献中，还有一种以回忆散文的形式出现，如《东京梦华录》，作者孟元老，追述北宋东京城（今河南开封）的盛世盛况，描述了东京城的外城和内城布局，"东都外城，方圆四十余里。城壕曰护龙河，阔十余丈，壕之内外，粉墙朱户，禁人往来……""南壁其门有三：正南曰朱雀门，左曰保康门，右曰新门……"（图 2-33）分别通对内城外城的描述，使我们对古代城市建设规划的形制有所了解。

四、园林设计类的建筑文献

在众多的建筑文献中，有一类建筑文献是专门针对园林景观的设计与施工，此类建筑文献有《三辅黄图·袁广汉筑园》《园冶》和《闲情偶寄》等。

《袁广汉筑园》选自《三辅黄图》卷四《苑囿》。此篇讲述了汉代时袁广汉所筑私家园林的景色，是最早描写私家园林的文献资料。"茂陵富民袁广汉，藏镪巨万，家童八九百人。于邙山下筑园。东西五百步，激流水注其内。构石为山，高十馀丈，连

图 2-33　东京城通津门（[宋] 张择端《清明上河图》）

延数里。养白鹦鹉、紫鸳鸯、旄牛、青兕，奇禽怪兽，委积其间"，采用"激流水注其中""构石为山"、养"奇兽珍禽"的方法构筑私家苑囿，这也是造园艺术的早期表现。

《园冶》作者计成（1582—?），字无否，号否道人，原籍松陵（今江苏省苏州市吴江区同里镇）。《园冶》是计成于崇祯七年（1634 年）写成的中国最早和最系统的造园著作。《园冶》分为"兴造论"和"园说"两部分。"兴造论"中的"园林巧于'因''借'，精在'体''宜'，愈非匠作可为，亦非主人所能自主者，须求得人，当要节用。'因'者：随基势之高下，体形之端正，碍木删桠，泉流石注，互相借资；宜亭斯亭，宜榭斯榭，不妨偏径，顿置婉转，斯谓'精而合宜'者也。'借'者：园虽别内外，得景则无拘远近，晴峦耸秀，绀宇凌空，极目所至，俗则屏之，嘉则收之，不分町疃，尽为烟景，斯所谓'巧而得体'者也。体、宜、因、借，匪得其人，兼之惜费，则前工并弃，既有后起之输、云，何传于世？予亦恐浸失其源，聊绘式于后，为好事者公焉。"主要体现了"巧于因借，精在体宜"的造园思想。第二部分"园说"篇，又分为相地、立基、屋宇、装折、门窗、墙垣、铺地、掇山、选石、借景 10 篇，主要体现"虽由人作，宛自天开"的造园思想。上下两部分的这 16 个字，也是《园冶》这部著作的精髓所在。

《闲情偶寄》是明清时期园林设计的代表著作，作者李渔（1610—1680 年）。本书的《居室部》《种植部》描述了园林、建筑、花卉等生活中的各个组成部分，作者主张将自然、美学、哲学完美结合，是建筑文献中园林部分的重要参考文献。

　　上述众多的建筑文献中，虽然内容和文体特征不完全相同，但对于我们了解与研究古建筑文化与营造具有重要影响，同时也是对当时社会历史风貌的缩写。

（本节著者　刘璐、姚慧）

主要参考文献

[1]　刘叙杰,傅熹年,潘谷西,等.中国建筑史五卷集第一卷 [M]. 北京：中国建筑工业出版社，2003.

[2]　李允鉌.华夏意匠 [M]. 天津：天津大学出版社，2005.

[3]　常青.建筑志 [M]. 上海：上海人民出版社，1998.

[4]　李合群.中国古代建筑文献选读 [M]. 武汉：华中科技大学出版社，2008.

[5]　刘雨亭.中国古代建筑文献浅论 [J]. 华中建筑，2003（4）：92-94.

[6]　冷霜.关于中国古代建筑文献的基础研究 [D]. 沈阳：辽宁大学，2011.

第二篇

文化文明铸就建筑灵魂

"建筑是石头和木头的史书，忠实地反映着一定社会的政治、经济、思想和文化，而城市中无论哪一个巍峨的古城楼，或是一角倾颓的殿基的灵魂里，无形中都在诉说着乃至歌唱着时间上漫不可信的变迁。"　　——梁思成

第三章

中国古代政治与传统建筑文化

第一节　天下之"中"谁居之

——皇权思想与古代宫殿建筑

在古代中国，封建社会政治始终占据统治地位，无论哪一个朝代，哪一位帝王，封建王朝的政治权力永远高于一切。在中国古代建筑文化中政治因素所占比重之大，在世界各民族中都是非常少有的。

关于古代三皇五帝、部落首领建城的记载，史书不乏其例。《轩辕本记》记载："黄帝筑城邑，造王城。"《吴越春秋》记载："鲧筑城以卫君，造城以居人，此城郭之始也。""筑城以卫君"首先就是为了保护帝王的权力和地位，突出皇权意识。出于统治和防御的需要，中国古代对于都城的规划和皇宫的建设，历来都非常重视，每一次的规划建设都要组织朝廷史官及文人学者进行大量的研究和考证，希望以此来表达政治权力和社会理想。中国古代建筑中的政治因素首先表现在都城规划和皇宫的营建方面，都城是一个国家的政治文化中心，皇宫又是国家的最高权力所在地，所以都城和皇宫的规划建设首先体现的就是政治需求和政治因素。

一、天下之"中"谁居之

所谓"中"，原本是中国古代测天仪的一个象形文字（图3-1），从甲骨文写法可见，"中"是一个象形字。象形字由垂直长杆加以方框以成中心，此为求测日影之准确也。由此可见"中"是与天地方位攸关的一个字，天地就是古人所理解的宇宙。

相传炎、黄之战，黄帝部落据胜之地就被尊称为天下之"中"，就是当初黄帝及其子裔的生息之地，在中国历史上称为中州、中土、中原、中国。商代已有"中央"的地理文化概念，甲骨文有"中商"之说，文献中如"事在四方，要在中央"（《韩非子》），以及"世有大人兮，在乎中州""中州，中国也"（《汉书·司马相如传》）之类的记载，不胜枚举。这种尚"中"的空间意识与文化观念，顽强地深入中华民族的灵魂。

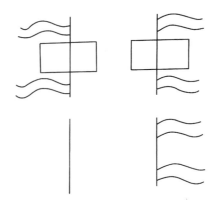

图3-1　中（罗哲文《中国建筑文化大观》，北京大学出版社，2001，第10页描图）

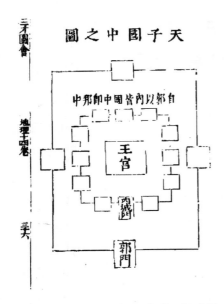

图 3-2　天子国中图（引自 [明] 王圻、[明] 王思义《三才图会·地理卷》，上海古籍出版社，2010，十四卷上，第 449 页）

炎黄子孙自古对"中国"的钟爱之情溢于言表："中国者，聪明睿知之所居也，万物财用之所聚也，贤圣之所教也，仁义之所施也，诗书礼乐之所用也，异敏技艺之所拭也，远方之所观赴也，蛮夷之所义行也。"（《战国策·越策》）宋代石介说："天处乎上，地处乎下，居天地之中者曰中国，居天地之偏者曰四夷。四夷外，中国内也。""中国"是中国古人头脑中的文化偶像，是刻骨铭心的文化命脉。

这种尚"中"的观念，表现在建筑上就是居中的思想，《荀子·大略篇》提出"王者必居天下之中"，《吕氏春秋》则提出"古之王者，择天下之中而立国，择国之中以立宫"（图 3-2），可见古代君王从都城选址到建筑物设计，居中思想无不体现。贺业钜在《考工记营国制度研究》中说："周人崇奉'择中论'。'择中'为我国奴隶社会选择国都位置的规划理论。认为择天之中建王'国'（国都），既便于四方贡赋，更利于控制四方（《史记·周本纪》）。《周礼·大司徒》对此曾做过系统论述，以为择'地中'（即国土之中）建'国'，是天时、地利、人和三方面最有利的位置。不仅择国土之中建王都，且择都城之中建王宫。在观念中，'中央'这个方位最尊，被看成一种最有统治权威的象征。"这就难怪中国古代对建筑中轴线的追求如此热衷了。

二、伟大的"中轴线"

中国古代建筑中中轴线的空间意识，是居"中"文化在建筑布局中的渗透融合。"中"与建筑中轴线有微妙的关系，其实就是"中国"观在古代建筑美学思想上的反映，"居中"之法是古代皇帝统治权威的象征。

早在春秋晚期和战国时期就流传着一部名为《考工记》的书，所论专为百工之事，后来这部书的内容被补入《周礼》。其中关于都城城池制度，从当时以及后来所遵循的实物中可以得到印证。《周礼·考工记》载："匠人营国，方九里，旁三门。国中九经九纬，经涂九轨。左祖右社，前朝后市，市朝一夫。"这里的"国"即指王城，古代帝王在营建国都的时候，把都城设计成方九里的正方形城池，每边城墙上各有三座城门，城内纵横各九条街道，城池的中央安排王城，意在体现国王或者天子所居住的地方应该是天下中心的特殊观念。按照这段文字，聂崇义的《三礼图》（图 3-3）、戴震的《考工记图》（图 3-4）等均做过平面布局的复原尝试，所得成果虽有不同，但其基本结构大略一致。《考工记》中的王城布局，无疑反映了"居天下之中"的王权至上思想，表达了对属下千邦万国的全方位统治意识。

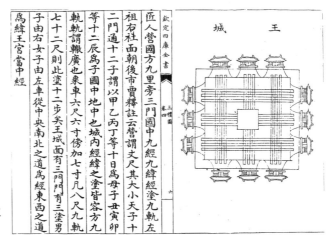

图 3-3　周王城图（聂崇义《三礼图》，引自《钦定四库全书》）

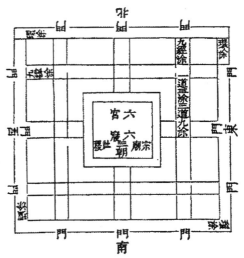

图 3-4　王城图（[清] 戴震《考工记图》，引自张驭寰《中国城池史》，百花文艺出版社，2003）

　　《考工记》的这一营国规划制度，对汉代以后的都城建设产生了重大的影响。"第一，由于《考工记》成了'三礼'之一的《周礼》的一部分，在奉周代典章为正宗的中国古代社会里，它无疑具有特别的影响力；第二，由于其所具有的宇宙模式源于人类的早期建筑，从而使得营国制度平面构成简单明快而富于逻辑性，因此具有特别的魅力；第三，因其宫城居中的做法具有强烈的象征意义，可以和后世一直存有'像天设都'观念的规划思想相应和，所以它能够在不断的朝代更替中仍然深刻地影响着中国古代都城建设。"（王鲁民《中国古典建筑文化探源》）

在古代都城规划营建中，首先考虑的是轴线，而且皇宫总是处于居中的主轴线上，在历代的城市规划实践中都明确地体现了这一基本的原则。北魏洛阳、北宋东京、元大都等规划，都与《考工记》营国制度有着明显的渊源关系（图3-5）。由《周礼》确立的这个城市布局原则，成为中国古代都城及府州县城规划布局的基本原则和范本。中国古代的地方城市虽然没有像都城一样完整地规划，没有规整的中轴线，但我们从考古发掘的古城遗址和现存的许多古城建筑布局上不难发现，几乎所有的城市都是衙署（府衙、州衙、县衙）处在城市的中心位置，足以体现中国古代城市建设中的政治因素。

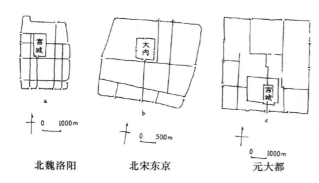

北魏洛阳　　　　　北宋东京　　　　　元大都

图3-5　宫城轴线（引自王鲁民著《中国古典建筑文化探源》，同济大学出版社，1997，第77页）

明清北京紫禁城的布局对轴线的利用更是登峰造极（图3-6、图3-7）。古代北京城最突出的成就是以宫城为中心的向心式格局和自永定门到钟楼的城市中轴线。为了体现

图3-6　明清北京故宫照片（引自史芳编著《中国建筑浅话》，中国人民大学出版社，2017，第39页）

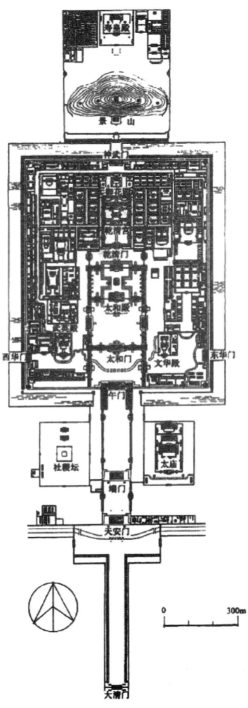

图 3-7　清代北京故宫总平面图（引自孙大章主编《中国古代建筑史（第五卷）》,中国建筑工业出版社,2003）

伦理秩序与帝工礼制，这条中轴线长达 7.8 千米，贯通全城。轴线从北京城的正南门——永定门开始，向北延伸至皇城前大明门，长达 3 千米，接着从大明门向北抵达皇城正门——天安门，通过端门到达宫城正门——午门，再向北抵宫城后的景山，长达 2.5 千米。这一空间序列是宫城最精彩、最壮丽的区域，它集中体现了封建王权的神圣与严厉。轴线由景山继续向北至钟楼、鼓楼延伸 2 千米，中轴线就此终结，画上了一个完美的句号。

正是这条当时为了体现伦理秩序与帝工礼制的中轴线，使北京城成为世界城市建设历史上最杰出的范例之一。这条被梁思成称为"全世界最长、最伟大的南北中轴线"以其独有的雄伟气魄穿过全城，前后起伏、左右对称的体形和空间建筑的分配，都是以这条中轴线为依据的。试想，从进入天安门起，配合不同的院落空间，沿中轴线不断造成时空节奏和聚气节奏，并利用平矮而连续的回廊衬托高大的主体建筑。沿着高大的台阶拾阶而上，加上一路两旁三步一位威严的御林军站立，身临其境，那种至高无上的天子"龙"的形象，唯我独尊的权威象征，通过这般艺术手段的调度得以成功实现。

三、"左祖右社，前朝后市"

所谓"左祖右社，前朝后市"之说，是指王城必以天子所居之地宫城居中，宫城中轴线之左右两翼，左面为祖庙（宗庙、太庙），右面为社稷坛。但其主题思想应是表现社稷朝位，突出王权居中，即王城中的朝位和门位（五门三朝）的空间对位关系。宫城里左前方是祭祀祖先的宗庙，意在不忘记祖先的功德，在这里祭祀祖先以取得祖宗神灵的护佑；右前方是祭祀社稷神的社庙，意在重视农业和民生，通过祭祀土地神和农业神，祈求年年风调雨顺、粮食丰收、人丁兴旺。宫城的外前方是朝，是处理政事的地方。宫城后面是市场。左右两区皆为民廛，是居民聚集区（图 3-8）。

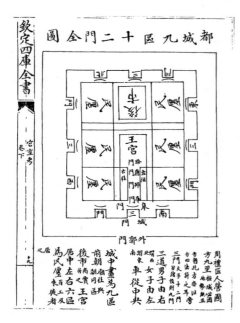

图 3-8 都城九区十二门全图（引自《钦定四库全书》）

《礼记》中说："君子将营宫室，宗庙为先，厩库次之，居室为后"（《礼记·曲礼下》）。中国古代是以血缘为纽带的社会，是十分重视崇拜祖先的民族，特别强调"尊祖敬宗"。祭祖是中国人世代相传的历史传统，加上中国古代传统观念中认为灵魂不灭，形成一套"慎终追远""敬天法祖"的观念，并将此观念纳入礼制的范畴，形成宗庙家祠。皇帝更不例外，要把皇宫旁边最重要的地方建成祭祀祖宗的祖庙，祭祖宗的地方甚至比皇宫居住的地方更为重要。

祭社稷也是如此。社稷祭祀始于周代，《周书》云："诸侯受命于周，乃建立太社于国中。其墬，东青土、南赤土、西白土、北骊土、中央冒以黄土。"骊土，即黑土，是五方五色文化观念在坛筑上的表现。《孝经纬》有云："社，土地之主也，土地阔不可尽敬，故封土为社，以报功也。稷，五谷之长也，谷众不可遍祭，故立稷神以祭也。"社是五土之神，稷是五谷之神，谷类众多，不可遍数，故立稷为代表而祭之。"民以食为天"，社稷即是土地、人民，所以在古代被认为是天下的象征。社稷是国家及其权力的象征，是象征国家权力的重要建筑之一，祭祀社稷既是对土地、农植的崇拜，也是对统治权力的崇拜。因此，自古以来社稷坛同太庙都是一座都城里不可或缺的构成部分。

中国古代是农耕文明社会，历代帝王都非常重视社稷的祭祀，社稷坛从中央到地方都有，中央的被称为太社和太祭。每逢农历仲月上戊日（每年立春后第二个月的初五日和立秋后的第二个月的初五日），皇帝都要亲自祭祀太社和太稷，春为天下祈福求祥，秋向社稷报告丰收。

"建国之神位，右社稷而左宗庙"。（《礼记·祭仪》）《考工记》营国制度中也正式确定了皇宫规划中"左祖右社，前朝后市"的制度。在始建于明代永乐年间的北京故宫的布局中，紫禁城的东南边是太庙、西南边是社稷坛，我们可以完整地看到周制"左祖右社"的痕迹。

四、"前朝后寝"与"五门三朝"

礼制性建筑渗透到宫殿建筑群，以"朝"最为突出。"朝"是宫城中帝王进行政务活动和仪礼庆典之处。《礼记·曲礼下》曰："在朝言朝"。东汉郑玄注："朝，谓君臣谋政事之处也。"《广韵·窗韵》称"朝，朝廷也"，史称尧帝曾在"沛泽之中"处理朝事。"朝"乃王权之象征，历代都把它提到维护皇权统治的高度。"寝"则是帝王的生活区域。从功能的需求出发，既需要有足够的建筑空间进行隆重的朝贺礼仪，又需要极高的规制和肃穆壮丽的气势，以象征帝王的至高无上，在周代宫殿建筑就已形成"前朝后寝""五门三朝"系列制度的基本格局。

天子与诸侯起居之地，但称为"寝"。《周礼·天官冢宰》有："宫人掌王之六寝之修"及"以阴礼教六宫"的有关"六宫六寝"之制的记载。汉代郑玄的《三礼图》对此曾做过详细的研究和注释。宋聂崇义在郑玄的《三礼图》基础上编著了一本自己的《三礼图》且另附有插图。虽然"天子六寝"的群落布局很难考记，明清紫禁城的后寝由后三殿与东西六宫的建筑布局（图3-9），成为存世宫殿最好的实例，典型地继承体现了周礼"六宫六寝"的思想制度。其虽不像聂崇义的《三礼图》所示前后布局，而是左右布局，但其更加遵循了《周易》的阴阳哲学思想。

图3-9 故宫西六宫（引自马文晓的博客）

西周时期"前朝后寝"的宫室布置传统，即天子在宫殿的"前朝"位置处理政务，在宫殿"后寝"空间生活起居。用今天的语境描述就是"前面是工作区，后面是生活区。"这同时也符合中国传统农业社会"男主外，女主内"的习惯，前后之分，男女之别，此亦可谓"女正位乎内，男正位乎外，男女正，天地之大义也。"（《周易·系辞传》）一般情况下后宫的内臣、皇后是不能去前朝的。北京故宫紫禁城就是以乾清门为界线，一道高高的宫墙，把整个紫禁城分割成"前朝"和"后寝"前后两个区。"前朝"和"后寝"各由若干个院落组成，和整个宫殿群的布局一样，也沿纵深方向布置，形成整个宫室建筑组群的中轴线。

　　辛亥革命成功后，延续了几千年的封建社会终于土崩瓦解，历史上的最后一位皇帝溥仪退位。当时的民国政府制定了优待清室的政策，允许退位的皇帝溥仪和清王朝的遗老遗少们继续住在紫禁城内。但是他们的活动范围严格限制在后宫内，不准越过乾清门。只在后宫活动，不越过乾清门进到前朝部分，实际上这就是一种象征，就等同于这里只是日常生活的地方，没有政治活动了。

　　"五门三朝"之制肇始于周，最先提出周天子宫室有五门的是东汉经学家郑玄。《周礼·天官·阍人》之说："阍人掌守王宫之中门之禁。"郑玄注：中门，于外内为中，若今宫阙门。郑司农曰："王有五门，外曰皋门，二曰雉门，三曰库门，四曰应门，五曰路门。路门一曰毕门。"两者都认为天子有五门，只是对五门次第的认识略有差异。虽然排列顺序不同，五门的名称都是一致的（图 3-10）。

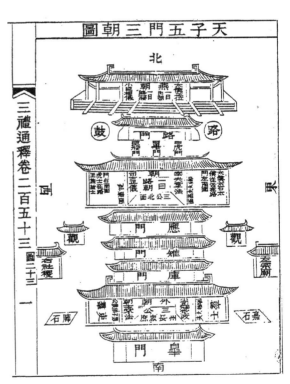

图 3-10　天子五门三朝图（引自《三礼通义》卷二百五十三）

　　郑玄通过对三礼做注释，成就三礼学，也成为后世儒学的主流。由于郑玄在多种注疏中反复强调天子五门说，于是得到后世学者的普遍遵信。孙诒让认为："今考天子五门之次，后郑此说确不可易。"乃至明代宫殿建筑设计也深受其影响。直到清朝乾隆年间，戴震始发异议，认为周制天子三门而非五门。戴震认为：检诸先秦文献，不只没有周制天子五门之说，而且不见天子建有库门、雉门的可靠记载。故戴震说："天子之宫，有皋门，有应门，有路门，路门一曰虎门，一曰毕门。不闻天子库门、雉门也。"他说："天子、诸侯皆三朝，则天子、诸侯皆三门。……异其名，殊其制，辨等威也。"戴震强调朝与门相应，极具卓识。

"三朝"所指并无明确的定义，东汉郑玄注《周礼·秋官·朝士职》曰："王五门，皋、库、雉、应、路也。"又曰："天子诸侯皆有三朝：外朝一、内朝二。其天子外朝一者，在皋门之内、库门之外，大询众庶之朝也，朝士掌之。内朝二者，正朝在路门外，司士掌之；燕朝在路门内，大仆掌。诸侯之外朝一者，在皋门内，应门外；内朝二者，亦在路寝门之外内，以正朝在应门内，故谓应门为朝门也。"据《周礼》等文献，外朝主要功能为举行重要的大典，如册命、献俘、公布法令以及断理狱讼，举行"三询"与万民询讨国危、国迁及立君三项维系国家的大事等活动，常在大庙（或称周庙，即周王室宗庙）中举行（图3-11、图3-12）。治朝，它位于宫城之内，是周天子每天处理日常政务之地。燕朝也属内朝，在路门以内与燕寝间。其功能是接见群臣议事，与宗族内亲议事，宴饮及举行册命的场所。

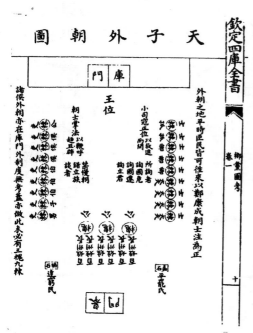

图3-11 天子外朝图（引自《钦定四库全书》）

图3-12 诸侯朝享图（引自《钦定书经图说》卷43)

　　"五门三朝"是对西周现实政治权力空间划分的反映。由于秦代儒学思想和古礼学中衰，东汉礼学才使先秦古制与现实政治制度的结合真正重现于国家政治和宫室规划中，故五门三朝制度与宫室建筑实体结合时间最早也只能上溯到两汉之后的曹魏邺城宫室规划中，见诸史籍最早的记载则是隋唐宫室规划，隋唐宫室建筑的布局，就是为了适应"三朝"的需要。

　　"五门三朝"这样一个宫殿建筑设计制度，历朝大体上都继承下来了，现存规模最大最完整的古代皇宫紫禁城，还遗存有五门制度的痕迹。近代学者多以明清北京紫禁城进行分析，哪几道门是紫禁城的"五门"，专家的诠释不太一致。刘敦桢主编的《中国古代建筑史》认为："大清门到太和门间的五座门附会'五门'的制度"，建筑历史研究所编著的《北京古建筑》也持此说。贺业钜在《考工记营国制度研究》一书中，茹竞华、彭华亮在《中国古建筑大系·宫殿建筑》一书中，则认为：天安门相当皋门，端门相当库门，午门相当雉门，太和门相当应门，乾清门相当路门。不论是哪种诠释，五门都是坐落在宫城主轴线上的重重门座。

　　"五门制度本身很可能是源于宫殿组群森严的戒卫而形成重重门禁，转而凝固为礼的规范。这种纵深排列的重重门座，有效地增添了主轴线上的建筑分量和空间层次，强化了轴线的时空构成，对宫城主体建筑起到重要的铺垫和烘托作用。唐宋时期的宫殿，三朝都是独立成组的。如果明清紫禁城以外朝三大殿表征'三朝'的说法能够成立的话，则这里已经不存在'三朝'的功能区分，只是一种历史文脉的象征。这种不拘泥于生搬硬套古制的、代之以象征的做法，应该说是明智的。"（侯幼彬《中国建筑美学》）

（本节著者　姚慧）

主要参考文献

[1] 罗哲文，王振复.中国建筑文化大观 [M].北京：北京大学出版社，2001.

[2] 王鲁民.中国古典建筑文化探源 [M].上海：同济大学出版社，1997.

[3] 刘泽华.中国的王权主义 [M].上海：上海人民出版社，2000.

[4] 柳肃.营建的文明 [M].北京：清华大学出版社，1997.

[5] 贺业钜.考工记营国制度研究 [M].北京：中国建筑工业出版社，1985.

[6] 姚慧.左祖右社 [M].西安：陕西人民出版社，2017.

[7] 戴震.三朝五门考 [A]，戴震研究会等，戴震全集（第二册）[M].北京：清华大学出版

社，1992.

[8] 庞骏.经学诠释与三朝五门制度：以隋唐宫室制度为例 [J].扬州大学学报，2013，17（5）：92-97.

[9] 何鑫，杨大禹.西周时期的"天子六寝"形制 [J].华中建筑，2009，27（3）：125-128.

第二节 "尚大"之风的"形象工程"

中国古代建筑政治因素的一个重要表现，就是以建筑的壮丽、宏伟、高大来表现政治权力和社会地位。这一切无不显示着专制王权的强大世俗权威，从政治文化意义上来说，又是为了彰显和强化整个社会权威认同的政治心态。在中国古代的建筑营造历史长河中，这种"尚大"之风十分强烈，它彰显了封建帝王唯我独尊的权威特质、唯我独大的皇权统治思想。

一、"圜则九重，孰营度之？"

中国古代宇宙观的形成与建筑文化观念有密切的关系，中国古代原始的宇宙观，是从建筑实践活动中衍生、升华而成，这就是中国古代建筑文化的时空意识，这种时空意识，关系到我国古代先民对"宇宙"含义的原朴理解。

《尸子》指出："四方上下曰宇，往古今来曰宙。"这里的"宇"就是容万物，天地；而"宙"通久，"往来古今"是指时间。"宇者，大也"（《广韵》）说得一针见血。宇宙包容一切，作为时空之义的宇宙，其广大无比的程度，可想而知。宗白华曾经说过，中国人的宇宙概念本与庐舍有关。宇宙二字也是富有建筑文化意蕴的汉字，东汉许慎《说文解字》中云："宇，屋边也。""屋边"就是屋檐，可引申为大屋顶。"宙"是什么？高诱云："宇，屋檐也；宙，栋梁也。"（《淮南鸿烈·览冥训》注）因为"宙"通"往古今来"之久，中国古代木构梁具有支撑屋顶质量的作用，建筑物能否持久屹立，全凭梁栋支撑。可见，中国古人所想象的自然宇宙，实际是一所巨大无比的"大房子"。

中国古代一向有关于"天宫"的神话传说。天门、天阶、天街、天阙等，都是与建筑有关的天宫形象，甚至将昆仑山比作顶天立地之大柱。诗人屈原也发出《天问》："圜则九重，孰营度之？惟兹何功，孰初作之？斡维焉系，天极焉加？八柱何当，东南何亏？"是谁能够营造、度量这天宇九重巍巍？天的顶盖安装在哪里？撑持天宇的八根巨柱为何有如此顶天立地的伟力？"在科学昌明的今天，看屈原当初的发问显得十分幼稚，但这一'天问'的文化精神是十分美丽的，它雄辩地透露出了中国古代视天地宇宙为建筑的真实历史信息。"（王振复《中国建筑文化大观》）

这种关于天地宇宙的时空意识，长期有力地影响了中国传统建筑的文化性格。很显然，将建筑比作宇宙这一美妙象征是中国古代建筑的文化意蕴之一。所以只要条件允许，人们总是愿意将建筑物建得尽可能地博大，以象征宇宙之大。

二、权威认同下的"非壮丽无以壮威"

"中国传统社会的基本特征是王权支配社会的过程，权威认同成为传统中国社会的普遍政治心态。"（刘泽华《中国的王权主义》）政治心态就是政治心理认同，政治心理是政治文化的基本内容之一和重要组成部分。姜涌认为"政治心理是一种潜在的社会意识。政治心理是对社会政治生活的直观感性反映，是一种潜在的政治意识，它不是一种显象的文化现象，而是一种较为直感的但是更深层次、更为隐蔽、更难以把握的立化形式。政治心理不是理性抽象的自觉状态，而是政治意识的准备状态，是一种隐态文化。"（姜涌《政治文化简论》）

如果说权威认同与王权崇拜是传统中国社会的普遍政治心态，那么，这种政治心理相对稳定和持久的特点在中国古代建筑发展过程中具有明显的积淀和文化影响。

古代帝王利用手中权力建设巍峨宏大的都城，壮丽华美、穷奢极欲的宫殿，不仅凝聚着君权至上的政治价值观念，而且体现并强化着权威认同的政治心理。汉魏经典诗赋对此有形象的描述和信息透露。班固在《西都赋》中写道："肇自高而终平，世增饰以崇丽。历十二之延祚，故穷泰而极侈。建金城而万雉，呀周池而成渊。披三条之广路，立十二之通门。内则街衢洞达，闾阎且千。九市开场，货别隧分。人不得顾，车不得旋。阗城溢郭，旁流百廛。红尘四合，烟云相连。"描述了汉代西都长安城池之恢弘规模。又描述长安宫室之壮丽华美说："其宫室也，体象乎天地，经纬乎阴阳。据坤灵之正位，仿太紫之圆方。树中天之华阙，丰冠山之朱堂。因瑰材而究奇，抗应龙之虹梁。列棼橑以布翼，荷栋而高骧。填以居楹，裁金璧以饰珰。发五色之渥彩，光爛朗以景彰。于是左城右平，重轩三阶。闺房周通，门闼洞开……焕若列宿，紫宫是环。清凉宣温，神仙长年。"

然而这样壮丽和华美的都城、宫殿，帝王们犹以为不足。《西京赋》描述"惟帝王之神丽，惧尊卑之不殊。虽斯宇之既坦，心犹凭而未抒。思比象于紫微，恨阿房之不可庐。"张衡这段话讲得再明白不过了，意思是帝王之神圣权威，一定要通过尊卑等级制度来体现，尽管天下治平，但帝王唯我独尊、君权至上的心态犹未满足，他们仍想象着和天帝一样居于紫微宫中，羡慕拥有如秦始皇的阿房宫那样壮丽华美的宫殿。可见古代君王对于权威的欲望达到无极的贪婪。

何晏《景福殿赋》云："不壮不丽，不足以一民而重威灵。不饬不美，不足以训后而永厥成。故当时享其功利，后世赖其英声。且许昌者，乃大运之攸戾，图谶之所旌。苟德义其如斯，夫何宫室之勿营？"魏明帝在东巡时，因惧怕暑热，在许昌修景福殿供其纳凉，这是大臣何晏为歌颂景福殿的巍峨壮丽所献的赋。文中"不壮不丽，不足以一民而重威灵。不饬不美，不足以训后而永厥成"两句话，最堪玩味。供君王纳凉的地方都如此奢华讲究，"这里透露的政治文化意涵是：这种宫殿建筑所给予人们心理与情感上以压倒性影响，恰说明了专制权威不仅仅要求的是政治上的统一，而且要求思想与精神上的统一，即所谓'一民而重威灵'；不仅仅是要求一时的统一，而且要求的是永远的统一，也即所谓'训后而永厥成'。这里以宫殿建筑所象征的君主权威，是绝对的、永恒的，是始终处于被崇拜地位的。所以，何晏后面又说了'苟德义其如斯，夫何宫室之勿营'的话，意即正是基于这样的政治考量，才建筑宫殿的。"（逯鹰《中国古代建筑的政治文化意涵析论》）

何晏《景福殿赋》的溢美之词，与修未央宫时汉太祖批评其"宫阙壮甚"，萧何辩解为"且夫天子以四海为家，非壮丽无以重威"的说辞相互印证、如出一辙，典型地展示了宫殿建筑所内涵着的政治文化意义。兹可以表明，宫殿建筑的"壮丽"与君主的权威适相匹配，为天子及臣民所普遍认同。

三、高台美宫何时休？

历代统治阶层对宫殿建筑的崇高追求，是古代尚大、山岳崇拜与皇权崇拜的结合，是对王权的歌颂，也是为了夸耀自己的权力和财富。春秋战国时期，诸侯纷争，整个中华陷入分裂状态，而各诸侯国为加强国力，塑造自己的美好形象，纷纷建造自己的都城宫殿。这一时期，对宫殿建筑的崇高追求，是高台与宫殿形制的综合体现，当时各诸侯国广筑台榭，对建造高台建筑投入极高的热情。

楚灵王建有著名的"章华台"，汉代张衡的《东京赋》中说："七雄并争，竞相高以奢丽。楚筑章华于前，赵建丛台于后。""翟王使使者之楚，楚王欲夸之，飨客章华之台,三休及至于上。"(《世文类聚》)休息三次方可登到顶端。所谓"高台榭,美宫室,以鸣得意",以至于互相攀比,推波助澜之风大盛。郦道元《水经注》中记载了楚国章华台的情景:"水东入离湖……湖侧有章华台,台高十丈,基广十五丈……穷土木之技,殚国库之实,举国营之,数年乃成。"(《水经注·沔水》)春秋时戎人批评"三休台"时曰:"此台若鬼为之,则劳神矣,使人为之,则人亦劳矣。"在整个春秋战国时代,这种举国家之财力、物力营建高台建筑的事例比比皆是。

《说苑》中记载:"晋灵公造九层台,费用千亿,谓左右曰:'敢有谏者斩!'"(《说苑·佚文辑》)劳民伤财,穷极豪奢,还不准人提意见。《韩诗外传》中记载:"齐景公使人于楚,楚王与之上九重之台,顾使者曰:'齐有台若此者乎?'"(《韩诗外传·卷八》)楚王建造了极其宏伟华丽的九重之台,邀请齐景公的使者登台观赏,还以挑衅的口气问他"齐国有像这样的台吗?"(图3-13,参见本书第五章图5-9)

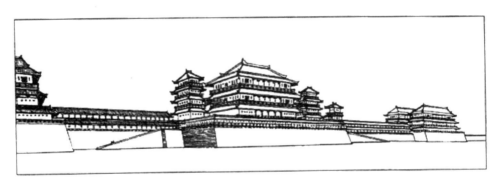

图3-13　河北临章曹魏邺城铜雀台复原透视（引自杨鸿勋著《杨鸿勋建筑考古学论文集》,清华大学出版社,2008）

陆贾《新语》曰:"(楚灵王)作干溪之台,立百仞之高,欲登浮云,窥天文。"据说,曹魏的时候,曾有过筑一个"中天之台"的构想,就是要筑与天相接,无可再高的台。刘向《新序》曰:"魏王将起中天台,令曰:'敢谏者死'。许绾负蔂操锸入曰:'闻大王将起中天台,臣愿加一力。'……'臣闻天与地相去万五千里,今王因而半之,当起七千五百里之台,高既如是,其趾须方入千里,尽王之地,不足以为台趾……'王默然无以应,乃罢起台。"这个典故并不是出于偶然,都是为了满足君王炫耀权势地位和生活上的奢淫,也实在是反映了当时向高空发展建筑的一个最大狂想,并且表现得非常强烈。

这种台形的建筑有的高达几十米,其上往往建有殿堂屋宇。如山西侯马晋都高台宫殿,台南两侧有附属建筑对称分布,"由南向北的道路逐渐升高作为整座建筑群的前台导，台前的夯土高地又使建筑的前奏进一步强烈，直至引出主体建筑。台分三层，各层之间比例明确而富于节奏变化，随着高度的增加，整座建筑的重心缓缓后移，在台的顶点，气氛亦达到高潮。"（王毅《园林与中国文化》）台的建筑是什么样子的呢？在唐、宋的界画上我们可以找出许多例子，表现的境界确是超凡离俗，高举入云，在烟云飘渺的台上又时常有宫殿楼阁，这种境界非帝王富豪是办不到的。

四、"尚大"的形象工程举隅

中国建筑文化史上对巨大尺度建筑形象的钟爱与推崇，曾经出现过三次高潮，一在秦汉，如秦之长城、秦始皇陵、阿房宫，汉之未央宫；二在隋唐，如唐之大明宫；三在明清，则以北京故宫为代表。

1. 秦长城、秦始皇陵、阿房宫

秦始皇统一全国之后，就大兴土木，中国古代建造"形象工程"第一人当推秦始皇。秦始皇统一天下后，出于军事防御的目的，开始大规模建造长城，将北部战国时期的长城连成一个整体。秦长城东起于辽东，西迄于甘肃，绵延 3000 余千米，可以说是当时世界上最浩大的工程了。修造秦长城，当时没有什么先进的建筑工具，几乎完全依靠人工、畜力在各种复杂环境中修造，营造之艰苦卓绝、劳民伤财可想而知。其难度难以想象，否则就不会有诸如孟姜女哭倒长城之类民间传说的广泛流传了。长城在当时是封建统治者穷兵黩武的象征，也是老百姓诅咒的对象。

古代帝王陵寝那广袤的陵园、高大的陵冢、辉煌的寝殿、绵延的神道以及"因山为陵"的宏大气势及规模令人瞠目，所费工程之巨也是世所罕见。生老病死本是生命的规律，但在君主政治时代，由于统治者的需要，帝王的生老病死被赋予了重大的政治意义。

秦始皇陵位于陕西西安的临潼区东 5 千米，南踞骊山，北临渭河（图 3-14）。这位生前横扫六合声名赫赫的君主长眠之地规模十分宏大，在全国甚至在世界，都堪称第一，不仅是陵墓的"中国之最"大概也堪称"世界之最"。秦始皇即位（公元前 246 年）不久，就择骊山风水宝地开始为自己营建帝陵。统一天下后，更从全国征 70 万众，前后花去 40 年时间进行修建。《史记·秦始皇本纪》云："始皇初即位，穿治郦山，及并天下，天下徒送诣七十余万人，穿三泉……"直到这位中华第一帝 50 岁下葬时（公元前 210 年）尚未全部竣工。陵墓的规模据三国时魏人所述，"坟高五十余丈，周回

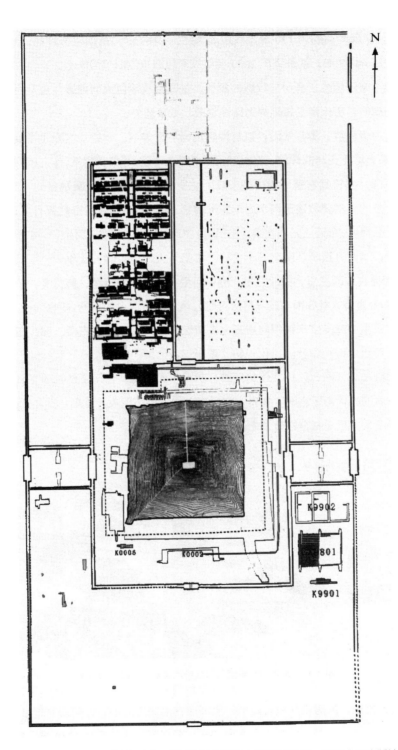

图 3-14 秦始皇陵园平面图 (引自袁仲一著《秦始皇陵考古发现与研究》, 陕西人民出版社, 2002)

五里余"。合现制高约为120米，底边周长约为2167米。基顶植树种草，崇高非凡，现遗址残高64.97米，就是经历2000多年风雨侵蚀也依旧气势恢宏。

宫殿是帝王地位、身份与权威的象征，是国家政治巨大的侧影，也是民族建筑文化灿烂的旗帜。历代帝王总是竭力建设宫殿，概莫能外。

始皇穷奢极欲，秦都咸阳，以宫殿建筑巍然于天下。一处处宫殿飞檐凌空，画梁雕栋，给都市增添无尽的辉煌。《史记》称"秦每破诸侯，写仿其宫室，作之咸阳北阪上。"秦每灭一国，便将其宫室台榭仿造于咸阳北原上，遂成大观。秦始皇的"形象工程"中赫赫有名的当然要数建于渭水之南的阿房宫（图3-15）。阿房宫究竟有多大的规模，豪华到什么程度，今天已无从证实。《三辅黄图》称其是"规恢三百余里，离宫别馆""作阿房宫殿，东西五百步，南北五十丈，上可坐万人，下可建五丈旗……"《三辅旧事》则谓："阿房宫东西三里，南北九里，庭中可受十万人，车行酒，骑行炙，千人唱，万人和。"而晚唐诗人杜牧所写的《阿房宫赋》，虽是借古讽今的目的，却也为世人所传诵。虽赋作中仅用100多字来铺叙阿房宫之高峻宏伟，却细绘了宫内楼、廊、檐、长桥复道和歌台舞殿之奇观和壮丽。仅一句"覆压三百余里，隔离天日"就勾勒出了阿房宫占地的广阔和凌云蔽日，行文气势磅礴，状写一代伟构。它无疑是我国文献记载中最为巍峨华丽的古代帝王宫殿。在秦末农民起义战争中项羽攻入咸阳，放火烧毁阿房宫，大火3月不灭，足见其宫殿数量之多、规模之大。

图3-15　阿房宫想象图（引自新浪博客——红育的博客）

据考古发掘，阿房宫并没有建成，原阿房宫前殿遗址即现存阿房宫遗址内有一座巨大的长方形夯土台基，残高仍有8米左右，经探测实际长度为1320米，宽420米。这大概就是《史记》中所说的"东西五百步，南北五十丈"的前殿建筑。从这些遗址看，秦朝虽短，但其修建的宫殿是大尺度的。据最新考古资料证实，阿房宫考古队李毓芳领导的团队经几十年考古工作得出结论，位于陕西省西安市西郊的阿房村附近原阿房宫前殿的范围就是阿房宫的范围，原阿房宫前殿遗址已改为阿房宫遗址，也就是说，秦阿房宫前殿没有建成，至于秦阿房宫的恢弘壮丽，以及项羽火烧阿房宫，仅为文学描述，尽管人们出于以秦之暴政、急政而速亡为戒，但是历史事实不能随意夸大，要尊重历史的真实性。

　　秦王朝之所以如此短暂就倾覆了，除了秦统治者对老百姓实行严刑酷赋之外，也与倾天下之力修筑这些"形象工程"，弄得天怒人怨不无关系。

2. 汉未央宫

　　秦末农民起义推翻了秦王朝，最后刘邦夺得天下，秦承汉制，汉王朝是在灭秦的基础上建立起来的，而紧接着的汉朝又有一段关于建筑的故事耐人寻味。有史书描述这时国家已经是极度贫困、民不聊生，汉太祖刘邦深知民间疾苦，制定了与民休养生息的政策。刘邦亲率军队四处征战，平定天下，委托他的谋士萧何在长安建设都城。《汉书·高祖本纪》中记载："七年二月，萧何治未央宫，立东阙、北阙、前殿、武库、太仓。上见其壮丽甚怒，谓何曰：'天下匈匈，劳苦数岁，成败未可知，是何治宫室过度也？'何曰：'……天子以四海为家，非令壮丽亡（无）以重威，且亡（无）令后世有以加也。'上说（悦），目栎阳徙都长安。"刘邦在外征战，回到长安看到萧何正在大兴土木，建造宏伟壮丽的宫殿建筑，责问他为何"治宫室过度"，而萧何关于"天子以四海为家，非令壮丽无以重威"的回答令刘邦无言以对，并且很高兴地接受了。于是就在秦朝的教训刚过不久，汉朝又开始了新一轮的大兴土木，只是稍有收敛，没有了秦朝那样过度的奢华。

　　据《史记·高祖本纪》，西汉初萧何在长乐宫以西建设一座规模更为宏伟壮丽的新宫未央宫，甚为壮丽（图3-16）。依《三辅黄图》："未央宫周回二十八里。前殿东西五十丈，深五十丈（按：恐为'十五丈'之误）高三十五丈，……因龙首山以制前殿"。又据东晋葛洪《西京杂记》所记载："未央宫周围二十二里九十五步五尺，台殿四十三，外朝三十二座，内廷十一座。"按目前测定尺度，此宫平面作矩形，东西约2250米，南北约2150米，周回8800米，约相当长安全城面积七分之一。

3. 唐大明宫

　　在魏晋南北朝多元文化的长期激荡之后，终于迎来了隋唐气势磅礴的文化新时代。

图 3-16　汉未央宫复原图（引自 https://dy.163.comarticleCTDVPN170523F6S9.html）

唐代经济、文化的发达程度，在唐之前未曾达到过，是中国封建时代国力强盛之巅峰。唐都长安的大明宫，其规模形制之巨大，是中国宫殿建筑文化之巍峨的纪念碑。如在皇城与宫城之间有一条横街，宽度达 220 米，是名副其实的"天下第一街"。含元殿是大明宫的正殿大朝，以龙首原为殿基，现残存的殿基高 15.6 米，而北京明清故宫三大殿台基为 2 米。含元殿殿身东西长约 60 米，面阔 11 间制，外观 13 间的重檐大殿。其前辟龙尾道，长达 75 米，左右侧稍前处建有东翔鸾，西栖凤两座阁，两者间距约 1500 米，尺度巨大，为故宫午门两翼阙楼之两倍宽度。整个殿宇气势磅礴，展现了中国封建社会鼎盛时期雄辉的建筑风格（图 3-17、图 3-18）。大明宫另一座重要的宫殿是麟德殿，其面积约有 5000 平方米，比北京故宫的三大殿加在一起还大。雄伟豪迈、气派雄健，体现了唐人沉雄的力量，这是唐代宫殿基本的特色。

图 3-17　含元殿总体正面效果图（引自杨鸿勋著《大明宫》，科学出版社，2013）

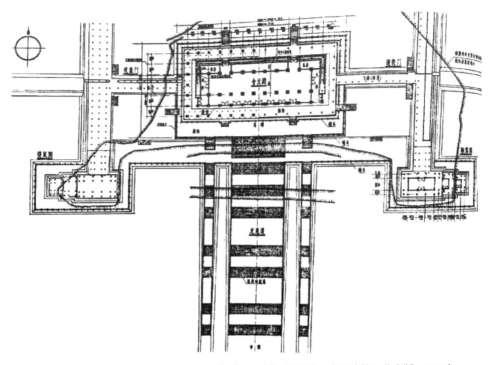

图 3-18　含元殿平面图（引自邹德侬编《中国建筑史图说》，中国建筑工业出版，2001）

4. 明清北京

　　明清北京是一个在文化观念与审美尺度上"尚大"的大城，是重新崇尚巨大的建筑尺度的时代。明清建筑文化作为这一时代的雄浑交响曲，直至今天，它在不少方面都是"世界之最"。

　　除了北京城域范围为当时第一个"世界之最"之外，最有代表性的当然是故宫。故宫是现存世界最大的宫殿群，它占地面积 72.96 万平方米，建筑面积现存 15.5 万平方米。故宫中的正殿金銮殿，即太和殿，为国内面阔最大的木构建筑，也是世界面阔最大的木构建筑（图 3-19）。明清北京有世界上最大的祭天建筑群——天坛（图 3-20）；世界上造景最丰富、建筑最集中、保存最完整的皇家园林——颐和园（图 3-21）；更有被誉为"万园之园""东方夏宫"的北京圆明园（图 3-22）；还是世界上保存最完整、埋葬封建帝王最多的墓葬群——十三陵的所在地。最后，世界上自古至今最长的防御性城墙是中国的万里长城（图 3-23），经历代修筑总长度达 5 万千米之上，现保存较完整的明长城段长达 7000 余千米，而属于北京地域内的长城段全长也达到 624 千米。

图 3-19　太和殿（引自张克贵、崔瑾著《太和殿三百年》，科学出版社，2015）

图 3-20　北京天坛圜丘坛（引自北京市古代建筑研究所编《北京古建文化丛书 坛庙》，北京美术摄影出版社，2014）

图 3-21　颐和园（引自北京市古代建筑研究所编《北京古建文化丛书 园林》，北京美术摄影出版社，2014）

图 3-22　圆明园方壶胜境（清乾
隆年间宫廷画师沈源、唐岱，现收
藏于法国巴黎国家图书馆）

图 3-23　万里长城（图片来源：作
者拍摄）

　　如此伟大的建筑工程集中出现于明清之际，屹立于中华大地，尤其集中在都城北
京，不是没有文化原因的。这说明，这些伟大建筑的规划者、设计者在建造它时内心
已具有一个恢宏的文化尺度。文化意识上受中国古代建筑象征宇宙之观念，建筑文化
"尚大"之传统的影响，更是最高统治者封建帝王意志、力量的体现和好大喜功使然。

　　虽然汉太祖刘邦鉴于秦朝亡国的教训而有志于节俭，但是萧何的名言"非壮丽无
以重威"明确地道出国家建筑形象的政治意义，令人无法抗拒。自此，这一观点也就
成为中国历朝历代穷尽财力建造宏伟宫殿建筑的思想基础。

（本节著者　姚慧）

主要参考文献

[1] 罗哲文，王振复.中国建筑文化大观 [M].北京：北京大学出版社，2001.

[2] 柳肃.营建的文明 [M].北京：清华大学出版社，1997.

[3] 刘泽华.中国的王权主义 [M].上海：上海人民出版社，2000.

[4] 姜涌.政治文化简论 [M].济南：山东大学出版社，2002.

[5] 刘文英.中国古代时空观念的产生与发展 [M].上海：上海人民出版社，1980.

[6] 王毅.中国园林与中国文化 [M].上海：上海人民出版社，1990.

[7] 姚慧.左祖右社 [M].西安：陕西人民出版社，2017.

[8] 逯鹰.中国古代建筑的政治文化意涵析论 [J].东岳论丛，2008，29（5）：44-49.

第三节　中国古代的建筑等级制度

中国古代是以宗族而聚的社会，是以宗法制度来约束宗族和家族的聚居生活，并以"礼"的形式出现，来规范大宗小宗，尊卑有序、上下有别的人伦关系。个人的身份不同，在法律和社会政治生活中的地位有了差别，为了保障统治阶级的理想社会秩序，人们制定出一套典章法律制度、建筑等级制度作为礼制的重要组成部分，根据身份地位不同，用来确定人们可以使用的建筑形制和规模，在中国宗法社会的典章制度中不但始终存在，而且不断得以强化，这些典章制度或律令条款就是建筑的等级制度。清代《朝庙宫室考》曰："学礼而不知古人宫室之制，则其位次与夫升降出入，皆不可得而明，故宫室不可不考。"可见宫室等级制度和礼的密切程度。

一、礼乐秩序下的建筑等级

在礼制思想影响下的建筑等级制涵盖了从城市规划直至建筑细部的所有层面，便有不少涉及建筑等级的规定，举凡建筑的规模、形制、材料、脊饰、色彩、开间数量及尺寸等加以限制，涉及面广，限定细微。

1. 城制等级

《考工记》中规定了西周的城邑礼制等级为三等：天子的王城城邑是一等；诸侯

的国都、诸侯城城邑是二等；宗室和卿大夫城邑，称为"都"，是三等城邑。三级城邑，尊卑有序，大小有制。《大戴礼记·朝事》载："公之城方九里，宫方九百步；伯之城方七里，宫方七百步；子男之城盖方五里，宫方五百步。"记述了不同城市等级的规模。《考工记》又规定："王宫门阿之制五雉，宫隅之制七雉，城隅之制九雉；经涂九轨，野涂五轨，环涂七轨，野涂五轨；门阿之制，以为都城之制；宫隅之制，以诸侯之城制"。这里清楚表明了三个等级城市的城墙高度、城中道路宽度、环城道路的宽度及城外道路的宽度等级规定。

2. 建筑组群的规制等级

《礼记·王制》规定"天子七庙，诸侯五庙，大夫三庙，士一庙，庶人祭于寝"。这里的天子、诸侯、大夫、士与庶人社会地位各不相同，其相应的宗庙建筑的等级有不同规定。它既限定了不同等级的人能否拥有宗庙，拥有多少宗庙，也限定了宗庙建筑的排列方式、建筑组成和建筑布局的等级要求。还有诸如《考工记》中："天子五门"的院落关系；"前朝后寝"的内外功能划分；"左祖右社""面朝后市"是指王城必以天子所居之地宫城为中，以宫城为"坐标系"设置其他建筑群等，种种规定都是建筑组群规制的等级限定。在这里择"方位"成了礼的大事，建筑具有突出的空间性，空间位置确定的差别，都被赋予等级的含义。

3. 间架、屋顶及台阶等细部做法

在单体建筑中，等级制突出地表现在间架、屋顶、台基和构架做法上。古代建筑中"间"的多少制约着建筑的"通面阔"，"架"的多少制约着建筑的"通进深"，这是对单体建筑规模和体量的限定。如太和殿采用九开间最高等级布局，中和殿采用七开间，保和殿同为九开间，这种通过以小衬大，以低衬高的处理手法，来凸显皇权的威严（图 3-24）。《唐会要·舆服志》和《营缮令》规定："三品以上堂舍，不得过五间九架，厅厦两头，门屋不得过五间五架。五品以上堂舍，不得过五间七架，厅厦两头，门屋不得过三间两架，仍通作乌头大门"。可以看出等级制对厅堂和门屋的间架控制很严。

屋顶是中国古代建筑最有代表性的特征，屋顶等级的基本形制依次从庑殿式顶、歇山顶、悬山顶到硬山顶，庑殿式顶和歇山顶又有重檐和单檐之分，重檐等级高于单檐，所以最高等级的就是重檐庑殿式顶，形成了一套完整的等级系列（图 3-25）。采用不同的屋顶形式，体现不同的等级要求。如太和殿采用最高级别的重檐庑殿顶，保和殿采用差一级别的重檐歇山顶。

图 3-24　故宫三大殿（引自北京市古代建筑研究所编《北京古建文化丛书 宫殿》，北京美术摄影出版社，2014）

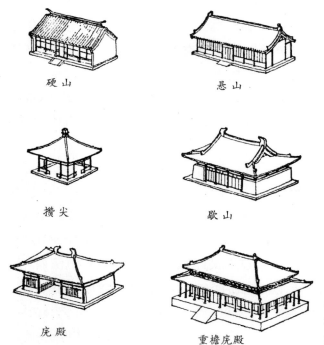

硬山　　　　　　悬山

攒尖　　　　　　歇山

庑殿　　　　重檐庑殿

图 3-25　屋顶等级（引自刘敦桢著《中国古代建筑史》，中国建筑工业出版社，1980）

　　《礼记·礼器》记载："天子之堂（台基）九尺、诸侯七尺、大夫五尺、士三尺。"这说明建筑台基的高度早就被列入等级限定。建筑的结构形式、构造做法和用材制度也被纳入等级限定，这种限定可以在宋代的《营造法式》和清代工部《工程做法则例》中清楚看到。

4．其他的礼制列等方式

古人用礼是很讲理性原则的。在建筑等级制度中，这种理性用礼原则鲜明地体现在列等方式上，它集中体现在充分运用建筑自身的语言特点来处理等级差别。

"名位不同，礼亦异数"，因此"术数"的限定是建筑列等的重要的、用得最广的方式。大到城市规模、殿堂数量，小至走兽个数、门钉路数，都纳入礼的数量规制。中国古代传统阴阳五行哲学思想中，在术数的运用上注重阴阳概念，以单数为阳数，双数为阴数。阳数中最高为"九"，与汉字"长久"的"久"同音，有天长地久的意思。而且，把阳数之极"九"视为最贵数字，列为最高等，如开间九间、台阶九阶、斗拱九踩、屋脊走兽九尊等。另外五也是术数中一个特殊的吉数，九和五结合就是最高、最吉利的数，《易经》中说"九五，飞龙在天"，所谓"九五至尊"就是皇帝专用，表现出其不同凡响。这种对"数"的限定，将"数"作为一种特定的建筑语言，用来表达某种理念或象征意义，为建筑建立了可以定量的，操作性很强的等级系列。譬如明朝初年，朱元璋颁诏申明：亲王府的大门门钉用九行 7 列共六十三枚；而公主府大门门钉减少两列用四十五枚，以此类推。清顺治九年（1652 年）就规定亲王府正门广五间，启门三间、绿色琉璃瓦、每门金钉六十有三……世子府门钉减亲王九分之二，贝勒府规定为正门五间，启门一间。

把建筑材料质量的优劣贵贱和工艺做法的繁简精粗，作为"质"的限定，质优工精者列为高等级，质劣工粗者列为低等级。如《明史·舆服志》规定门环的工艺和材质：公侯用金漆及兽面锡环；一品、二品用绿油兽面锡环；三品至五品黑油锡环；六品至九品用黑门铁环（图 3-26）。清代官式建筑的做法"大式建筑"和"小式建筑"，更是集中体现了建筑构件中对木作技术

图 3-26　门环门钉图（引自楼庆西著《中国建筑中的门文化》，河南科学技术出版社，2001）

工艺的配套等级限制；同样，在技术性的细部构件（扶脊木、角背、飞椽等）做法上也做了等级限定。它们和辅首门环的铜质、锡质、铁质所采用不同材料等级限定一样，反映出建筑等级制度在"质"的限定上达到十分细密的程度。

"文"的限定是指从台基、梁柱、墙体、屋顶、内檐装修、外檐装修等色彩构成，艺术配件、装饰主题、花格样式、雕饰品类和彩画形制上做等级文章。如《宋史·舆服志》规定："凡民庶之家，不得施重拱、藻井及五色文彩为饰，不得四铺、飞檐。""士庶之家，凡屋宇，非邸店楼阁街市之处，毋得四铺及斗八。"在建筑装饰上加以限制，这些规定只是当时等级制度的一部分，是按最高统治者的要求确定的。这种"文"的限定在彩画式样制度上表现得最充分。例如清代彩画按照等级分为和玺彩画、旋子彩画和苏式彩画三种，又细分为"五类十八等"，可见"文"的限定之细密。

二、古代居住建筑等级制度沿革

秦汉至唐朝以前的居住等级制度少有文献记载，从唐朝起，居住建筑等级制便有比较详细的官方规定了。唐代的建筑等级制度，其文献典章保存得比较完整，这也从一个侧面反映了当时统治阶级的重视。与古制相比，唐代等级制度的宗教意味明显地减弱了，虽然具有宗教色彩的建筑式样和部件使用的限制，但是地位已经降低了。唐代统治者要求："宫室之制，自天子至庶人各有等差。"与周代的建筑等级制度采取的"礼不下庶人"的策略有很大不同，应是社会进步和建筑发展的表现。《唐会要·舆服志》和《营缮令》规定："王公以下屋舍，不得施重拱藻井，三品以上堂舍，不得过五间九架，厅厦两头，门屋不得过五间五架。五品以上堂舍，不得过五间七架，厅厦两头，门屋不得过三间两架，仍通作乌头大门（即在宅外加建一重素夯土围墙，遂成为贵邸的标志之一）。勋官各依本品。六品、七品以下堂舍，不得过三间五架，门屋不得过一间两架。非常参官不得造轴心舍及施悬鱼、对凤、瓦兽、通栿、乳梁装饰。……士庶公私第宅皆不得造楼阁临视人家。……又，庶人所造堂舍，不得过三间四架，门屋一间两架，仍不得辄施装饰。"（图3-27）

唐制还规定，王公及三品以上官可以建面阔三间，进深五架的悬山屋顶大门。门外依官品设戟架，戟数自十到十六不等。五品之上官员可在宅门之外另立乌头门。《唐语林》曰："土墙甲第，花竹犹不知其数"，即是就乌头门而言。在唐代《营缮令》关于普通住宅的情况记载：六品、七品以下官和庶人的住宅基本相同，大门为一间两架，堂三间；庶人的堂为四架，六品以下的官为五架，只是堂的进深比庶人大一间而已。这样的《营缮令》规定，使上下尊卑的居住等级制度在房屋间数和梁架数上反映出来。可以看出，唐代等级制度宗教的意味明显减少了，具体条款的限制显然放宽了，分层也更加细密了。

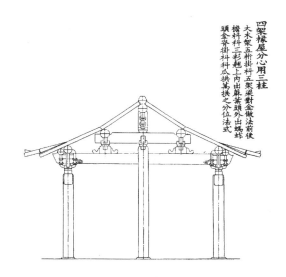

图 3-27　四架椽屋分心用三柱（引自
［宋］李诫著《营造法式》，中华书局，
2003，今版第 834 页）

自汉以来民居中的"重堂高阁"，受到等级上的限制，到了宋代，这一等级便更为具体，总体上看，宋代的具体条款比唐初更加宽松。如《宋史·舆服志》规定："私居执政亲王曰府，余官曰宅，庶民曰家……""六品以上宅舍，许作乌头门。凡民庶之家，不得施重栱、藻井及五色文彩为饰，不得四铺、飞檐。"（图 3-28）"士庶之家，凡屋宇，非邸店楼阁街市之处，毋得四铺及斗八。"可以看出，唐初时王公贵族才能用的重栱藻井，现在只禁止民庶之家使用。唐初五品以上才能用乌头门，现在则成了六品以上可以用。庶民宅舍，只有临街市的邸、殿、楼、阁，方许施四铺斗拱和斗八藻井（图 3-29、图 3-30）。非品官不得其门屋，非宫室寺观不得彩画栋宇，以朱、黔两色漆梁柱和门窗，或者雕刻柱础。

明代皇帝朱元璋，以汉族正统自居，强调儒家礼制，因此立国之初便制定出一套更详细、严密的建筑等级制度。据《明会典》规定，官员造宅不许用歇山、转角及重檐屋顶，不许用重栱及彩色藻井。这些限制在唐、宋时原是针对庶民的，如今已针对品官了，住宅的等级划分严格了，这就意味着除皇家成员外，不论官位高低，住宅不能用歇山顶，只能用"两厦"（悬山、硬山）。据《明史·舆服志》记载：藩王称府，

五彩平棊第六

图 3-28　藻井 五彩平棊第六（引自 ［宋］李诫著《营造法式》，中华书局，2003，今版）

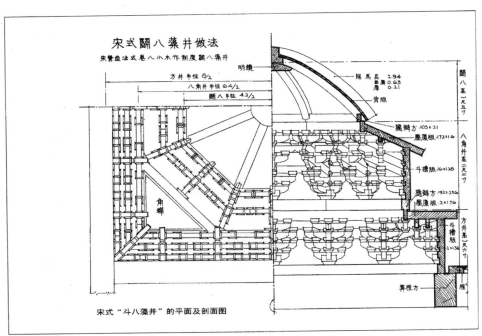

图 3-29　宋式"斗八藻井"的平面及剖面图（引自 http://app.zuojiaju.com/thred-21107-1-1.html）

官员称宅，庶人称家，住宅建造大小也受限制。此外，又把公侯和官员的住宅分为四个级别，从大门与厅堂的间数、进深以及油漆色彩等方面加以严格限制。

据《明史·舆服志》记载："百官第宅，明初，凡官员任满致仕，与见任同。其父祖有官，身殁，子孙许居父祖房舍。洪武二十六年定制，官员营造房屋，不准歇山转角，重檐重拱及绘藻井，惟楼居重檐不禁。公侯，前厅七间，两厦，九架；中堂七间九架；后堂五间七架；门三间五架；用金漆及兽面锡环；家庙三间五架；复以黑板瓦；

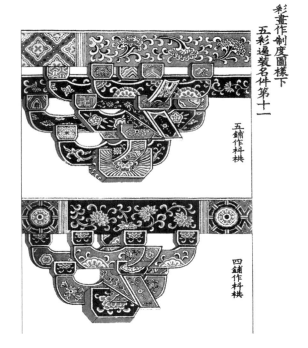

图 3-30　四铺作斗拱、五铺作斗拱（引自［宋］李诚著《营造法式》，中华书局，2003，今版第 1002 页）

脊花样瓦兽，梁栋、斗拱、檐角彩绘饰；门窗、枋柱金漆饰；廊庑、从屋不得过五间七架。一品、二品，厅堂五间九架，屋脊用瓦兽；梁栋、斗拱、檐角青碧绘饰；门三间五架，绿油，兽面锡环（图 3-31）。三品至五品，厅堂五间七架，屋脊用瓦兽；梁栋、檐角青碧绘饰；门二间三架，黑油、锡环。六品至九品厅堂三间七架，梁栋饰以土黄；门一间三架，黑门，铁环。品官房舍，门窗不得用丹漆。功臣宅舍之后，留空地十丈，左右皆五丈，不许挪移军民居止，更不许于宅前后左右多占地，相亭馆开池塘以资游眺。三十五年，申明禁制，一品、三品厅堂各七间，六品至九品厅堂各五间；六品至九品厅堂梁栋只用粉青饰之。"至于"庶民庐舍，洪武二十六年定制，不过三间五架，不许用斗拱，饰彩色。三十五年复申禁饬，不许造九五间数，房屋虽至一二十所，随其物力，但不许过三间。正统十二年令稍变通之，庶民房屋架多而间少者，不在禁限。"这一制度规定在明清各地民居中可证是得到执行的。

图 3-31　北京清代恭王府·大门（图片来源：作者拍摄）

　　清代统治者入关之后，大力采纳吸收汉文化，协调民族关系，以达到使其统治长治久安的目的。而清代的建筑等级制度也大体沿袭明朝，清代的建筑等级制度可以认为是对明代制度的修订补充。在清代制度除对王侯府邸以至庶民居宅的主要房屋的间架数目详加限定之外，还对其台基高低做了规定，这就使得建筑群各部分之关系更加确定，建筑群形象更加规整和定型了。如："又定公侯以下官民房屋，台阶高一尺，梁栋许画五彩杂花，柱为素油，门用墨饰。官员住屋，中梁贴金，二品以上官，正方得立望兽，余不得擅用。""三品官以下房屋，台阶高二尺，四品官以下至士民房屋，台阶高一尺。"《钦定大清律例》卷十七"礼律仪制"规定："凡官民房舍、车服、器物之类，各有等第。若违式、僭用，有官者，杖一百，罢职，不叙；无官者，笞五十，罪坐，家长、工匠并笞五十。若僭用违禁龙凤纹者，官民各杖一百，徒三年（官罢职，不叙），工匠杖一百，违禁之物并入官。""房舍、车马、衣服等物贵贱各有等第，上可以兼下，下不可以僭上。"可以看出，清代的建设等级制度有更严格的法律规定。

三、违反等级制度的"僭越"现象

　　尽管有严厉的建造制度，在"礼崩乐坏"的"乱世"和远离政治统治中心的地方，大量存在着违背建筑等级的事例，也就是古人所谓的"僭越"现象。四川平武县有一座报恩寺，据说原是明代当地土官金事王玺模仿京城皇宫的样子，为自己修了一座金碧辉煌的宫殿，虽然天高皇帝远，但还是被朝廷发觉，皇帝得知后龙颜大怒，欲问其罪，王玺忙将宫殿改为寺庙，以"报答皇恩"为名修建"报恩寺"。明英宗考虑到边远山区统治的需要，颁旨："既是土官不为例，准他这遭"，土官王玺这才侥幸躲过这一大劫。建筑的等级制度作为礼仪制度的一个重要组成部分，进入国家政治制度和法律制度，对礼制等级的僭越是犯法的行为，严重者可招致杀身之祸。

在建筑上的"违制""僭越"现象在古代中国可谓史不绝书。《汉书》在提到当时的违制情况说："王公贵人，车服僭上，众庶放效，羞不相及。"《通鉴类纂》记载：唐代，贵家竞治第舍："天宝中，贵戚第舍虽极奢丽，而垣屋高下犹存制度，然李靖家庙已为杨氏马厩矣。及安史之乱后，法度堕地，大臣、将帅，宦官竞治第舍，各穷其力而后止，时人谓之木妖。"宋代李攸《宋朝事实》指出当时的社会风气是："辇毂之间，士民之众，罔遵矩度，争尚僭奢，服玩纤华，务极珠金之饰，室居宏丽，交穷土木之工。"正因为此，促成了统治者为了保证建筑系统的差别秩序，而将建筑造得更为复杂、华丽、精美，也促成了建筑等级制度更加具体、细致。

王鲁民先生在其著作《中国古典建筑文化探源》中指出："自夏到清，经历了十几个朝代，不仅在每个朝代的后期及新旧政权交替时，往往存在着一个'礼崩乐坏'的'法度堕地'的时期，并且还存在着像战国、三国、南北朝、五代十国这样一些战祸连年、政权更迭频繁的时代。在这些时间里，人们就有更多的机会正面突破建筑等级制度的规定来营造建筑，僭越的现象层出不穷，一旦某种僭越现象成为普通的社会现实，新的统治者又无力改变它的时候，就不得不在新的建筑等级制度中予以承认。这时，为了保证建筑系统内部尊卑贵贱的差别秩序，统治者只好通过改变自己的建筑样式来达到目的。建筑等级制度的规定方式的变化最明白地表明了这一点。"

四、建筑等级制度对古代建筑发展的影响

孔子自称"述而不作，信而好古"（《论语·述而》）。就是说，儒家倡导对旧的文化典章、礼仪制度，应该遵循它、阐述它、效法它，而不应该自行创新，一切都要遵从古代传统。中国古代建筑的历史发展，深深烙上这种"述而不作"的印记，形成一味纵向传承的惯性思维。

基于统治阶级的政治因素，因儒家礼的需求而形成的建筑等级制度，是中国古代建筑文化的独特现象，它对中国古代建筑体系产生了一系列持续、重大的影响。影响

最大的有两点：首先是不同类型、不同使用功能的建筑，突出的不是它的功能特色，而是强调它的等级形制。 房屋的营造不是依据主人的主观愿望和现实功能需求来规划设计，完全不考虑不同建筑性质的差异化，而是按照既定的等级规制照章套用，等级一样的建筑就采用相同的形制。使用者的个性需求，技术的时代进步，匠师的创造才能都消融在"悉如旧制"的枷锁之中，导致了中国古代建筑类型的形制化。其次是严密的等级制度，把建筑布局形式、建设规模、间架、屋顶做法，以及细部装饰都纳入等级的限定，导致中国古代建筑的高度程式化和固定化。新的建筑材料、结构形式、新的建筑技术都只能被束缚在固定的形式之中。这种固定形制在封建社会的长期延续，加之严格制度下的管理模式导致思维的僵化，使得整个建筑体系呈现出建筑形式和技术工艺的高度模式化、标准化。模式化、标准化虽保障了中国古代建筑建设的高标准、高水平，以及古代建筑建设的高效率。但是这种因循守旧、"述而不作"的儒家礼记思想制度也成为中国古代建筑发展政策和技术的枷锁，束缚了建筑设计的创新和技术的革新动力，加剧延缓和阻碍了中国古代建筑体系的发展。

我国的木构建筑有极其辉煌的历史，在这漫长的过程中，从形式到风格都长期停留在单一的发展局面，形成所谓的"两千年一贯制"的"超稳定结构"（陈志华语）。

（本节著者　姚慧）

主要参考文献

[1] 李泽厚 . 中国古代思想史论 [M]. 北京：生活·读书·新知三联书店，2017.

[2] 刘叙杰，傅熹年，潘谷西，等 . 中国建筑史五卷集 [M]. 北京：中国建筑工业出版社，2003.

[3] 常青 . 中国古代建筑制度 [M]. 武汉：湖北教育出版社，2004.

[4] 王鲁民 . 中国古典建筑文化探源 [M]. 上海：同济大学出版社，1997.

[5] 杨宽 . 中国古代都城制度史研究 [M]. 上海：上海古籍出版社，1993.

[6] 姚慧 . 左祖右社 [M]. 西安：陕西人民出版社，2017.

[7] 程孝良 . 论儒家思想对中国古代建筑的影响 [D]. 成都：成都理工大学，2007.

第四节 儒学思想统治下的礼制建筑营造

礼制是礼的制度化，几乎贯穿我国整个古代文明史。礼制作为长期占统治地位的儒家思想的基本框架，其本质就是确定和维护人与人之间的等级秩序，儒家把这种制度的建立看作实现社会和谐的前提和要素。作为礼的制度化，礼制也绝不只是一种政治制度，而是贯穿社会生活所有领域的一切行为规范，从政治法律、典章制度，到婚丧嫁娶、宾朋相聚，处处皆能体现，并最终作为一种行为准则，渗透到社会领域的方方面面，深深地影响着中国的建筑文化。

一、礼与礼制

礼的起源可以追溯到上古时期，"礼"在甲骨文中是个会意字，原作"丰"，由祭祀中奉献鬼神的礼器引申为祭祀鬼神之仪式。《说文解字》中有载："礼，履也，所以事神致福也。"关于礼起源之因，古代诸多经典都有相关论述，以荀子所作《礼论》最为典型。荀子认为："人生而有欲，欲而不得，则不能无求；求而无度量分界，则不能不争；争则乱，乱则穷。先王恶其乱也，故制礼义以分之，以养人之欲、给人之求。使欲必不穷于物，物必不屈于欲，两者相持而长，是礼之所起也。"从历史的角度看，礼的起源与中华民族的形成过程密切相关，世代定居的农业经济和社会环境是礼文化产生和发展的经济社会基础。

儒家把"礼"作为治国根本之道来提倡，如《礼记》中有载："夫礼者，所以定亲疏、决嫌疑、别同异、明是非也"。《左传·昭公二十五年》有载："夫礼，天之经、地之义、民之行也"。这种以礼治国的思想基本上是到了周朝才确定的，周朝制定了完备的礼仪制度——《周礼》，《周礼》与《仪礼》和《礼记》合称"三礼"，"三礼"的出现标志礼仪发展的成熟阶段，对历代礼制的影响最为深远。到了春秋战国时期，群雄争霸，战乱频生，周代以来形成的以礼治国的局面，至此已然是"礼崩乐坏"，一片混乱。儒家的代表人物孔子主张"克己复礼"，一生为了恢复《周礼》而奔走呼号，然而在没有大一统的社会背景下，一直处处碰壁，最终也没有实现。直到汉朝再一次建立起统一的政权，汉武帝"罢黜百家，独尊儒术"，以礼治国才得以恢复。西汉以后，《仪礼》《周礼》《礼记》先后被列入学官，不仅成为古代文人必读的经典，而且成为历代王朝制礼的基础。礼仪文明作为中国传统文化的一个重要组成部分，对中国社会历史发展起了广泛深远的影响。

　　建筑作为一种文化遗产，它与一个时代的政治制度和经济文化密切相关，它更多体现的是人类文化多种多样的创造，所以说建筑是人类社会文明发展过程中形成的综合复杂的产物。在宗族血缘纽带关系、封建私有的严格等级制度深深的影响下，古代建筑无不打上封建礼制的烙印。礼制在建筑中主要体现在两个方面：一是礼制建筑；二是礼制思想对传统建筑的影响。礼制建筑作为礼仪制度的实体书与礼制精神的承载体，是礼制文化中很重要的一个方面。

二、儒家秩序下的礼制建筑

　　历代王朝都将"礼"作为巩固其集权统治的手段，为了烘托君主至高无上的地位，统治者制定了一系列强化尊卑有序的制度，设置了一系列维护社会伦理的教化方法，并兴建了大量的礼制性建筑。在封建社会，礼制性建筑的地位，要远高于其他建筑。

1. 敬天法祖的祭祀建筑（可参考本章第五节"人与神的对话"阅读）

　　《礼记·祭统》云："凡治人之道，莫急于礼；礼有五经，莫重于祭。"祭祀，是一种信仰活动，源于天地和谐共生的信仰理念。祭祀活动在我国社会中起源甚早，是我国礼乐文化的重要组成部分，在传统的礼仪祭祀中保留着许多原始的自然崇拜和宗族信仰，由此产生的祭祀建筑也是中国独特的建筑类型，这类建筑有着丰富的象征性内容，是中国古代宇宙观和哲学思想的集中体现。

　　祭祀建筑的形成并非在一朝一夕之间，而是经过一段漫长的时间洪流塑造而成的。从新石器时代即已存在的祭祀性之神坛建筑，随着社会发展及朝代更迭而不断更新，明、清两代又在历代祭祀建筑的基础上不断发展，逐渐形成了更完美、成熟的祭祀建筑体系。

　　这类建筑分化出很多具体的种类，主要有祭祀天地鬼神、社稷山川等建筑如天坛、地坛、日坛、月坛、先农坛、先蚕坛、社稷坛等，以及祭祀祖宗、先贤、历代帝王等建筑，如太庙、历代帝王庙、关帝庙、民间祠堂、坛庙部分等。

　　敬天类祭祀在于显示帝王的唯我独尊、天下一统，显示封建统治的江山永固。在封建社会，统治阶级将最高统治者称为"天子"，宣扬天子的权力出于神授，秉承天意治理天下，使得君权神授成为天经地义的事情。早在夏代，我国就有了正式的祭天活动，在封建社会国家往往把祭天权与统治权相联系，表示帝王统治国家是"受命于天"的权力，天坛就是专为"天子"祭天而设的场所，祭祀的礼仪也是最为隆重的。

封建帝王把五岳看成神的象征。五岳的祭祀是以礼仪祭祀的形式表达皇帝定鼎中原的大一统思想。《礼记·王制》有载："天子祭天下名山大川，五岳视三公，四渎视诸侯。"五岳的祭祀在历朝历代都是朝廷礼仪政治的重要内容，各代帝王十分重视，因而岳庙的建筑在礼仪等级上等同于皇宫建筑。

"封禅"是五岳祭祀中最隆重的仪式，封为"祭天"，禅为"祭地"，是指中国古代帝王在天下太平，百姓安康之时祭祀天地的大型典礼。古人认为群山中泰山最高，为"天下第一山"，因此人间的帝王应到泰山去祭拜天地，才算受命于天。在泰山上筑土为坛，报天之功，称封；在泰山下梁父或云云等小山上辟场祭地，报地之功，称禅。按照传统，封禅必须是在天下大治、国泰民安的大好形势时才举行，所以在中国历史上并不是每个朝代每位皇帝都举行过。凡遇封禅大典，皇帝亲领满朝文武，千里跋涉前往泰山，向天地报告天下大治的伟大功业。

敬祖类祭祀在于维系家族传承，在一个以农业文明为基础的国家，家族传承始终是传统社会中的一根重要纽带，它维系着家族的兴旺和国家社会的稳定。祭祖也是中国礼仪制度中十分重要的一部分，所以建宗庙和祠堂来祭祀先祖历来都被视为一件极其重要的事情。

在封建社会中，无论是王侯将相，还是平民百姓，对血缘关系都非常重视，并且人们传统观念中认为人百年之后灵魂不死，主张平日尽礼，事死如生，更加深了对祖先的崇拜。崇拜祖先，继承祖业的意识便成为中国传统文化观念中的一个重要内容。如太庙是帝王祭拜祖先的地方，也是宗法社会皇权世袭的重要标志。

祠堂是民间族人祭祀祖先、先贤的场所，是一个家族或姓氏的代表，它体现一个家族或姓氏在地方上的地位、势力、威信和荣誉。因此祠堂远比其他住宅要高大宏伟，装修华丽，各家各姓聚集族人，倾尽财力、物力，把祠堂建得壮美无比，往往成为地方的公共性建筑，具有代表性。

例如，广州陈家祠在这方面就达到了登峰造极的地步，陈家祠位于广州市中山七路，又名陈氏书院，建于清光绪十六年至二十年（1890—1894年），为广东72县陈姓族人捐资合建的宗祖祠和书院（图3-32）。陈家祠的建筑群布局严整，装饰精巧，富丽堂皇，因其为全省陈姓的总祠，集中的财力是其他祠堂难以与其相比的。其建筑规模宏大、建筑用材精致，在装饰方面，陈家祠集中了广东民间建筑装饰艺术之大成，巧妙运用木雕、砖雕、石雕、灰塑、陶塑、铜铁铸和彩绘等装饰艺术。其题材广泛、造型生动、色彩丰富、技艺精湛，是一座民间装饰艺术的璀璨殿堂。

图 3-32　广州陈家祠（引自广州市唐艺文化传播有限公司编著《中国古建全集 祠祀建筑》，中国林业出版社，2016）

2. 宣明伦理正教的教育建筑

在中国古代，礼治和教育息息相关，因为礼的推行必须通过教育来实现。儒家思想一贯提倡"化民成俗"，世界上最早的专门论述教育和教学问题的论著《礼记·学记》中记载："君子如欲化民成俗，其必由学乎。……是故古之王者建国君民，教学为先。"礼仪制度中规定了国家各级行政单位的教学机构："古之教者，家有塾，党有庠，术有序，国有学。"党即是乡，术相当于州县，国指朝廷，从小到大各级都有学校，如官学、府学、州学、县学、书院等。《礼记·王制》记载有："小学在公宫南之左，大学在郊，天子曰辟雍，诸侯曰泮宫。"即古代天子之学叫辟雍，诸侯之学叫泮宫（图 3-33）。辟雍环水，泮宫则半水，意为"半天子之学"。国家最高学府即明堂辟雍（图 3-34），后世的辟雍即天子讲学之所——太学，古代的辟雍现今皆已不存，现存于北京的国子监辟雍就是元、明、清时期的太学，它建造于一座圆形水池中央的四方高台上，其形制类似古代明堂（图 3-35）。

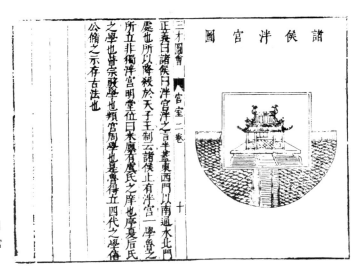

图 3-33　诸侯泮宫图（引自［明］
王圻、［明］王思义《三才图绘·宫
室卷》）

图 3-34　皇受育民图（引自清《钦
定书经图说》）

图 3-35　北京国子监辟雍（引自柳肃著《礼制与建筑》，中国建筑工业出版社，2003）

礼仪制度形成很早，但礼乐文化作为一种思想和理论体系的形成则开始于春秋战国时期的儒家学派，"至圣先师"孔子作为儒家学派的创始人，是中国历史上影响最为深远的一位教育家，孔子将礼仪法度的主要内容发展成一种伦理思想并以此来传播普及。自汉武帝"罢黜百家，独尊儒术"以后，儒家思想及其教育体制也就成了整个封建时代中国教育思想的正统，它的创始人孔子也就成了中国文化教育的象征。

唐代以后，孔子的地位不断提高，唐玄宗于开元二十七年（公元 739 年），封孔子为文宣王，孔庙因此被称为文宣王庙，明代以后普遍改称文庙，不过曲阜的孔庙因其带有家庙的性质，仍称孔庙。唐宋以后，文庙、孔庙已经遍布全国各地，中国古代礼制规定"凡始立学者，必设奠于先圣先师"，因此不论府州县，凡办学之处均建文庙。我们今天仍能见到的全国各地的文庙绝大多数是当年官学的所在地。

中国古代教学有官办和民办两种体制，官办的叫学宫（图 3-36），包括京城的官学（国子监）与各地的府学、州学、县学，民办的称书院。官办的学宫中有专设的文庙，"庙"与"学"的位置关系主要有"左庙右学""左学右庙"和"前庙后学"三种，其布置随朝代与地域的不同发生过多种变化。源于周礼中尚左之制的"左庙右学"，则是明代中期以后，全国各地大多数文庙的布置方法，现存的北京孔庙和国子监就合于"左庙右学"之古制。民办的书院一般不专门设置文庙，而是在书院中辟一殿堂祭孔。极少数大型书院也有专设的文庙，如我国历史上赫赫闻名的岳麓书院，也在其左侧建有文庙。

文庙建筑在礼制等级上与皇家建筑享受相同级别。曲阜孔庙大成殿（图 3-37）采用重檐歇山式屋顶，面阔九间，进深五间，上覆黄色琉璃瓦，前檐柱为盘龙石柱，围墙四角建有角楼，这些都是最高等级的象征。外地的文庙也都以尽可能高的礼仪规格

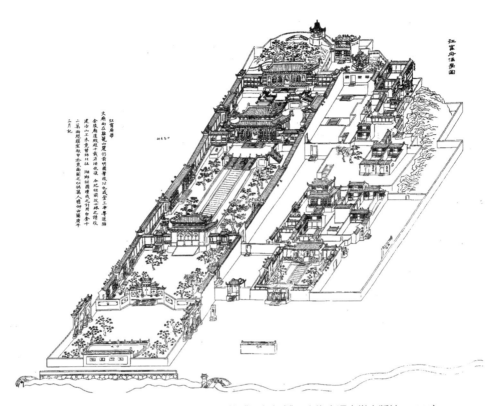

图 3-36 江宁府儒学图（引自张亚祥著《江南文庙》，上海交通大学出版社，2009）

图 3-37 孔庙大成殿（图片来源：作者拍摄）

建造，文庙前建有棂星门，主体建筑一般都是重檐歇山式的宫殿式造型，其建筑整体色彩为只有皇家建筑才能拥有的红墙黄瓦，并配有丹陛石。文庙建筑等级要超过地方上的官府衙署，成为当地最高级别的建筑。

3. 特殊的礼制性建筑——明堂

明堂是中国古代一种独特的建筑类型，是国家最高等级的礼制建筑。所谓明堂，即"明正教之堂"，有道是"王者造明堂、辟雍，所以承天行化也，天称明，故命曰明堂""天子造明堂，所以通神灵，感天地，正四时，出教化，崇有德，重有道，显有能，褒有行者也"。明堂既是天子讲学、颁布政令、朝会诸侯的场所，又是帝王进行祭祀活动的地方。这种建筑没有实际的使用功能，只是天子权威的象征。《礼记·明堂位》中记载："（周）武王崩，成王幼弱，周公践天子之位以治天下。六年朝诸侯于明堂，制礼作乐颁度量，而天下大服。"武王年幼，周公代天子执政，必须在明堂进行，因为明堂是天子权威的象征。《孟子·梁惠王下》中"夫明堂者，王者之堂也。""明堂也者，明诸侯之尊卑也。"《礼记·月令》中也记载有天子于不同季节在明堂朝会诸侯，并率领他们前往各处坛庙进行祭祀，举行敕封、奖赏等仪式。《玉台新咏·木兰辞》中描写了木兰从军立功回朝时的情形："归来见天子，天子坐明堂。"杜甫的《石鼓歌》中"大开明堂受朝贺，诸侯佩剑鸣相磨。"这些都说明明堂是一种象征性的礼制建筑，象征天子的权力，意义重大，地位崇高，并没有其他实际用途。

明堂在我国有着深远的历史，起源甚早，但因朝代更替，战乱破坏，其资料记载已不完善，明堂的建筑形式现已无准确形象。《考工记》中说明堂五室，《礼记》中说明堂九室。汉武帝在泰山封禅祭祀天地，要建造一座明堂，有人献上古明堂图一幅。据《史记·封禅书》记载："济南人公玉带上黄帝时明堂图。明堂图中有一殿，四面无壁，以茅盖，通水，圈宫垣，为复道，上有楼，从西南入，命曰昆仑。天子从之入，以拜祠上帝焉。于是上令奉高作明堂汶上。"虽有只言片语的文献记录，也大体为我们描述了明堂的初步形象，然而史籍的记载本身也有不同，明堂具体的建筑式样已难以证实了。

王莽篡汉时为标榜自己推崇礼制，于长安南郊建明堂辟雍大型礼制建筑群（图3-38）。考古发掘的汉代明堂遗迹为我们提供了一个古代明堂建筑形式的大体轮廓，据考古复原资料显示，其建筑平面与《礼记》中所描述的情况基本相符。中心建筑外围方院，四面正中有两层的门楼，院内四角建曲尺形配房，方形院子外环绕一圆形水沟。该建筑也称明堂辟雍，辟雍是环绕明堂的圆形水渠，环水为雍，意为圆满无缺，《大

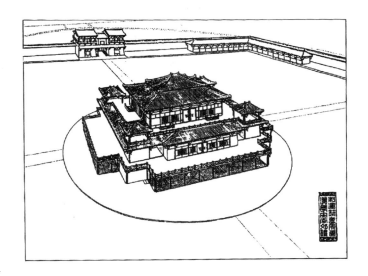

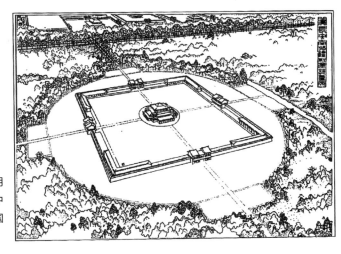

图 3-38　西汉长安南郊辟雍（明堂）复原图 [引自刘叙杰主编《中国古代建筑史（第一卷）》，中国建筑工业出版社，2002]

戴礼记》中解释："辟者象壁，雍之以水象教化流行。"壁指玉壁，古人以此比喻君子的品德。以君子品德教化众人，其礼教的象征意义已表达得非常明确。

　　唐代是继两汉之后我国历史上又一个强盛的统一国家，武则天在东都洛阳建造了我国历史上最宏大的明堂（参见本书第一章图 1-7）。据《旧唐书·武后本纪》记载："明堂高二百九十四尺，方三百尺。"该明堂位于隋唐洛阳城中轴建筑群中制高点，是当时东都洛阳最宏伟的建筑，号称"万象神宫"。万象神宫不仅面积比王莽明堂大好几倍，高度也很夺目，故后改名"通天宫"。此明堂在五代十国的动荡与战乱中被焚毁，化为了焦土残垣。安史之乱之后，明堂再无繁华景象，虽然之后的宋代也建有大规模明堂，但都只是出于祈求上天祖宗保佑庇护的目的而已。

4. 独特的礼制性建筑小品

除专门的建筑外，还有一些建筑小品，也与礼制文化有着密切的联系，如阙、华表、牌坊等。阙是一种具有防御性质的外大门，后被移建到宫门或城门前成为标识，从实用建筑转化成纯礼制性建筑，表示建筑群的等级和功能；华表是一种建筑化的仪仗，源于远古时代部落的图腾标志，在古代建筑物中用于纪念和标识，有显示隆重和强化威仪的作用。

在古代，除了祭孔办学这种正面灌输礼制思想以外，还采用儒家思想中一贯提倡的"化民成俗"教化民众。树立榜样是教化民众最常用的方法，即对那些以自觉遵守社会伦理道德而著名的人进行表彰和纪念，并为他们专门建立纪念性的建筑物。

牌坊是中国特有的一种纪念物。牌坊的历史源远流长，在周朝的时候就已经存在了，从严格意义来讲，应该是上面有屋顶的叫牌楼，没有屋顶的叫牌坊，由于长期以来老百姓对"楼""坊"的概念不清，所以到最后两者就成为一个互通的称谓了。牌坊最早是作为一种重要建筑或道路要冲出入口的标志，后来之所以演变成一种没有实际使用功能、纯粹纪念性的建筑则与礼教精神和城市制度有着密切关系。从春秋战国至唐代，我国城市居民区都采用里坊制，坊是居民居住区的基本单位，"坊"与"坊"之间有墙相隔，坊墙中央设有门，以便通行，称为坊门，入夜实行宵禁。到宋代，由于城市中商业经济发展繁荣，交易市场出现使里坊和宵禁制度被打破，坊门失去了原来的作用，在街口等处成为纯粹纪念性建筑，用以表彰那些忠孝节义，遵守礼教的平民百姓，或者科举及第、功名显赫的重要人物，"坊门"也就由实际措施的防范——门，变成了纯粹精神的防范——牌坊（图3-39）。

图3-39　棠樾牌坊村牌坊群（引自广州市唐艺文化传播有限公司编著《中国古建全集 祠祀建筑》，中国林业出版社，2016）

　　宋代理学盛行，封建礼教思想达到极盛，在数量众多的各类牌坊中，表彰妇女贞操、节烈的非常多，所以今天我们对牌坊最深刻的印象就是贞节牌坊，其实贞节牌坊只是众多牌坊中的一类，除礼教的表彰纪念以外，还有其他的作用。如重要建筑的标志，用来增加主体建筑的气势，像宫殿、坛庙、帝王陵墓等处（图3-40），有的是装饰性建筑，有的是街巷区域的分界标志，现北京国子监和孔庙所在的国子监街两端仍矗立着牌坊。此外，牌坊还随朝代的发展以及地域的不同有多样的变化，有的上施彩画，鲜艳夺目；有的饰以雕刻，玲珑剔透，经过长期的发展，牌坊成了中华民族传统文化和建筑艺术的双重代表。

图 3-40　清西陵泰陵石牌坊（引自姚安、范贻光主编《坛庙与陵寝》，学苑出版社，2015）

三、礼制思想对传统建筑规划与布局的影响

　　除去礼制建筑本身所体现的礼制思想，礼制思想在传统建筑的规划与布局方面，也有着深远的影响。

　　据《考工记》在"匠人营国，方九里，旁三门。国中九经九纬，经涂九轨，左祖右社，面朝后市，市朝一夫"中提出的城市营建方法，就是从规划布局和制度两个方面来强化城市建设的礼制秩序。在这种城市规划中，城的分区极其明确，遵照的是尊卑贵贱的礼制等级秩序。在中国传统思想中，中庸思想占重要的地位，这种在对立的两种选择中妥善把握，反对固执一端、反对偏颇的思想是儒家的基本精神，表现在建筑形式上，一方面是居中的思想，《荀子·大略篇》就有"王者必居天下之中"的说法（参见本章图3-2）。如都城的选址，也有"择天下之中以立国，择国之中以立宫"的说法。另一方面是对称观念和轴线观念十分强烈，所以在都城规划时，宫城一般居中设置，宗庙和社稷坛摆在宫城前方，于中轴线两侧对称分布。城的四边远离宫城的区域等级最低，百姓便居于此处。这种运用方位尊卑，按等级差别建立严谨的分区规划，是中国古城市规划的一大特色，也是它所代表的礼制思想的本质反映（参见本章图3-7）。

如隋唐长安城（图3-41），就是礼制思想最具有典范代表的都城，在隋唐长安城的城市规划设计中，充分表现了上尊下卑的等级差别。长安城内共有三个建筑群：位于北部正中的宫城，为皇帝和皇族所居之处；宫城南面为皇城，是中央政府机构所在地；

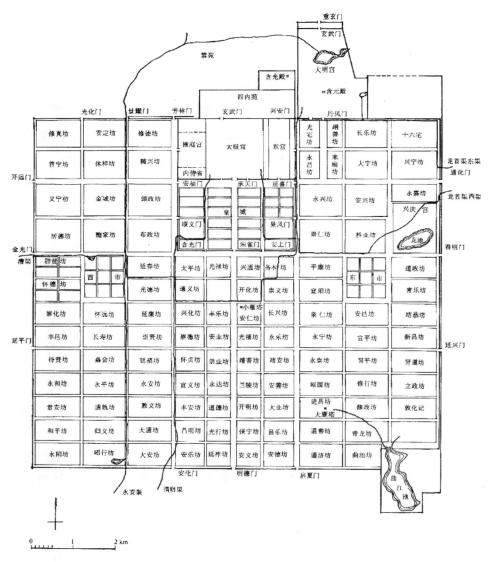

图3-41　隋唐长安城平面（引自孙大章主编《中国古代建筑史（第五卷）》，中国建筑工业出版社，2003）

宫城和皇城之外是外郭城，为居民区和商业区。宫城与皇城建造的整齐有序、庄严宏伟，与外郭城的商业建筑和民居形成鲜明对比。都城的主干道朱雀大街，是其中轴线，朱雀大街宽150米，是当时长安城最宽道路，它处于都城东西居中位置。围绕中轴线，宫室、官府、宗庙、社稷、市场、里坊对称分布于中轴线两侧。整座长安城规模宏伟、布局严谨、结构对称、排列整齐。

在建筑布局方面，建筑要反映使用者的身份和社会地位，反映礼制的各种要求，体现礼制的等级思想。同时儒家注重中庸之道，尚"中"的思想在建筑布局方面有着很明显的表现，对称观念与轴线观念在传统建筑的布局方式中十分经典。

如古代，官学教育建筑延续了传统建筑的经典布局方式，整个建筑群通常都由一进或多进的院落组成，这些庭院大多规则整齐、中轴对称。此类布局多以轴线关系组织序列空间，常见于一些官学或大型书院（图3-42）。官学和书院是古代文人学者进行文化活动的主要场所，文人自古以来都对文化活动都十分重视，其讲学、祭祀部分建筑级别最高，一般居中布置，主要的建筑居于轴线之上，次要建筑置于在轴线两侧对称分布，其余服务类建筑分布于外层，形成尊卑有序、层次分明、庄严端庄的布局。

图3-42　岳麓书院（引自 HND DESIGN 公众号）

在传统住宅中，长辈住正房，晚辈住厢房，是这种礼制思想在居住建筑布局中的表现，每间房屋的形制和布局，也必须符合主人的身份和地位，商人再富有也只能使用低等级的房屋，而官员的府第也不能超越他的品阶应享有的间数、进深、装饰、材料的等级。建筑成为表示社会地位的重要标志，它的尺度、体型、色彩、配置方式不只由人的物质生活功能要求来决定，更主要由礼制的规定来决定。又如封建社会遵循"男女受授不亲"，妇女必须绝对服从"三从四德"等，都是源自封建礼制的影响，是对妇女极其严酷的束缚，这种束缚反映到平面布置上，就是内外分隔严密，封闭性极强，院内院外之间以墙相隔（图 3-43），虽有门可以通过，但不能轻易逾越，有时甚至终生不得逾越这个界限。

图 3-43　牡丹还魂记插图（引自汤显祖著《牡丹还魂记》，文物出版社，2015）

四、结语

中国古代建筑的文化无不渗透着礼制的影响，作为文化思想的载体形式之一的中国古建筑，在建筑的表现形式上深刻地体现了礼制观念的建筑等级制度思想，从而形成了独具特色的建筑风格。然而从创新发展角度来观察，这种礼制思想导致了中国古代建筑类型的形制化和高度程式化，严重影响着古代匠人的创作活力，严重限制了建筑思想的进步和技术的革新，成为古建筑发展的一大束缚。

（本节著者　王海洁、姚慧、董千）

主要参考文献

[1] 柳肃 . 礼制与建筑 [M]. 北京：中国建筑工业出版社，2013.

[2] 中国建筑工业出版社 . 礼制建筑·坛庙祭祀 [M]. 北京：中国建筑工业出版社，2010.

[3] 柳肃 . 营建的文明 [M]. 北京：清华大学出版社，2014.

[4] 张亚祥 . 江南文庙 [M]. 上海：上海交通大学出版社，2010.

[5] 牛世杰 . 论礼制观念在中国建筑中的演变 [D]. 保定：河北大学，2012.

[6] 程孝良 . 论儒家思想对中国古建筑的影响 [D]. 成都：成都理工大学，2007.

第五节　人与神的对话
——中国古代辉煌的坛庙建筑文化

中国古代信奉万物有灵的观念，早在原始社会末期，就有祭祀活动的出现。《左传·成公十三年》曰："国之大事，在祀与戎。"《礼记·祭统》曰："凡治人之道，莫急于礼。礼有五经，莫重于祭。"祭祀列为中国古代的立国治人之本，排在国家大事之首。祭坛与祠庙都是祭祀神灵的场所，此类建筑均以祭祀为重要功能。随着社会的发展，其逐渐演变成一种有明显政治作用，为统治者服务的工具，统治者越来越多地赋予君权神授、宗法秩序、伦理道德等巩固政权所需的精神内容，使之神圣化和礼制化，使它带有十分强烈的礼制和政治、伦理意味，并具有一定的民族宗教文化的崇拜意义。

一、坛庙的起源

据《史记》记载，相传黄帝轩辕氏曾多次封土为坛，祭祀天地，即所谓的"封禅"。有学者认为，这就是最早的"坛"。也有专家认为，黄帝是并非有史可考的真实历史人物，虽传为中华民族的"人文始祖"，却具有"半人半神"的文化属性。黄帝设坛封禅也应该是神话传说。从考古发现看，属于新石器时期的西安半坡遗址中（参见本书第六章图 6-37），有一座南北方向布局，居于遗址之中的"大房子"，说明这是一座上古时期的祭祀类建筑。从其南北地理方位的严格讲究，说明其具有祭天的功能。问题是这"大房子"是不是最原始的祭天建筑？坛庙之制究竟起于什么原因？可能谁也不能准确解答这个问题。我们只能说古人原始的天地崇拜和祖先崇拜，是祭祀性坛庙建筑诞生的主要原因。

源于对大自然的崇拜，古代对天地日月等自然神的祭祀都在都城郊外进行，因而这类祭祀活动统称为"郊"。郊祭活动的场所绝大多数以"坛"的形式举行。《礼记·祭法》曰："燔柴于泰坛，祭天也"，"坛"是古代初民由崇天、祭天观念而产生的建筑样式。

远古时代，人与人之间的伦理关系十分单纯，也很原始，先是以血缘为纽带组成氏族集团，尔后因氏族之间的兼并逐渐成为一个国家。每一氏族将人口稀少、亡族灭种看作是最大的威胁，将人丁兴旺、生产繁衍看得无比重要。继而寻根追源，崇拜祖宗，认为前人的灵魂永存，并深感神秘恐惧，为了追恩思源和祈求庇护，形成一套"慎终追远""敬天法祖"的观念，因此祭祖也成为祭祀活动中的一个重要内容。人类的原始崇拜由开始的自发性逐渐走向规范性，并将此观念纳入礼制的范畴，很早就形成宗庙家祠这类建筑，并成为古代封建社会的重要建筑类型。《礼记·曲礼下》："君子将营宫室，宗庙为先，厩库为次，居室为后。"营建宫室之前，要首先营建宗庙，足见周人对宗庙的重视。

出于对天地自然种种现象的崇拜和对祖先的尊敬，周人的祭祀活动相当频繁。《礼记·王制》称："天子祭天地，诸侯祭社稷，大夫祭五祀。天子祭天下名山大川，五岳视三公，四渎视诸侯。诸侯祭名山大川之在其地者。天子诸侯祭因国之在其地，而无主后者"。这里表明了祭祀的对象是天地、社稷、五祀（门、行、户、灶、中霤）、名山、大川和古代曾经造益于世人的贤君和圣者。祭祀的对象及其广博，为此设立专门的官职宗伯治理其事。又表明祭天地是皇帝的特权，这一套天神、地祇祭祀，看上去交织着浓厚的迷信色彩，使皇权统治成为天然的、神圣的、天经地义的事情。汉代画像砖中就有早期的祭祀活动场景（图 3-44）。

二、坛庙的建筑分类

明清时期的坛庙建筑就其祭祀对象而言，大致可以分为两大类："第一类是祭祀自然神的场所，包括天上诸神如天帝、日月星辰、风云雷雨之神，以及地上诸神如皇地祇、

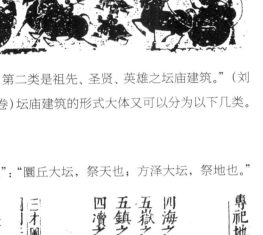

图 3-44 汉画像砖中的祭祀场景（引自汪小洋著《汉墓绘画宗教思想研究》，上海大学出版社，2010）

社稷、先农、城隍、岳镇、海渎、土地等；第二类是祖先、圣贤、英雄之坛庙建筑。"（刘叔杰主编《中国古代建筑史》五卷集第四卷）坛庙建筑的形式大体又可以分为以下几类。

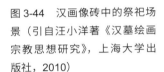

1. 坛

坛也可称为丘，《广雅》这样释"坛"："圜丘大坛，祭天也；方泽大坛，祭地也。"坛是祭祀天地神灵一类的建筑，具有自然崇拜的文化属性。其祭祀的对象是天地、日月、山川、土地和农谷、灾变之神。

明初的祭坛有圜丘（天坛）、方丘（方泽坛、地坛）、朝日坛（日坛）、夕月坛（月坛）、社稷坛、先农坛及祭祀祖先的太庙祠堂。明后期在南京和北京先后建成有先蚕坛、太岁坛、星辰坛、天神坛、地祇坛。天坛祭昊天上帝神，地坛祭皇地神，日坛祭大明神，月坛祭夜明神，社稷坛祭社神、稷神，祈谷坛祈祷五谷丰登、风调雨顺，先农坛祭先农、山川诸神，先蚕坛祭先蚕神，太岁坛祭太岁神，天神坛祭风云雷雨诸天神，地祇坛祭五岳、五镇、四海、四渎诸地神（图 3-45），构成了坛类礼制建筑的完整体系（图 3-46）。

图 3-45 专祭地祇坛位（引自 [明] 王圻、[明] 王思义《三才图会·仪制七卷》，上海古籍出版社，1988）

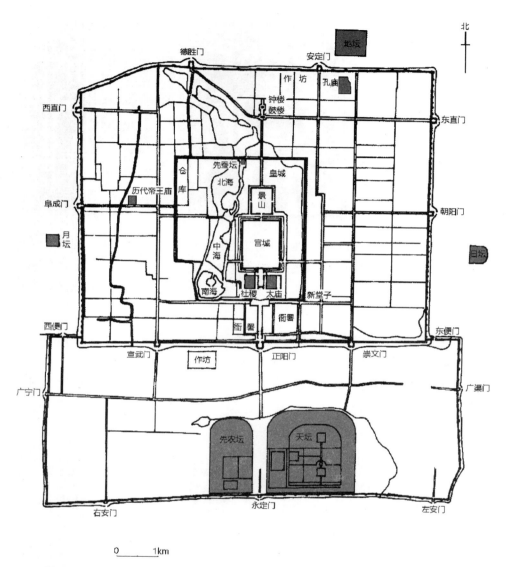

图 3-46　北京主要坛庙格局示意图（引自王南著《古都北京》，清华大学出版社，2012）

北京天坛是最有代表性的"坛"类建筑群。天坛（图 3-47）在明代中期以前的南郊（明中期以后包入外城），天坛是圜丘与泰享殿的总称，与先农坛隔街相对。天坛由内外两重坛墙环绕，外墙东西 1725 米、南北 1650 米，占地 285 万平方米；内墙东西 1046 米、南北 1242 米，面积近 130 万平方米。围墙平面呈南方北圆，象征天圆地方的传统理念。

圜丘，天坛建筑群之重要建筑物，位于建筑群南北中轴线之南端，是皇帝举行祭天大典的地方。明嘉靖九年（1530 年）始建，清乾隆十七年（1752 年）重建，圜丘坛外有墙墙两重，内墙圆形，外墙方形，墙墙四面各辟有白玉石棂星门，中央是明清两代所有坛台最高级别的露天的圆形祭台。坛圆台三层，下层直径为 54.5 米，最上层直径为 23.5 米。坛四面各出九级台阶。每层之面径、台高、墙墙高尺寸均用九、五作为基数或尾数。中国历来视九、五为帝王之尊，故用此数来表示对天帝的崇敬。

图 3-47　天坛轴线图（引自姚安、范贻光主编《坛庙与陵寝》，学苑出版社，2015）

　　圜丘的总高度虽然并不很高，却利用三层圆台的形象，处于中轴线南端的布局，置于两重墙墙中心位置的设计方法，凸显了圜丘的绝对中心位置。圜丘最独特之处，是无屋宇覆盖，露天坛面，广博而壮阔，有情接蓝天之意蕴。实际在观念上，是以天宇为"屋顶"，有融入宇宙空间的磅礴构思，在意境上进入"天垂示于人、人佣入于天"的文化高度。

　　建造圜丘的匠师通过精心的设计，利用声学反射原理，使站在顶层天心石上发出的声音，被周围的墙墙、栏板等反射并增强放大产生多次嗡鸣，使帝王宣读祭文时的声音特别浑厚、洪亮，仿佛真的在与天产生感应并交流，增加了祭天仪式的神秘感。配合"燔柴迎帝神"（图 3-48）时燔炉焚烧祭品产生的缭绕烟气袅袅升空，炉上有燎牛，香气冲天，加上鼓乐歌舞的表演，最终营造出天神收到帝王的礼物，帝王与宇宙万物的主宰天神进行"天人对话""交流沟通"的神秘场景。

　　祈年殿，位于天坛平面中轴线之最北端（图 3-49），是天坛建筑组群体量最大的建筑，祈年殿耸立于直径 90.9 米，高 6 米的三层汉白玉石基台坛上。坛中央祈年殿平面为圆形，直径按柱中心为 24.5 米，高为 38 米，三重檐攒尖圆顶用青色琉璃瓦覆盖，象征天宇；中层檐用黄色，象征大地；下檐用绿色，象征五谷植物 [清乾隆十六年（1751年）改纯一青色]。而殿作金顶，以示辉煌。殿内金龙藻井，殿中龙凤宝座，加上龙凤和玺彩画交相辉映，金碧辉煌。空旷的院落，高大的主体建筑，衬以白色的汉白玉

图 3-48　礼祀图（引自北京市古代建筑研究所编《北京古建文化丛书 坛庙》，北京美术摄影出版社，2014）

图 3-49　祈年殿（引自北京市古代建筑研究所编《北京古建文化丛书 坛庙》，北京美术摄影出版社，2014）

台坛，色彩上又形成白色的台基、红黄色的建筑墙身、蓝色的屋顶之间的强烈对比，使建筑外观异常夺目，加上室内的独特装修设计，构成了祈年殿恢弘和神秘的整体感觉。

　　天坛从选址、规划布局、建筑设计到祭祀礼仪和祭祀乐舞，都有深刻的文化内涵。它反映出中国纪念性建筑的一些设计构思与手法，以及古代匠师的智慧，它的创作中心思想是要表示皇帝祭天时与天对话的那种神圣、崇高、庄严、肃穆的氛围。它成功地把古人对"天""天人关系"的认识以及对来年的美好祈求和想象转化为建筑语言，处处体现了中国古代特有的象征和寓意，以此来表达对天的虔诚和塑造所需的环境氛围，使天坛成为我国历史上思想性和艺术性集大成的建筑群之一。

由于坛庙建筑具有浓厚的宗教色彩，此类建筑群也深受西方人青睐，西方学者朱丽叶·布莱特（Juliet Bredon）在其《北京》（*Peking*，1931）中就曾以诗人般的敏感高度赞扬了天坛和十三陵建筑群。同样，林语堂先生也认为，"沐浴在月色中的天坛是最令人肃然起敬的，因为在那时，天幕低垂，天坛这座雄伟的穹顶建筑与周围的自然景物水乳交融，浑然一体。""天坛恐怕是世界上最能体现人类自然崇拜意识的建筑"，林语堂甚至宣称，"在中国所有的艺术创造中，就单件作品来说，称天坛为至美无上的珍品恐怕并不过分，它甚至要超过中国的绘画艺术。"（林语堂《辉煌的北京》）

2．宗庙

《释名》曰："宗，尊也；庙，貌也，先祖形貌所在也。"庙最初是为祭祀祖宗而立，故而称之为"宗庙"或"祖庙"。《周易》云，"王假有庙。"这庙，指的是宗庙。《诗经》说："雝雝在宫，肃肃在庙。"也指宗庙。

宗法制度以血缘为纽带，特别强调"尊祖敬宗"。将维系宗族团结、突出大宗特权，列为宗族的头等大事。天子是天下的大宗，因此天子的宗庙祭祀意义特别重大。宗庙，是专供祭祀祖宗的建筑，无论天子或官宦贵族，都有祖庙，但规格、品位不同。只有帝王的祖庙能称为太庙，太庙内部秩序从周代就已开始分昭穆制度。宗庙在中国人的观念中是极崇高的，不仅祭祀祖先，而且大凡册命典礼、出师授兵、祝捷献俘或是告朔听政、外郊盟会，往往都在宗庙举行，为的是听听祖宗神的声音，求得祖先的荫庇和精神支柱。宗庙是国家政权的象征，宗庙之制渗透了强烈的政治、伦理色彩和等级观念。甚至在古代中国，失去宗庙，便意味着失去国家政权。"桀纣幽厉，不顾其国家百姓之政，繁为无用，暴逆百姓，遂失其宗庙"（《墨子·非命》），这里的宗庙，即为国家。"宗庙之灭，天下之失"（《吕览·遇合篇》）。故灭人之国，往往"毁其宗庙"（《孟子·梁惠王下》）。

《礼记·王制》规定：天子七庙，诸侯五庙、大夫三庙、士一庙。庶人无庙，仅可在家中设祭。天子太庙品格最高，依次而下。尊先祭祖，除帝王的太庙之外，数量更多、分布更广的是按官制所设的家庙和民间祠堂。真正意义上的"家庙"以及由家庙脱胎而生的"祠堂"，从宋代开始得到了迅速发展，特别是南宋理学家朱熹的《家礼》问世以后，各地民间纷纷建祠立庙。

明清两朝皇室祭祀本朝先祖的太庙（图 3-50、图 3-51），始建于永乐十八年（1420年），最终完成于嘉靖年间（1522—1566 年）。太庙位于皇城内紧靠中轴线左前方布置，与社稷坛相配，形成"左祖右社"的格局。在众多国家祭祀设施中，是规模最大，等

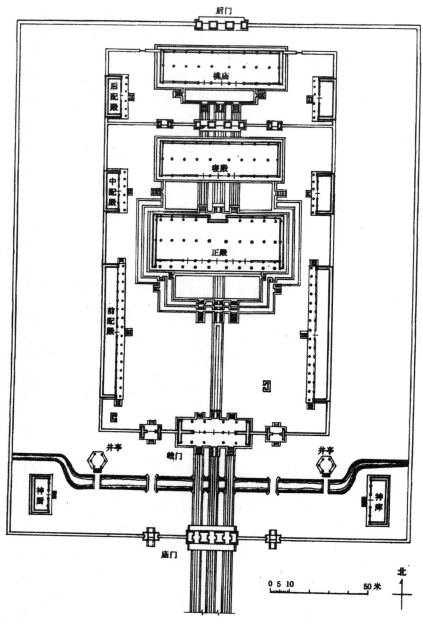

图 3-50　北京太庙平面图（引自潘谷西、孙大章等著《中国古代建筑史五卷集》，中国建筑工业出版社，2001）

级最高的建筑群，其建筑及环境设计颇具特色。太庙用地平面呈南北向长方形，内外共有三重红墙黄琉璃瓦屋面的围墙。最外一道围墙长 475 米，宽 295 米，外围墙被满植成排的古柏覆盖，凸显庄严肃穆；第二道院墙也呈长方形，东西宽 208 米，南北长 272 米；最内一重垣墙环绕太庙核心建筑，太庙主要建筑在此院落内，整体空间封闭、庄严，在皇城中自成一格。由南至北纵深主要建筑有戟门和三大殿，正殿、寝殿、祧庙四庙建筑，并配以东西庑殿。入戟门内见纵向排列的三大殿为太庙主体建筑。正殿为祭殿，也称"前殿""享殿"，为皇帝举行祭祖仪式的地方。始建时为九间制，清时改为十一间制，进深四间，黄琉璃瓦屋面，重檐庑殿顶，为屋顶形式规格之最。祭殿之后为中殿，又称寝殿，面阔九间，黄琉璃瓦屋面，单檐庑殿顶，与正殿共处在一座巨大的"干"字形的须弥座高台之上，呈"前朝后寝"的格局。中殿内被隔成九室，放置已故帝王即先祖"灵位"。中殿之后为后殿，专门放置除太祖及最近八帝"灵位"之外的其余先帝"灵位"。

图 3-51　太庙（引自姚安、范贻光主编《坛庙与陵寝》，学苑出版社，2015，第 103 页）

3. 祠庙

在漫漫历史长河中，为祭祀古代"先贤"而立的先贤庙和为祭祀山川神灵所建的各种神庙，都是古代祠庙的组成部分。我国历代祭祀圣贤的祠庙类型多，分布广。凡历史上有影响的名臣、良将、清官、文人、义士、节烈等大多有祠庙存世。有祭祀创造华夏文明的三皇庙、孔庙；有祭祀忠臣烈士的关庙、岳庙（图 3-52）；有祭祀泽被百姓的名宦贤侯祠；有祭祀忠孝节悌的贞节祠、孝子祠；有祭祀盛名天下的诗圣文豪祠；有祭行业之祖的鲁班祠、药王祠……，不胜枚举。除少数类型（如孔庙、关帝庙等）

由于其地位的特殊载入祀典而由官方建造外，一般多由地方、民间设立，属民间信仰，因此圣贤祠庙具有广泛的民间性和教化性。

图 3-52 杭州岳王庙（图片来源：作者拍摄）

祭祀山川、神灵的各种神庙也相当可观。历朝帝皇所祭的名山大川主要有五岳、五镇、四海、四渎，即东岳泰山、西岳华山、中岳嵩山、南岳衡山和北岳恒山；东镇沂山、西镇吴山、中镇霍山、南镇会稽山、北镇医巫闾山；东海、南海、西海、北海及江渎、河渎、淮渎、济渎。这种祭祀制度到周代已大致完备，至唐宋而达于鼎盛。各地山川池泉，也设庙祭祀。尤以水庙、家神庙更为普遍。另外，有大量源于民间信仰的神灵祭祀建筑，如土地庙、龙王庙、城隍庙、五神庙、牛王庙等。

重建于宋代的山西汾阴后土庙（图 3-53），在西汉后元元年立庙，采用九进院落的总体布局，规模宏大，建筑等级高。主祭区采用廊院式布局，围墙为南方北圆形式，是"阴阳"思想在建筑群组合中的反映。个体建筑形式丰富多样，是此类祠庙中的一个历史经典之作，虽毁于明代水灾，但从现在仍然存在的金刻后土庙碑（现立于清代易地重建的万荣后土庙）看，当时的建筑布局和形制同宋代重修的曲阜孔庙基本相同，磅礴的气势、巨大的规模，都表明它是一个典型的国家级大型建筑群，是研究宋代建筑的重要资料。

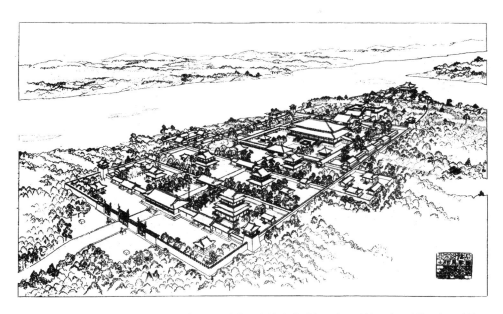

图 3-53　宋汾阴后土祠复原鸟瞰图（引自侯幼彬、李婉贞编《中国古代建筑历史图说》，中国建筑工业出版社，2002）

三、坛庙建筑的文化意义

坛庙是祭祀类带有礼制性的建筑，庙建筑的文化意义极其丰富，罗哲文、王振复在其著作《中国建筑文化大观》中总结其主要表现在以下几个方面。

第一，它的文化意义表现为崇拜兼审美的双重性质与内涵，它所祭祀的对象无论是天地自然还是祖宗、著名历史人物，都是人们所仰慕、敬重、崇拜的对象。所以，一座文化意味浓重的坛庙建筑，必然是那种在空间安排、造型与色彩等方面能够激起崇拜感的。其占地要尽可能地广、尺度需尽可能地大，空间序列重重叠叠，以及各种建筑符号的使用，都为了加强建筑形象的神圣与庄严，使人们观瞻之际，力求激起一种对被祭祀对象的宗教般的皈依感。如在天坛圜丘抒情观瞻，内心涌起的是崇高伟大的壮美感。

第二，为了突出坛庙建筑形象的神圣、庄严，坛庙的空间造型，无论平面或立面，经常采用中轴线对称之法（参见本章图 3-49、图 3-50）。中轴对称，布局严谨，才能充分显示坛庙的庄严、肃穆。

第三，因为坛庙是祭祀性礼制建筑，其精神文化意味尤为丰富、葱郁，它是通过建筑符号"语汇"的象征得以表达的。比如天坛圜丘的象征，是通过种种"数"。以阳数、奇数，最突出的是"九"与"九"的倍数以象征崇天、亲人之虔诚感情。《广雅》

这样释"坛":"圜丘大坛，祭天也；方泽大坛，祭地也。"天坛尚圆，地坛尚方，寓"天圆地方"观念。北京社稷坛的五色土，为东青、西白、南朱、北黑及中黄，是五方配五色观念的表现，象征社稷大地，而各地文庙前设水池名泮池，呈半圆形，象征圆形辟雍之半。

第四，坛庙既为祭祀性的礼制建筑，自然重"礼"，这种"礼"即通过一系列建筑制度与祭祀仪式所反映出来的政治伦理观念，表现在天人之间、君臣之间。祭天是最隆重的，每年冬至，皇帝就要到天坛祭告上天。《周礼·大司乐》云，"冬至日祀天于地上之圜丘"，祭天是皇帝的特权，皇帝登基必告天地，表示"受命于天"，承天意而治国，故称"天子"，帝王为人间之尊。"昊天上帝"是中国文化自然神中的至神，它是一个源于远古自然神崇拜的最高伦理"符号"，无论汉初所祭之天帝即白帝、青帝、黄帝、赤帝、黑帝，还是汉武帝时改祭的太一，都是"皇皇帝天"，至高无上的，实际上，人间帝王确为至尊，无可争辩。

第五，中国自古以农立国，其农业文化，在世界四大古代文明地区是发展得较早的。所以无论坛庙制度中的天地分祭还是合祭，都强烈地表现了崇"农"这一文化主题。祭天祀地，为的是祈求风调雨顺、国泰民安。如天坛祈年殿所祭为农神，社稷坛所祭为土地，先农坛所祭为神农氏。还有象征皇后亲饲桑蚕的先蚕坛。这种建筑文化现象只有古老的中国才会有，是独特的。至于对五岳、四海之类的祭祀及所建坛庙，在文化上也与中华自古崇"农"攸关，表现出中华民族在崇天之同时的亲地文化观念。

第六，祈求人之血缘生命的延续发达与文运、教化之昌盛，是中国坛庙建筑又一重要主题。宗庙（在帝王称太庙，平民百姓称祠堂）制度自古一脉相承。相传古代宗庙，以太祖为唯一庙主，夏为五庙，商为七庙，周也为七庙，《礼记》所谓"三昭三穆而太祖之庙为七"。到了汉代，不仅刘姓皇族在长安立庙，而且各郡国也可自立宗庙，遂使太庙几遍天下。一般官宦家族以设庙以祭祀，亦称"家庙"，一般平民就建祠堂，取风水吉利之处，以地方上最精良之材料、技术建造，往往形体高大、连绵，装饰华美，成为当地村镇最醒目的建筑。

这种从帝王太庙到民间祠堂的庙坛建筑及其祭祀，主要不是在祭拜先祖的亡魂，而是祈求国运昌盛、子嗣繁荣、血缘家族发达，是一首歌颂生命之永恒的"歌"。

祭祀礼仪是中国古代社会统治阶级的需要，也是中国古代礼仪之邦的重要组成部分。坛庙建筑成功地将中国古代的宇宙观和古代哲学与建筑相结合，使建筑本身处处体现出古代的哲学和宇宙观，使建筑的意境、建筑审美、建造技术等完美结合，成功地塑造了一座座优秀的建筑艺术精品。

（本节著者　姚慧）

主要参考文献

[1] 刘叙杰，傅熹年，潘谷西，等.中国建筑史五卷集 [M]. 北京：中国建筑工业出版社，2003.

[2] 罗哲文，王振复.中国建筑文化大观 [M]. 北京：北京大学出版社，2001.

[3] 韩扬.坛庙 [M]. 北京：北京出版集团公司，2014.

[4] 姚慧.左祖右社 [M]. 西安：陕西人民出版社，2017.

[5] 林语堂.辉煌的北京 [M]. 西安：陕西师范大学出版社，2015.

[6] 柳肃.礼制与建筑 [M]. 北京：中国建筑工业出版社，2015.

[7] 牛世杰.论礼制观念在中国建筑中的演变 [D]. 保定：河北大学，2012.

第六节　陵寝静穆
——中国古代陵墓建筑文化意蕴

陵墓建筑，是为安葬死者而建于地下或地上的建筑。陵墓建筑作为建筑艺术的重要组成部分，必然深受中国传统多元文化的影响。陵墓建筑是为封建礼制等级服务的重要建筑之一，并形成其独特的建筑文化属性。本书通过追溯陵墓建筑的起源、发展，透过其神秘的表象，释读出隐含其中的文化特征。

一、"灵魂不灭"——陵墓建筑的文化起源

人类自诞生之日起，就对许多自然现象无法理解，如日出日落、月圆月亏、风雨雷电、寒来暑往、潮起潮落等。更无法对人的生与死做出合理解释，人类对生与死的自然规律备感困惑，也无法理解生命进程中的新陈代谢法则。就在古人无法理解人何以匆匆而来，又匆匆谢世而去的时候，对生的渴望使原始先民有了万事万物皆有神的寄托，他们认为人是由肉体和灵魂组成，他们幻想在另一个时空中还存在着一个灵魂

的"彼岸世界"。

恩格斯针对这一观念在《路德维希·费尔巴哈和德国古典哲学的终结》一书中做过精辟的论述："在远古时代，人们还完全不知道自己身体的构造，并且受梦中景象的影响，于是就产生了一种观念：他们的思维和感觉不是他们身体的活动，而是一种独特的、寓于这个身体之中而在人死亡时就离开身体的灵魂活动。从这个时候起，人们不得不思考这种灵魂与外部世界的关系。既然灵魂在人死时离开肉体而继续活着，那么就没有任何理由去设想它本身还会死亡，这样就产生了灵魂不灭的观念。"

如恩格斯所说，当人们梦见死者，在梦中见到死去的亲人像活着的时候一样生活，并有喜怒哀乐时，更加相信人的灵魂和肉体可以分开，对做梦这一生理、心理现象也有了合理的解释。人们认为人是有灵魂的，灵魂是可以独立于肉体的，灵魂是永恒的，从而构成了"灵魂不灭"的文化心理观念。

古人相信"灵魂不灭"，盼求先祖"灵魂"对子孙后代的保佑，或者为了讨好灵魂，让先祖"灵魂"不要打扰活人的生活。相信死者的灵魂可以在另一个世界相聚，为了让灵魂有一个彼岸的生存、安放空间，使人类开始思考如何安葬死者的问题。于是，丧葬文化就产生了。考古学家发现在一万多年前的"山顶洞人"所居住的山洞里，上室是居住之处，下室就是公共墓地，并在死者残骸发现撒有赤铁矿粉及石器、象牙、燧石等随葬生活用品（图3-54）。这一埋葬习俗和同时期的欧洲相同，人死血枯，赤色如血在远古是生命的象征，表明当时山顶洞人希望死者在另外的世界复活，可能已具有祈求生命长存的原始宗教观念。

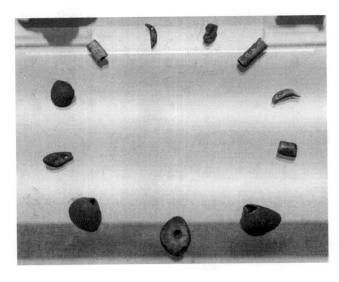

图3-54 山顶洞人随葬品（图片来源：作者拍摄）

　　"灵魂不灭"的观念，导致了陵墓建筑的产生。而陵墓建筑的起源，应该与人类宫室的出现同步。西安半坡文化遗址，是仰韶文化繁荣期的代表，考古工作者在这里不仅发现了氏族聚居的穴居房屋，同时发掘出氏族社会的公共墓地，其墓穴的布局与他们生前的聚居村落基本一致。再次证明了古人不但相信有灵魂存在，并能到另一个世界同样生活。

　　人类在开始进入文明社会以后，"灵魂不灭"成为陵墓建筑的表达主题，陵墓建筑的产生和发展都离不开"灵魂不灭"的观念。古人认为"墓者，鬼神所在，祭祀之处"（王充《论衡·四讳篇》），陵墓是为死者灵魂修建的栖居之处，然而人类无法知道"灵魂"起居活动的所需所求是什么，猜想人死后的生活应该和生前是一样的，所以只好极力模仿人类居室建造地下墓室，以供"灵魂"起居活动。为了让同一家族的人在另一个世界团聚，避免死者的灵魂孤寂地生活，古人常将同一家族的墓穴葬在一起。为适合家族墓穴聚葬的需要，墓穴常采用多室并列的手法（图3-55），人们可根据血缘的亲疏和辈份灵活安排墓穴位置下葬，既维系同族同宗的缘亲关系，又符合当时社会伦理秩序。

图 3-55　韩琦家族墓（引自王俊著《中国古代陵墓》，中国商业出版社，2015）

　　陵墓建筑中的地面建筑部分，也是由"灵魂不灭"观念发展起来的产物。东汉蔡邕在《独断》中说：宗庙之制，古者以为人君之居，前有"朝"，后有"寝"，终则前制"庙"以像朝，后制"寝"以像寝。"庙"以藏主，列昭穆；"寝"有衣冠、几杖、像生之具，总谓之宫。最早讲到陵寝制度的起源。从秦汉时代起，人们开始在墓冢的顶上或侧面开始分别建设"寝"和"庙"。"寝"的主要功能是陈列祖先的衣冠和生活用具，是供死者的灵魂升入地面后的饮食起居。"庙"中则安放祖先神主，是后人定期祭祀死者灵魂的地方。

自陵墓建筑诞生地面以后，如何隆重、严肃地安葬死去的帝王，成为墓葬文化的重要主题。这不仅是帝王家族血缘的问题，更重要的是利用什么样的场景设计，让"九五之尊"的"一家之长"达到"灵魂升天"的愿望。"从战国中期开始，人们在陵墓前建'神道'，作为引导死者灵魂飞升蜕化、升入天国的必由之路。古人称墓为'魂门'，认为死者的灵魂从地下墓穴经'羡道'升至墓门，出墓门经过'神道'，踏上升入天国之路。在神道的两旁，排列狮子、麒麟、辟邪、大象、石羊、石人等，象征护送'灵魂'的卫队，沿途镇凶驱邪（图3-56）。天国之门为神道尽头的墓阙，一般为仿木结构建筑的石阙，呈登高临下楼阙之形，给人以凌空飞虚之感。在阙身上雕刻云气仙灵，奇禽怪兽，象征仙国之景，示喻死者灵魂由此升入美妙而飘缈的理想之国。在这里我们可以看出：陵墓建筑从地宫到寝庙，从寝庙到神道，从神道到墓阙的设计，因果有序，环环紧扣，其描绘的主题不就是一幅立体的灵魂升天图吗？"（宗贤《中国古代陵墓建筑的文化心理特征》）

图3-56　神路旧照（引自北京市古代建筑研究所编《北京古建文化丛书 陵墓》，北京美术摄影出版社，2014）

二、"事死如事生"的陵墓建筑空间

"古人不仅把陵墓看作辞别今生的魂归之处，还将陵墓视为'灵魂'奔赴'彼岸世界'的出发地。由于无人能够知道'彼岸世界'的情况，自然只能以现实的生活经验去设想死者在来世的生活，为他们构筑出一个生死相类的安息空间，这便构成了陵墓建筑

中'事死如事生''事亡如事存'的文化心理。"（宗贤《中国古代陵墓建筑的文化心理特征》）

《礼记·中庸》中的"敬其所尊，爱其所亲，事死如事生，事亡如事存，孝之至也。"指将死人当作活着的人一样侍奉孝敬，在陵墓建筑中则体现为竭力模仿死者生前的生活环境。王充在《论衡·薄葬篇》中认为"谓死如生"。荀子也曾提出："丧礼者，以生者饰死者也，大象其生以送其死。"还将墓葬建筑比喻为"故圹垅，其貌象其室屋也。"（荀子《荀子·礼论》）即是说墓圹的建筑应像人生前居住的房屋一样。秦汉时期，"事死如事生"的观念已被纳入封建礼教的范畴，成为衡量封建道德伦理的客观标准之一。在这种"事死如如生"的心理影响下，尽管各民族、各地区、各个历史时期存在各种不同的丧葬习俗，但在陵墓的设计上，无一不是竭力模仿死者生前的生活环境。

举世闻名的秦始皇陵是按"事死如事生，事亡如事存"的设计理念所建造的。皇陵高大的封土及其地宫象征着生前的咸阳宫；地面上的两重夯土城垣，象征着京师的内外城或名之曰大小城；外城垣东侧的兵马俑坑，象征着守卫京城的宿卫军。其他象征着秦始皇生前生活的宫廷厩苑、车驾卤（you）薄、供其狩猎和游乐的围苑、有"起居衣冠象生之备、皆古寝之意也"（蔡邕《独断》）的寝殿、有"以象休息闲娱之处也"（《三辅黄图》）的便殿。总之，秦始皇陵园的建筑布局，就像是一幅宫城都邑图，政府机构、皇帝休闲场所一应俱全。"千古一帝"把他生前的荣华富贵全部带入地下。"如此宏大的场面，不正是始皇帝生前自视功高三皇，德过王帝，妄自独尊的象征吗？秦俑坑中那威武雄壮的军阵组合，不正是始皇帝当年威震四海、横扫六合、统一六国辉煌生涯的缩写吗？"（图3-57）（宗贤《中国古代陵墓建筑的文化心理特征》）

图 3-57　秦俑坑（引自姚安、范贻光主编《坛庙与陵寝》，学苑出版社，2015，第 24 页）

位于北京郊外昌平县天寿山的明代十三陵（参见本书第四章图4-20），在建筑设计上则是模仿皇帝们生前活动的主要场所——紫禁城。十三陵地面建筑的平面布局就采用紫禁城"前朝后寝"的形式。紫禁城的前朝太和殿等三大殿是皇帝处理军国政务、接受百官朝贺、举行国家大典之处。长陵的祾恩殿就是十三陵的"前朝"，若有军国大事，皇帝必亲自率众前来向先祖的亡灵祈祷，问其吉凶，求其在天之灵保佑。这里同样是大明王朝的先帝亡灵接受后代帝王以及文武百官祭拜之处。正是由于祾恩殿具有陵区"前朝"的性质，因此其建筑的等级也与紫禁城中的太和殿基本一致，面阔九间，重檐庑殿顶，台基由三层汉白玉须弥座组成，是十三陵地面建筑群中最辉煌的部分。乾清宫是紫禁城的"后寝"，是供皇帝起居饮食之处，各陵的方城明楼则是十三陵内的"后寝"（图3-58），这里也是供先帝亡灵升入地面后起居饮食生活之用。

图 3-58 明永陵陵墓方城明楼
（引自北京市古代建筑研究所编《北京古建文化丛书 陵墓》，北京美术摄影出版社，2014）

从目前已掌握的考古资料看，不仅陵墓的地面建筑模仿皇帝生前的生活，皇帝陵墓的地下墓室建筑同样也奉行"事死如事生"的设计原则。以明十三陵中"神宗与两位皇后的合葬墓定陵（图3-59~图3-61）为例，地宫总面积为1195平方米，由前、中、后、左、右五个高大宽敞的殿堂组成，中殿为祭堂，内置神宗与他的两位皇后的汉白玉石宝座以及点长明灯用的青花云龙大瓷缸和黄琉璃玉供。左右配殿为石拱券无梁建筑。很显然，这便是"地下宫殿"中的"前朝"。"后寝"指供放神宗和两位皇后棺椁的后殿。殿高9.5米，宽9.1米，长30.1米，地面全用磨光的花斑石砌成，整个地宫建筑规模宏大，俨然是一座地下宫殿。"（宗贤《中国古代陵墓建筑的文化心理特征》）

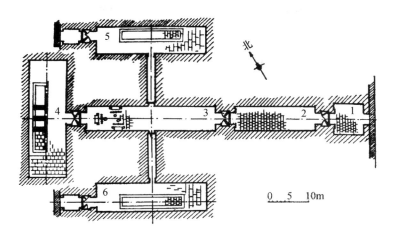

1.隧道券；　2.前殿；　　3.中殿　4.后殿；　　5.左配殿；　6.右配殿

图 3-59　明定陵玄宫平面图（图片来源：作者自绘）

图 3-60　明定陵玄宫侧殿图
（图片来源：作者拍摄）

图 3-61　明定陵玄宫中殿图
（图片来源：作者拍摄）

三、"厚葬以明孝"的宏大陵墓建筑群

我国的"孝"文化源远流长。《尔雅》曰:"善事父母为孝",孔子说:孝是天经地义的,是人人应行使的做法。古代社会以"百善孝为先"来作为衡量人格道德的标准。《礼记·祭统》曰:"孝子之事亲也,有三道焉。生则养,没则丧,丧毕则祭。养则观其顺也,丧则观其哀也,祭则观其敬而时也。尽此三道者,孝子之行也。"把对祖宗丧事的处理,放在了礼制的高度,处理丧事的态度变成衡量孝道的重要标准。即使生前对长辈竭尽待孝,而一旦"厚其生而薄其死",同样"是奸人之道而背叛之心也"(《荀子·礼论》),是对祖宗的大逆不道。因此,为了表达对祖宗的至诚至孝,为了避免落下不孝子孙的骂名,后人对祖宗都要"厚葬"以明孝心。"厚葬以明孝"的观念自然成了陵墓建筑中又一重要的文化内涵。

孔子以父母合葬时以墓不封土,无以为识,不便祭祀以尽孝道为由升起了坟丘。随着社会的发展,人们对祖宗的亡灵越发重视,祭祀之礼越来越复杂繁冗,儒家的"孝道"被社会强烈认同。古人相信自己的祖宗会在冥冥苍天上关照自身的现实生活,视其孝心赐福降灾,福及自身,荫及子孙。而墓葬建筑中地面建筑的出现和发展,就是为了便于后人祭告祖先的在天之灵,为达到"媚祖邀福"的目的,丧葬成了恭行孝道的重要仪式。

在"厚葬以明孝""媚祖邀福"的心理驱使下,古人在陵墓建筑的规模和场景设计上大做文章,陵墓建筑成为礼制性建筑的重要组成部分。受"事死如事生"观念的支配,用于皇权巍巍的宫殿建筑的中轴线布局、形式对称、多重院落等营造场所氛围的设计手法,同样也用在陵墓建筑上。从对称布局的传统审美原则出发,不惜人力、财力,以陵墓的高大显示祖宗的显赫地位。雄伟的陵墓建筑群,在壮阔的自然景观烘托下,取得庄严、肃穆、神圣、永恒的场所精神,有效地起到显示帝王权势、强化皇权统治的作用,同时以此表达对祖宗的敬畏和孝敬的作用。

秦始皇陵陵园平面是长方"回"字形,有内、外两重垣墙,四面设有城门和角楼(参见本章图 3-14)。整个陵园以陵冢为中心,形成一条贯通陵园内外的东西中轴线。陵冢近似方形,顶部平坦,腰部略呈阶梯形,高 55.05 米,周长 2000 米。以陵冢为中心,内、外城之间分布有葬马坑、兵马俑坑、珍禽异兽坑;陵外有马厩坑、陪葬墓群、修陵人的墓地等,现已探明有 400 多个,范围广及 56.25 平方千米。作为中国第一个皇帝陵墓,其曾动用数十万人,历时 40 年来打造这一空前绝后的宏伟工程,是世界上规模最大、结构最奇特、内涵最丰富的帝王陵墓之一。其高大的陵冢、恢弘的气势堪称"世界之最"。

唐代社会安定，经济繁荣，厚葬之风再度兴起。唐代的陵墓建设是继秦汉以后的又一次高潮。乾陵是高宗李治和武则天的合葬墓（图 3-62），坐落在今陕西乾县海拔1049 米的梁山上，山巅三峰耸立，北峰居中最高，即乾陵地宫所在，为陵之主体，南面两峰较低，东西对峙而形体相仿，为陵园之天然门阙。两山上各建门阙，望之似"乳头"，俗称"奶头山"。乾陵的营建，前后历时 40 余年之久，"因山为陵"，以山为阙，借山势之高突出陵体之高。乾陵的地面建筑规模也很大，有两重城墙、献殿、城楼等，总面积达 240 万平方米。陵墓整体建设规模宏大，气势雄伟，为唐陵所独见，再现了当年武则天巾帼不让须眉的不凡气度。

图 3-62　乾陵（图片来源：作者拍摄）

四、"尊卑有别"的身份等级

礼制等级是维护封建统治秩序的重要工具，"尊卑有序"的封建等级思想深深渗透到陵墓营造当中。在中国古代社会，人不仅活着的时候有尊卑，死后也有贵贱之别。历代帝王设置陵寝等级制度，既是为了推崇皇权的需要，又是为了维护身份等级制的需要。

大约在殷周之际及以前，古人的墓葬是不封土堆的，墓前不植树木做标记。据《周易·系辞传》中记载："古之葬者，厚衣之以薪，葬之于中野，不封不树，丧期无数。"就是这个意思。《礼记·檀弓上》也说："古也，墓而不坟。"坟，就是高显之状，进一步明确了古人之墓不具有封土。孔子幼年丧父，颇尽孝心，据说将其父母的合葬墓"封之，崇四尺"（《礼记》），以便于识别与拜祭。中原地区的坟丘式墓葬形式就此诞生了。

随着坟丘式墓葬的出现和推广，在春秋晚期，中原地区已出现坟丘很高的大墓。至战国时代，坟冢的高低大小就与主人的身份有密切的关系，坟丘大墓开始流行，当时诸侯各国的统治者都建有高而大的坟墓。《墨子·节葬下》："棺椁必重，葬埋必厚，衣衾必多，丘垄必巨。"记述了当时贵族"丘垄必巨"的墓葬情况。《礼记·月令》也记载："审棺椁衣衾之薄厚，营丘垄之大小高卑之度，贵贱之等级。"明确记载坟墓大小厚薄显示了统治者"贵贱之等级"。

历代帝王设置陵寝制度，皇帝死后的埋葬地称"陵"，寓意其高山如陵，诸侯称"封"，大夫称"坟"。陵寝制度一开始创立，首先坟墓的高低大小就成为身份等级的一个标志。既是为了推崇皇权的需要，又是为了维护身份等级制的需要。自秦始皇建立封建王朝，封建等级下的陵寝制度在坟墓的形制、高低大小、衣襟棺椁、墓葬仪式以及植树多少都是严加规定的。帝陵之高度是无以伦比的。"汉武帝茂陵高十四丈"，合现制 46.5 米，为汉陵中之佼佼者，唐太宗倡言"薄葬"，"请因山而葬，勿需起坟"，其实陵之所居九嵕山海拔 1188 米，高峻雄伟，其陵之崇高不言自明。唐高宗与武则天合葬于乾陵，也是"因山为陵"，陵之所在梁山海拔 1049 米，崇高意义不在唐太宗的昭陵之下。"（参见本书第一章图 1-24）（引自罗哲文、王振复《中国建筑文化大观》）

以高为尊，是体现在陵寝制度中的儒学规矩，而臣仆之陵墓，不管功劳多大，是无论如何不能超过帝陵的。汉代，法律上就有明文规定如"列侯坟高四丈，关内侯以下至庶人各有差。"唐代在汉律的基础上对坟墓的高低等级重新修订。《唐开元礼》规定：唐代规定一品"陪陵"可起坟四丈，这是特例。一般情况下，一品官坟只能高一丈八尺，二品以下，每低一品减低二尺，六品以下为高八尺，而庶人不起坟。此后直至宋、明、清，也基本沿袭这一规定，若有违规僭礼，必受法律和舆论的谴责。东汉明帝时，桑民揽阳侯就因为坟墓超过制度被判处毙刑，削去爵位。唐玄宗皇后王氏之父死后，其子上表请求将父墓筑高五丈一尺，以仿高祖时窦皇后之父的墓葬级品，立即遭到宰相宋璟的强烈反对，坚持以一品官"陪陵"之例待之。

陵墓的形制在各个朝代也有不同的规定。汉代坟墓受"天圆地方"宇宙观的影响，认为既然人类孕育于大地，大地为方，就以方形为贵，故将其坟墓建为方形以寓意其灵魂已回归大地。"汉代陵墓建筑的尚方之风，一直影响到唐、宋两朝，帝王陵墓一律为方形覆斗式，大臣陪葬墓则根据其尊卑分别为方形和圆锥形。在方形覆斗形的陵墓中，又以三层台阶式，双层台阶式和单层台阶式来区别身份的高低。从明太祖朱元璋开始，陵墓建筑的尚方之风突变，由规矩的方形变成圆形。清朝统治者对汉、唐、明文化兼容博收，索性'天圆地方'合二为一，帝王的陵墓呈前方后圆形，以显示视天地为己有的君主威严。"（宗贤《中国古代陵墓建筑的文化心理特征》）

　　陵墓建筑前的神道石刻（图3-63、图3-64），具有象征吉祥和驱除鬼怪的作用，主要是为显示天子威仪天下的皇家气派，更是墓主身份等级的标志。《明会典》规定：公侯和一品、二品官的神道可列华表、石虎、石羊、石马、石人各一对，三品官减去石人一对，四品官列华表、石马、石虎各一对，五品官可列石望柱、石马、石羊各一对，六品以下不准设置石刻。《大清律》也规定三品以上官可列石兽六件，五品以上官可列石兽四件，六品以下官不准置石刻。从东汉到明清，政府皆以法律的形式限定石刻的数量和样式，从陵墓前神道石刻的种类和数量，可以准确判断墓主的身份等级。

图3-63、图3-64　神道石刻（引自姚安、范贻光主编《坛庙与陵寝》，
学苑出版社，2015，第30页）

五、与"天地共存"的永恒思想

　　纵观中国古代陵墓，出现在人们印象中的往往是高大的封土和雄伟的山陵，这源于古代皇帝追求"长乐无极""永垂万世"的思想。在古人的认知中，自然界中只有山的变迁相对最为微小，山的存在与天地之间相应与协调是相对永恒的。所以古代皇帝选择"因山为陵"，要与天地同寿的山为陵，使帝王如山一样，讲究人与自然相互依存达到"天地并存"的价值观（参见本书第三章图3-62）。

　　帝王陵寝就此成为一种政治需求，陵寝葬地的环境条件就显得十分重要，而堪舆风水理论极大地满足了这种需求。清代姚延銮在《阳宅集成》卷《丹经口诀》中特别强调陵墓建筑环境的整体功能性，主张"阴宅须择好地形，背山面水称人心，山有来龙昂秀发，水须围抱作环形，明堂宽大为有福，水口收藏积万金，关煞二方无障碍，光明正大旺门庭"。按照古人的观念，陵墓建筑还关系到墓葬主人宗族家人的未来，阴宅选址的地形地势、方位和安全，将长久地影响后代子孙的命运。

自古以来封建帝王对于墓地的选择都格外重视，他们将宗庙、陵寝视为国家社稷的象征。明代统治者视陵寝吉地是"允为万世，圣子神孙钟灵毓秀之区"以冀"永垂万世，永久之图"。帝陵选址是一个极为慎重的过程。因此，皇帝会指派大臣率领钦天监官员及风水术士相地寻穴，选定几处"吉垠"。陵址选定后，要"画图贴说"，并进呈给皇帝审查，而后再选择其中尤佳者作为皇帝的"寿陵"。

明太祖朱元璋称帝南京后，采取了一系列推崇皇权的措施，表现在墓葬制度上，就是开始恢复皇帝登基后预造寿陵制度。朱元璋派人寻找"吉垠"，足足跑了两年时间，才找到几处可供他选择的地方。据张岱《陶庵梦忆》云："钟山上有云气，浮浮冉冉，红紫间之，人言王气，龙藏蜕焉。明太祖与刘诚意、徐中山、汤东瓯定陵穴，各自其处，藏袖中。三人合，穴遂定。"他选中了南京城东郊紫金山南麓独龙阜，然后向大臣们征询意见。四人都写上独龙阜，朱元璋非常高兴。

孝陵陵址的选择，确是煞费苦心，当我们站在孝陵登高眺望：远近群山，环绕拱卫，云气山色，气象万千。孝陵左有钟山绵亘，右有六朝古城屏障，群山环绕，形如圈椅，面对远方矗立的土山与方山，后有大江蜿蜒东去，从堪舆之术的角度看，其风水之胜莫过于此地了。

明永乐年间（1403—1424 年），明成祖朱棣决定迁都北京，同时决定营建自己的陵。为了求得吉祥的墓地，朱棣命江西风水师廖均卿在京西、京北和京东等地寻找陵址。后来他在昌平境内找到一片"吉壤"，叫黄土山，山前有龙虎二山，形成风水宝地。经朱棣亲自踏勘确认后封为"天寿山"，并于 1409 年开始在此修建第一座陵墓，这片陵区共埋葬了十三个皇帝，因而统称"十三陵"（图 3-65）。

十三陵北面天寿山雄伟绵长，为整个陵区的绝妙背景。陵区所处的地形北、东、西三面群山耸立，如拱似屏，气势磅礴，蔚为壮观。南面敞开，山间泉溪汇于陵前河道后，向东南奔泻而去。陵前 6 千米处神道两侧有两座小山，龙山、虎山分列左右，如天然门户。用风水理论来衡量，天寿山山势延绵，"龙脉"旺盛，陵墓南面而立，背后主峰耸峙，左右"护砂（山）"环抱。陵区的宫门正好建在两山之间，门内一片

图 3-65   清人绘明十三陵（引自姚安、范贻光主编《坛庙与陵寝》，学苑出版社，2015，第 47 页）

宽阔的盆地，温榆河从西北蜿蜒而来，周围一座座山峰翠柏成荫，美不胜收。这里不但风景美好，还因陵墓的"明堂"平坦广大，山上草木丰茂，山势如屏，是北京的天然屏障，地脉富有"生气"，无疑是一处天造地设的帝陵吉壤（图 3-66、图 3-67）。英

图 3-66   明长陵全景图（引自姚安、范贻光主编《坛庙与陵寝》，学苑出版社，2015，第 39 页）

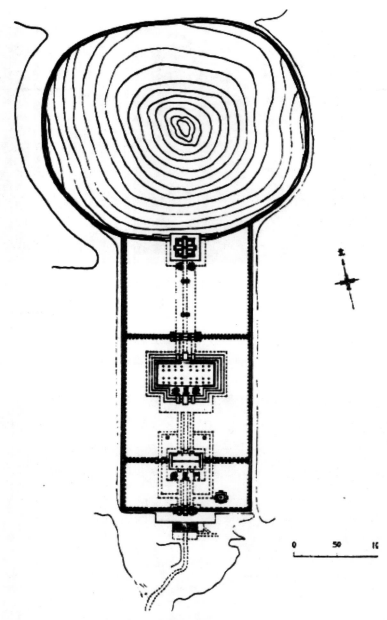

图 3-67　明长陵布局图（引自胡汉生著《明文化丛书：明十三陵研究》）

国城市规划学家爱德蒙·培根高度评价了明十三陵的艺术成就，他指出依山建筑的陵墓建筑群的布局"它们的气势是多么壮丽，整个山谷之内的体积都利用来作为纪念死去的君王。"

六、结语

英国科学家李约瑟曾对中国皇陵有着颇多赞叹，他说"皇陵在中国建筑形制上是一个重大的成就，假如我们深入一些论及同类的题目，这并不是故意特别重视帝皇体系来说话，而是因为它整个图案的内容也许就是整个建筑部分与景观建筑想结合的最伟大例子。"

古代陵墓建筑，包含了皇权统治、礼制等级、人伦亲情、后代繁昌等诸种复杂因素，包括着人与"天地共存"的幻想，对人死后"灵魂不灭"的彼岸世界的安排，它反映着一个时代存在着的一种"世界观"。如今，"古代为活人而建的房屋大部分'死'了，而为死人用的建筑'活'转来了。"（罗哲文、王振复《中国建筑文化大观》）我们通过对这些不同类型陵墓的考古发掘和研究保护，使它作为极有价值的一种历史见证而为人类服务。

（本节著者　董千、姚慧）

主要参考文献

[1] 马世之 . 史前文化研究 [M]. 郑州：中州古籍出版社，1993.

[2] 李德喜，郭德维 . 中国墓葬建筑文化 [M]. 武汉：湖北教育出版社，2004.

[3] 王其亨 . 明代陵寝建筑 [M]. 北京：中国建筑工业出版社，2000.

[4] 袁仲一 . 秦始皇帝陵考古发现与研究 [M]. 西安：陕西人民出版社，2002.

[5] 罗哲文，王振复 . 中国建筑文化大观 [M]. 北京：北京大学出版社，2001.

[6] 宗贤 . 中国古代陵墓建筑的文化心理特征 [J]. 美术观察，1997（1）：49-51.

[7] 曹齐 . 中国古代陵墓设计思想 [J]. 美术研究，1993（2）：62-64，69.

第四章

中国古代哲学、宗教与传统建筑文化

第一节 古代建筑蕴含的哲学思想

何谓哲学？《辞海》中合并了两种观点：一是"关于世界观的学问"；二是"自然知识和社会知识的概括和总结"。然而对此有不少的质疑和不同观点。认同度比较高的解释是"哲学是世界观的理论形式，是关于自然界、社会和人类思维及其发展的最一般规律的学问。"

记录着中华民族悠久历史文化进程和时代精神的古代建筑，"其格局变化的重要原因是社会、制度、思想观念的决定性影响。"（郭湖生《中国古代建筑的格局和气质》）影响古代建筑格局最大的思想观念就是中国古代传统哲学，而建筑作为哲学的物质载体蕴含着丰富而深刻的建筑哲学思想。综观中国古代建筑发展的思想历程，从宏观到微观各个方面都映射着哲学的身影，现仅从影响最大的几个方面进行论述。

一、"天人合一"的宇宙生存观

从古至今，天，是一个我们无法企及、无法完全认识，但又使人对其充满好奇的领域范畴。就是因为这种不知与想知，促使我们开启对浩瀚宇宙的探索，同时试图将这个领域范畴与我们的生活相联系。古人认为天是神圣的，是不可侵犯的，始终将人与天、天与国联系在一起。

"天人合一"是古代众多哲学思想中最核心、最根本的思想。"天人合一"的思想认为人是大自然中的一部分，强调人与自然环境和谐一体，把人类社会放在宏观的生态环境中综合考虑。既肯定人的主观精神，同时强调人必须顺应自然。它揭示了在古人心中，人与自然的和谐统一是他们梦寐以求的理想。《文言·乾卦》称："夫大人者，与天地合其德，与日月合其明，与四时合其序，与鬼神合其吉凶。"将顺承上天的意愿作为最高宗旨，主张人与天地、万物相合才能相通。

董仲舒提出："以类合一，天人一也。"（《春秋繁露》）认为人与自然有高度的相似性，儒家的理想人格是天人合一的化身。孔子提出：人要"畏天命"及"知我者，其天乎"等效法天道的理论，并认为宇宙的终极本体与人的道德境界是统一的，认为"天人合一"是理想的人格境界。"天人合一"是儒家学说的重要特征。"天道""人道"合一是其思想精华所在，最终达到精神上的"天地与我并生，万物与我为一"（《庄子·内篇》）的崇高境。宋代张载总结前人学说，作为集大成者，最终明确提出："儒者因明至诚，因诚至明，故天人合一。"（《正蒙·乾称》）

《老子》曰:"人法地,地法天,天法道,道法自然。"这一学说强调人与自然的和谐相处,表述了古代哲学追求宇宙万物和谐统一的思想。儒家这种"天人合一"的哲学观念,对中国古代建筑文化的影响深刻持久。其在建筑中表现为崇尚尊重自然、关注人性、注重人与自然的融合,追求建筑与自然的"有机"美,强调建筑与自然的和谐,使两者处于一个有机的整体中。从远古时代开始,人类就意识到并探寻在建筑设计中如何结合自然,利用自然,改造自然,顺应自然,充分利用自然界的材料建造房屋,又将建筑融于自然环境中取得与自然的共生与共融。

古人营建活动力图体现天人合一的理想追求,即所谓窥天通天、与天同构。据《三辅黄图》记载:"始皇兼天下,都咸阳,因北陵营殿,端门四达,以则紫宫,象帝居。渭水贯都,以象天汉;横桥南渡,以法牵牛。"为了表现天的神威,在城市布局中,将秦咸阳宫即与天帝居住的"紫宫"相对应(图4-1);汉长安"城南为南斗形,城北为北斗形,至今人呼京城为斗城是也"(《三辅黄图》)(参见本书第一章图1-21);皇家陵寝墓室中比比皆是天象图、天文图、地理图。明孝陵的甬道蜿蜒曲折,与以往的陵墓笔直的甬道不同,后航拍发现,明孝陵的布局为"北斗七星","勺头"为神道部

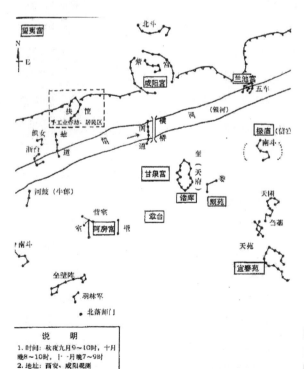

说　明
1. 时间:秋夜九月9～10时,十月晚8～10时,十一月晚7～9时
2. 地址:西安·咸阳观测
3. 天象与地面对照法:取正投影

图4-1　秦咸阳城与天象对应关系图(引自王学理《苦寻消逝了的壮美秦都咸阳考古亲历记》,大众考古,2014年第6期)

分，"勺柄"为陵寝部分，"勺头""勺柄"上的七星依次为四方城、神道望柱、棂星门、金水桥、文武坊门、享殿、宝城。"北斗七星"式的布局，充分体现了朱元璋崇尚"天人合一""回归北斗"的通天思想。

　　建筑设计应该就地取材，因地制宜，与当地的自然气候条件和地理位置相协调，才能创造出自然与建筑相融合的建筑形式。例如，为了适应黄土高原的地理位置和地形、地质特点，同时利用黄土壁立不倒的特性，建造了"窑洞"这种建筑，创造出冬暖夏凉的生活环境，达到人与自然的和谐（图4-2）。还有一种为了抵御外界侵扰，保护自身安全而建造的建筑形式，如福建的"土楼"。土楼的设计（参见本书第六章图6-18），一方面达到安全防御效果；另一方面就地取材，采用当地的黏土、沙土为基本材料，建造出适合当地地理气候条件的建筑形式。这种结合自然所创造的建筑形式还有北方草原的"蒙古包"、长江以南的"干阑式"、西南少数民族的"一颗印"等。

图4-2　靠崖式窑洞（引自占春著《中国民居》，黄山书社，2012，第39页）

　　园林中追求"虽由人作，宛若天开"自然意境，因此巧妙地吸取自然元素、利用自然美景，使建筑与自然达到统一，在园林建筑设计中的表现尤为突出。以人工造设的石、木、池象征大自然中客观存在的山、林、湖、海，将大自然引入院内。园林设计中多讲究主题多样、欲扬先抑、曲折萦回、尺度得当、层次丰富的布局将自然与建筑交融渗透、相互融合。利用一步一景、步随景移的设计手法创造别有洞天的丰富空间。在理水手法上强调聚散有致、水面或波澜壮阔或曲折萦回，并将自然山水和建筑完美结合。在园林设计中，将大自然的自然美景，通过设计师之手，提炼与升华，纳入有限的园林设计空间，形成中国特色的自然山水式园林。

　　因借自然，采用"借景"的手法，把自然的美景通过窗、阁、亭等引入建筑

（图4-3）。这种"借景"就是对建筑空间的突破，如利用借景，诗人一个普通的草堂，可以引出："窗含西岭千秋雪，门泊东吴万里船"的空间感受；同样一个临湖的楼阁就可以借出："落霞与孤鹜齐飞，秋水共长天一色"的美景。通过借景的园林设计手法，完美地将人工建筑与自然环境融为一体，达到正如计成《园冶》中所说的："纳千倾之汪洋，收四时之烂漫"。将这种道法自然、师法自然的造园手法，同中国传统文化相结合，充分体现了"天人合一"的哲学思想。

图4-3　西湖借景（引自广州市唐艺文化传播有限公司编著《中国古建全集 园林建筑》，中国林业出版社，2016，第279页）

二、"中庸之道"的均衡对称

儒家思想体系中占据重要位置的另一个核心思想就是"中庸"。中庸一词，最早见于《论语·雍也》："中庸之为德也，其至矣乎，民鲜久矣。"认为中庸是最高的道德规范。"中庸"认为："喜怒哀乐之未发，谓之中，发而皆中节，谓之和；中也者，天下之大本也；和也者，天下之达道也。致中和，天地位焉，万物育焉。"天下的根本是"中"，天下最高的道是"和"，只有达到"中和"，才能顺应宇宙天地万物，生生不息。和谐是儒家思想的最高境界，也是中国传统文化的至高价值观。

宋朝时，朱熹等人把《礼记》中的"中庸"单独加以注释，进而把它定为后世学者必读的"四书"之一。朱熹认为："中者不偏不倚，无过不及之名，庸者平常也。"表达了中国古代讲究对称均衡与和谐之美。中国古代建筑受"中庸""中和"的思想影响，讲求对称均衡的建筑形式，要求建筑与所处环境达到和谐状态。受儒家"王者必居天下之中"的影响，古人有"崇尚中央"的强烈意识，传统建筑文化在空间上对"中"的空间意识的崇尚，形成了以"中"为特色的传统建筑美学性格。儒家这种"尚中"思想造就了富有中和情韵的道德美学原则，这种美学原则对传统建筑的创作思想、整体格局、建筑风格等方面有深远影响。从都城规划到合院民居，在建筑总体空间设计上十分讲究对称、均衡，常常采用强调秩序井然的中轴线布局、形式对称、均衡有序、严谨规整的设计手法。自古人认识到对称这一永恒的美学原则后，这一原则即一直贯穿于中国的艺术思想。尤其自唐宋以后，设计者和建筑者进一步将其运用到建筑设计之中。

早期的城市布局，如北魏洛阳城，宫城建于京城之北，京城居于外郭的中轴线上。署衙、太庙、太社在宫城前御道两侧，市场设于东西两侧。唐长安城也是中轴线布局的典型实例（参见本书第三章图 3-41）。其布局由南向北经明德门、朱雀门到承天门，再到最北侧的太极宫，宫城和皇城位于城市北端。中轴线上的街道宽达 150 米。其他街道窄于中轴线上的街道。中轴线两侧分别设计东市和西市，里坊也布置在左右两侧，体现了庄严、隆重与秩序感。

山东曲阜孔庙，堪称中国古典庙堂的杰出代表。在中国古代建筑史上占有重要的地位，曲阜孔庙与北京故宫、承德避暑山庄并称为全国三大古建筑群，是中国使用时间最长、形制最高的庙宇，是中国自古以来无数孔庙的"领袖"。曲阜孔庙是一座十分宏伟而且条理清晰、平而布局规则的古建筑群，整座曲阜孔庙的平面布局具有强烈的中轴对称特点，是中轴对称建筑制度的典范（图 4-4、图 4-5）。孔庙内总共布置九进院落，南起棂星门，北至圣迹殿，形成一条清晰的中轴线，纵深感极强。其主要建筑排列在中轴线上，形成递进的重复院落。中轴两侧是左右对称的副题建筑，从棂星门至大成门，整齐地摆布着六进院落，分为中、东、西三路，象征伦理的秩序。孔庙建筑的表现力，在于沿着中轴线的建筑序列构成不同的空间进深，成功地通过建筑群所形成的环境序列满足朝圣者的朝圣心理，来烘托孔子丰功伟绩和圣教的博大高深。整座孔庙，是一条"歌孔颂儒"的"长河"。孔庙内树木森郁葱翠、大殿巍峨华丽、亭廊门庑千姿百态，以有机、有序的中轴对称群构组合，充分体现出以孔子原始儒学为楷模的精神意义。

中庸思想的另一表现形式，即人、建筑、自然和谐的思想观。儒家认为只有"中和"，才能顺应宇宙天地法则。追求具有均衡、和谐之美的建筑是中国古代建筑设计的至高理想。建筑与自然的和谐，也以古代造园思想为例。古代园林的设计，主要由山水花

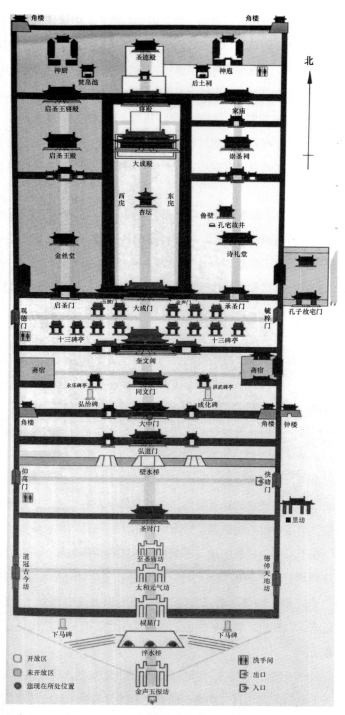

图 4-4　曲阜孔庙（引自广州市唐艺文化传播有限公司编著《中国古建全集 祠祀建筑》，中国林业出版社，2016，第 199 页）

图 4-5　曲阜孔庙（引自红动中国网）

草和建筑组成,建筑虽不是主要组成部分,但在营造园林舒适和谐中起到重要作用。"建筑物的位置、尺度、形象、色彩都要考虑与山水的关系及配合效果,决不能我行我素地自我表现,这就是园林建筑的特殊之处。"（刘叙杰等《中国建筑史五卷集》）在园林设计中,既要栽种花草树木,又要堆砌奇峰异石,同时要考虑建筑在理景中位置,达到和谐统一的布局形式。

　　建筑在园林营构中展现的和谐画面以江苏苏州留园最为突出（图 4-6）。留园的建筑布置主要设置于园林的东侧。从园门进去,先经过一段曲折狭窄的廊院,到曲溪楼、五峰仙馆,空间序列高低、明暗对比,形成有节奏的变化,这种以小见大,以低衬高的形式,使进入园区的人们有一种神秘感。从狭窄入口,到山池中心,豁然开朗,使

图 4-6　苏州留园（图片来源：作者拍摄）

山池景物更显明亮宽敞。在山池周围，又由若干小空间围绕，相互陪衬与呼应。在山池的东面，有几处院落，每处院落设有一个主厅、次厅，相互间隔或连通，空间层次丰富。在对空间的营造中，每一处建筑的形态、尺度都掌握得恰到好处，与山水自然的结合恰如其分，人、建筑、自然和谐共处、相得益彰。

三、"阴阳五行"的辩证思维

阴阳五行学说是我国古代哲学思想的智慧结晶，是一种朴素的辩证统一的思维模式，对中国社会和文化生活的影响是广泛而深刻的。春秋战国时期，老子在《道德经》中提出的阴阳学说，在战国后期又糅合了五行说和五行相生相克的观念，使阴阳学说的思想观念有了进一步的发展。老子的"万物负阴而抱阳"说的就是世间万物被阴阳划分为两类，将一切事物概括为阴阳关系，每一个具体事物都是阴阳的结合体。而把万事万物分为金、木、水、火、土五种之间相互作用的元素则是五行。

阴阳五行生态观在中国古代建筑的选址、规划上起到举足轻重的指导作用。中国古代建筑的营造往往通过对地形、地貌、水土环境等方面进行综合的前期考察。如《周易》中的"圣人面南而听天下"所引申出的建筑朝向"面南朝阳"的空间布局思想；从汪志伊《堪舆泄秘》中的"水抱边可寻地，水反边不可下"总结出的"水抱有情为吉"的关于建筑选址的思想等。这种思想认为建筑布局选址以背山、面水、向阳、坐北向南为最佳的地形，这也同时表现出古人对于自然环境的有节制利用的生态观。

《道德经》中"万物负阴而抱阳，冲气以为和"的观点是阴阳学说的精髓。山水自然是人类栖居的重要组成部分，为了达到建筑和自然的相互融合与渗透，古人结合阴阳五行思想，将山的南面或水的北面称为阳，将山的北面或水的南面称为阴。西周建东都洛阳时，周成王派遣太保召公前往洛邑查看地形，即"相宅"。据《逸周书·作雒解》记载，洛邑"城方千七百二十丈，郛（外城郭）方七十里，南系于洛水，北因于郏山（北邙山），以为天下之大凑"。说明了成王周城的大小规模和地理选址位置，即北向有北邙山，南面接邻洛水，遵循了"负阴抱阳"的山水利用思想。从现代建筑科学角度解释，面山背水容易形成局部良好的气候，又利于阻挡冬天寒冷的北风。山地高而利于排水，而面水、近水可以获取便利的生活用水条件，同时夏天可以形成凉爽的南风，南向可以获取良好的日照。明清故宫为了满足"阴阳五行"中"负阴抱阳"的哲学思想，利用人工在故宫的北面修建了景山，南面修了金水河，取得了背山面水的效果（图4-7）。

图 4-7　故宫金水河（图片来源：作者拍摄）

　　阴阳五行思想关注建筑方位的选择，用东、南、西、北、中五个方位，表示金、木、水、火、土。东，即太阳升起的方向，古人出于对太阳的崇拜，也将东面作为重要、神圣的方位。比如战国以前大量的王侯将相墓葬轴线方向则选取东面，明清以前祖庙中的排位也是放于坐西朝东的位置。方位和属性相对应即东属龙、西属虎、南属凤、北属龟，即我们常说的"左青龙、右白虎、南朱雀、北玄武。"《淮南子》卷三记载："天神之贵者，莫贵于青龙。"故而青龙为四象之首而强调东向的重要性。

　　在城市规划或单体建筑设计中，将"数"作为一种特定的建筑语言，用来表达某种理念或象征意义，使建筑中的数与自然形成一种对应融合关系，具有丰富的文化意义。有关"数"的概念也源于阴阳五行的学说，奇数表示阳，偶数表示阴，所以在房屋开间或楼层设计中都是以一、三、五、七、九间的奇数设置。城市设计中，如《考工记》中记载"匠人营国，方九里，旁三门……"也是按奇数设置。

　　北京天坛的祈年殿，是皇帝祈谷的地方，祈年殿的墙垣采用方形，殿身采用圆形，寓意"天圆地方"。屋顶采用三层蓝瓦装饰，蓝色和天空的颜色对应，祈年殿的内部结构没有采用大梁和长檩，仅用楠木柱和枋桷相互衔接支撑屋顶。殿内柱子的数目，相传也是按照天象的寓意建造设计。内围的 4 根"龙井柱"象征一年四季春、夏、秋、冬；中围的十二根"金柱"象征一年 12 个月；外围的 12 根"檐柱"象征一天 12 个时辰。中层和外层相加的 24 根柱，象征一年 24 个节气。3 层总共 28 根柱象征天上 28 星宿。再加上柱顶端的 8 根铜柱，总共 36 根柱，象征 36 天罡。殿内地板的正中是一块圆形大理石，带有天然的龙凤花纹，与殿顶的蟠龙藻井和四周彩绘金描的龙凤和玺图案相互呼应。六宝顶下的雷公柱则象征皇帝的"一统天下"。龙凤图案的设计，龙表阳，凤表阴，也体现了阴阳协调的思想理念（图 4-8）。

图4-8 祈年殿内景（引自姚安、范贻光主编《坛庙与陵寝》，学苑出版社，2015，第66页）

在中国传统哲学思想中，"阴阳"与"五行"已经成为根深蒂固、深入人心的观念。宋代理学家周敦颐在其《太极图说》中阐述宇宙整体能量的运动规律时指出："无极而太极，太极动而生阳，动极而静，静而生阴，静极复动，一动一静，互为其跟。分阴分阳，两仪立焉，阳变阴合，而生水火木金土，五气顺布，四时行焉。五行一阴阳也，阴阳一太极也，太极本无极也。五行之生也，各一其性。无极之真，二五之精，妙合而凝。""阴阳五行"就是多个方面达到对立统一的矛盾运动状态，就是古人"阴阳互补"的辩证思维。"一阴一阳之谓道"（《易传·系辞上》）阴阳有序的哲学思想，是中国古代建筑营建活动的理论基础，其表现无处不在：官府建筑均衡对称的几何关系与园林建筑自然多变的拓扑关系的对比；建筑院落布局中建筑和庭院的"虚"与"实"的关系；运用以小衬大、以简衬繁等对比手法彰显主体建筑；宫殿建筑采用强烈的色彩对比关系等。实际上都体现了阴阳互补、阴阳协调的辩证思维的哲学思想。

四、"尊卑有序"的伦理等级思想

在中国古代思想文化中，儒学思想有力地塑造了中华民族的文化心理与民族性格。同时给中国古代文化科学艺术（其中包括建筑文化）以持久、深刻的渗透。儒学中的伦理规范就是"礼"的秩序，"礼"的突出特征就是它有尊卑贵贱、上下等级等明确而严格的秩序规定。荀子讲得很清楚："礼者，贵贱有等，长幼有差，贫富轻重皆有称者也。"（《荀子·富国》）"礼"是中国古代统治秩序和人伦秩序最集中的体现。受儒家礼制思想的影响，以"君君臣臣，父父子子"的伦理为核心内容，建立起整个宗法社会的行为准则和伦理规范模式，形成符合礼制观念严格的等级制度。在以儒家礼制为主导的封建社会，建筑也按照人们社会地位由严格的等级制度所制约。

在传统官式建筑的设计中，建筑必然反映占有者与使用者的身份和社会地位。其模式是通过建筑的不同方位布局、形体大小、色彩差异等诸多元素，从建筑组群到局部构件以及装饰的各个方面，构建一系列上下有序、尊卑有礼、男女有别、内外之分的建筑等级秩序。

"四合院"是北方民居的典型代表（图4-9），体现了儒学礼制等级思想。四合院

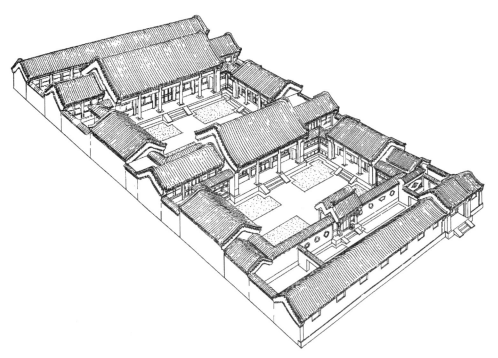

图4-9　理想的四进院落住宅（引自马炳坚编著《北京四合院建筑》，天津大学出版社，2010，图2-10.1)

的建筑规模、功能布局、建筑材料、颜色、装饰特点、大门样式都有严格的等级要求。四合院的院落空间具有严格的等级划分，从空间布局来看，基本保持四方形布局。前院的空间等级最低，随着向内深入，空间的等级逐渐增高，内院或位于主轴线上的端头通常是最主要的院落。家庭成员按照辈分大小、年纪长幼和亲疏关系居住在不同的房间和位置。位于北侧的正房是整个院落中最重要的房间，由家长或长辈居住；正房中心是最尊贵的位置，形成堂室，作为家中议事厅堂并接待宾客使用，通常摆放祖宗灵位；东西两侧的厢房是晚辈居住的，同样也有长序之分，长子一般住于东厢房，次子住于西厢房，倒座等房间用作客房，其他杂房作为下房，通常由仆人居住或作他用。四合院按这种"北屋为尊，两厢次之，倒座为宾，杂屋为附"的家庭位置序列安排，加强了长幼有序、尊卑有别的等级思想，反映儒家宗法礼制制度在民居建筑中的渗透。

五、结语

　　哲学理论中最重要的并不是给出的结论，而是它可能给出的精神意境。中国古代建筑的哲学思想其实是可以从儒家、道家以及易学三个传统哲学的方面论述。然而由于中华文明的源远流长，在长期实践中传统哲学思想和建筑哲学交汇、叠加、融汇，而事实是建筑哲学观是承载了儒、道、易及其他哲学观点的复杂综合体。总的来说，儒家"礼""中庸"思想对中国传统建筑影响巨大，道家哲学思想更多赋予宗教建筑哲学观念，易家思想在中国传统建筑中的体现主要在于阴阳互补。在中国 5000 年的悠久文化历史进程中，代表着不同时期的时代精神的哲学思想一直为古代建筑文化注入新鲜的血液，造就体现建筑文化的灵魂。而中国古代建筑独特的文化内涵和建筑形式，形成了中国特色的建筑哲学思想。

（本节著者　姚慧、刘璐）

主要参考文献

[1] 孙宗文 . 中国建筑与哲学 [M]. 南京：江苏科学技术出版社，2000.

[2] 李泽厚 . 中国古代思想史论 [M]. 北京：北京人民出版社，2008.

[3] 匡亚明 . 孔子评传 [M]. 南京：南京大学出版社，1990.

[4] 冯友兰 . 中国哲学简史 [M]. 北京：中华书局，2015.

[5] 王鲁民 . 中国古典建筑文化探源 [M]. 上海：同济大学出版社，1997.

[6] 周子良. 中庸思想与中国古代建 [J]. 文物世界，1993（3）：34-37.

[7] 赵英哲，杨子江. 浅论中国古代建筑中蕴涵的哲学思想 [J]. 中国西部科技，2011（30）：90-91.

[8] 姜汇泳，黄立河. 中国古代"天人合一"的建筑哲学思想 [J]. 华北水利水电大学学报：社会科学版，2018（1）：53-55.

[9] 郭湖生. 中国古代建筑的格局和气质 [J]. 文史知识 .1987（2）：61-66.

[10]程孝良. 论儒家思想对中国古代建筑的影响 [D]. 成都：成都理工大学，2007.

第二节　风行水动造乾坤
——风水观念支配下的古代建筑文化

中国建筑的传统文化因子之一，就是一直被古人看得很神秘的"风水"，风水文化渗透在中国古代建筑文化的各个方面，风水文化及其在建筑艺术中的运用，体现出中国人一贯追求的人与自然、人与居住环境的关系，以及人的生死与建筑和自然环境的关系。

一、风水沿革与历史概况

自古以来，人们建造房屋，都希望选择最佳地形，《管子·度地》说："圣人之处国者，必于不倾之地，而择形之肥饶者。"择势而居是中国传统哲学思想的具体演绎。古人更主张综合考察阳宅基址，选择最有利于安身的生存环境，并通过对天地山川的考察，辨方正位、相土尝水，逐渐形成了堪舆文化，即风水之术，从而指导人们妥善利用自然，获取良好的环境以确定建筑物的布局、建设。

风水的历史源远流长，作为专有名词"风水"始见于晋代郭璞所著的《葬书》："葬者，乘生气也。"《经曰》："气乘风则散，界水则止，古人聚之使不散，行之使有止，故谓之风水。"风水之法，得水为上，藏风次之。在古人的风水观念中，认为风水吉利之处，必是气之流动之场所。所谓："聚之使不散，行之使有止"是好的风水，首先要"得水"，同时须"藏风"，吉在风与水的且行且止之际。风水术中糅杂着阴阳五行、八卦九宫

北

图例
□ 大房子
▭ 较小房子
⌐ 墓葬

圈栏

畜场

畜场

临河

0   15m

图4-10 陕西临潼姜寨仰韶文化村落遗址平面（图片来源：作者自绘）

以及道家仙术的成分，内容驳杂，流派也多，仅名称就有堪舆、青鸟、卜宅、卜地、相地、相宅、图宅、地理、地学、山水之术、青囊术等说法，此不赘述。

阳宅堪舆的起源最早可追溯到原始人类的狩猎时期。《墨子·辞过》中说："古之民，未知为宫室时，就陵阜而居，穴而处。"远古时期先民就已知选择避风向阳的洞穴建造房屋，有利于取暖、防潮、防火、防兽。在仰韶建筑遗址和西安半坡遗址的营造活动中，已具有原始风水的特点（图4-10）。如选择地质条件好、土壤肥沃、近水又适宜生活和生产的建设地址；建筑方位大体朝南向和朝东向；遗址四周建有防御性壕沟；一般在沟南和沟北建有公共墓地，居住和墓地分开。这种聚落布局模式可归纳为"近水向阳"，这也是后世对风水孜孜以求的基本模式。

先秦时代就已有相宅活动。《诗经·大雅·公刘》曰："笃公刘，既溥既长。既景乃冈，相其阴阳，观其流泉。""相其阴阳"就是看风水，意思最清楚不过。殷周的卜宅可能是最早的风水活动，西周营建王邑的第一件大事，就是相地、卜居（宫），以确定宫室的基址。据《书·召诰》记载："成王在丰，欲宅洛邑，使召公先相宅。"太保召公"朝至洛，卜宅，厥既得卜，则经营。"此即历史上著名的"太保相宅"（图4-11）。据《史记·周本纪》记载："周公复卜申视，卒营筑，居九鼎。"周原是周族的发祥之地，周族祖先在选中这块"风水宝地"时，是看过"风水"的。之后又有相土、相地、相宅、相墓等实践，虽是一种充满神秘禁忌的巫术活动，但相应地包含了古人对栖居之地的本能经验选择。此即《周礼》所谓辨土之名物、相民宅、知利害、阜人民、蓄鸟兽、毓草木、任土事，故而相地又称"堪舆"。《淮南子》有"堪舆徐行"之说，"堪，天道也，舆，地道也。"

秦汉时期，风水理论开始逐步成形，当时，阴阳五行说兴盛，并日益渗透进儒家

图 4-11　太保相宅图（引自［清］《四库全书·钦定书经图说》）

思想，使之具有一层神秘色彩。汉代的风水理论著作，已有《堪舆金匮》与《宫宅地形》两书。魏晋南北朝是风水理论整理与完备期，也是风水的传播时期，风水术流传很广。晋朝大阴阳家郭璞的《葬书》是风水学发展史上的一个里程碑，这本书虽专论阳宅，但几乎是所有后世风水学者必学之书。隋唐是风水术的蔓延时期，各种学术广泛兴起，新的风水理论层出不穷。宋代时期，风水术盛行，出现了许多名师和典著。明清时期是风水学发展的泛滥时期，到明代，宋明理学日趋兴盛，五行生克、阴阳八卦、太极等理论也成为此时乃至以后中国哲学思想的主要内容。这样以五行之说、阴阳八卦、太极理论为基础，并出现了风水学的一个重要支脉——玄空学。风水也随之复盛，理论及实践发展到极点，风水活动遍及民间和皇室。官方编纂的大型丛书《永乐大典》

《四库全书》《古今图书集成》收录了大量典型的风水理论,终使风水理论登上大雅之堂,更重要的是使风水理论公开化并且保存下来,民间各种风水书籍也纷纷出炉,驳杂混乱,有的托名贤者古人,有的则标榜承传仙师异人。

二、风水理论及流派

风水理论混杂,流派众多,有南北之别,也有承传之异,其中最著名的两大派是江西派与福建派,这两大派别也分别代表着形法派与理气派。

形势派又称峦山派、江西派。对此派的主要人物和主张,清代的赵翼做过简明的概括:"后世为其术者分为二宗……—曰江西之法,肇于赣州杨筠松、曾文遄、赖大有、谢子逸辈,其为说主于形势,原其所起,既其所止,以定向位,专指龙、穴、砂、水与之相配。"形势派着眼于山川形胜和建筑外部自然环境的选择,主要操作方法是"相土尝水法"和"山环水抱法"。其理论基础是"负阴抱阳""山环水抱必有气",其理论要点是所谓的"觅龙、察砂、点穴、观水、取向"地理五诀。其实就是把自然环境要素归纳为龙、穴、砂、水四大类(图4-12)。根据这四大类本身的条件及相互间关

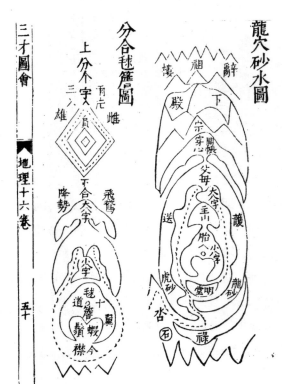

图4-12 龙穴砂水图(引自[明]王圻、[明]王思义《三才图会·地理卷》,上海古籍出版社,2010)

系决定建筑与墓葬的位置布置。"所谓形，就是结穴之山的形状，形是融势聚气的关键，生气因势而行，又因形而止，形是对势的总结。势是指龙脉发源后走向龙穴时在起伏连绵中所呈现的各种态势，与形相比较而言，形近而势远，形小而势大，故欲认其形，必先观其势。"（许颐平主编《图解阳宅十书》）形势派注重于观察自然、了解自然、顺应自然，实践更加丰富，忌讳很少，容易接受和理解，流传范围较广。形势派再进一步划分，主要分为峦山派、形象派、形法派这三个门派，其中形法派侧重于对建筑山水形势的观察，因其主要活动在江西一带，故又称为江西派。

　　受形势派这一理论影响，在明代相地选址是风水术的主要使命，绝大多数建筑在建造前都要寻觅"吉地"。如"水口"是风水中的重要概念，入山寻水口……，凡水来处谓之天门，若来不见源流谓之天门开；去谓之户，不见水去谓之地户闭。因为风水术认为水本为财，门开则财用不竭。为了留住"财气"，村落或村镇建设选址时均不惜一切代价在水口处营建桥、塔、亭、堤塘、文昌阁、魁星楼、祠堂等建筑（图4-13）。

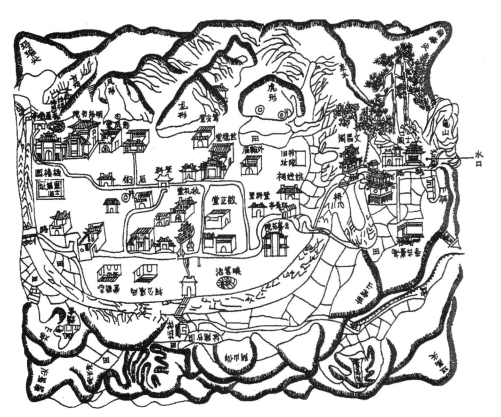

图4-13　徽州黄村水口图（引自潘谷西著《中国古代建筑史（第四卷）》，中国建筑工业出版社，2003）

　　理气派的内容可操作性强，极具灵活性和实际应用性。理气派的起源，可以远溯至周公卜河洛，后来春秋战国时期阴阳学术盛行，到了晋代，郭璞就已经提出了理气派的主要内容："二十四山分顺逆，共成四十有八局。"理气派由宋代的王伋、陈抟等人创立，主要活动范围在福建一带，又称福建派。

　　福建派注重的是卦与宅法的结合，周漫士《金陵琐事》曰："一曰屋宅之法，始于闽中，至宋王伋乃大行。其为说主于星卦，阳山阳向，阴山阴向，纯取五星八卦，以定生克之理。"用以推算主人凶吉，有较浓的巫卜成分。其理论的典型为托名为黄帝的《黄帝宅经》（图4-14）。其理论要点可以图标表示，与汉代司南及六壬盘极相似，所用的十二神也正是六壬家的十二神。

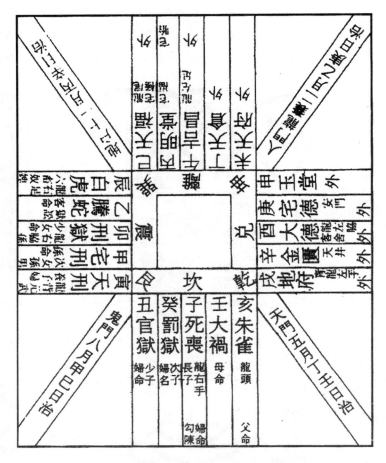

图4-14　阳宅图《宅经》（引自孙大章主编《中国古代建筑史（第五卷）》，中国建筑工业出版社，2003）

理气派以河图为体，洛书为用；以先天八卦为体，后天八卦为用。又以八卦、十二地支、天星、五行为四纲，讲究方位，有许多"煞"忌，理论十分复杂。理气派是繁杂的派别，理论框架内容把易理涵盖的内容都囊括了进来，阴阳、五行、河图、洛书、八卦、星宿、神煞、纳音、奇门等都是理气派的根据和原理。理气派非常重视使用罗盘定向（图4-15）。

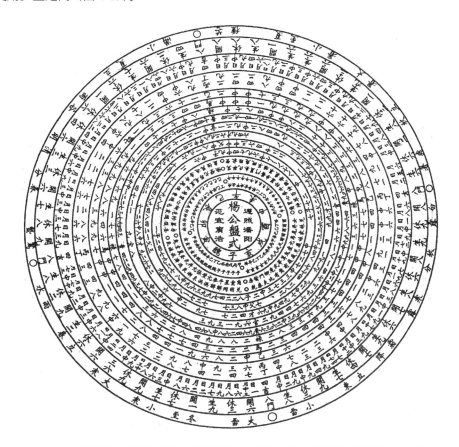

图4-15 罗经正图 背面（[清] 张觉正著《阳宅爱众篇》，世界知识出版社，2010）

"理气派分支众多，有八宅派、命理派、三合派、翻卦派、五行派、玄空飞星派等流派。玄空飞星派是理气派最重要的理论分支，它以时空划分三元九运（图4-16），以洛书九宫飞布九星，将住宅配合元运，挨排运盘、坐向、九星，利用九星飞伏来判断吉凶。然后以住宅的形式布局，结合周围的山水环境而论旺衰吉凶。"（许颐平主编《图解阳宅十书》）理气派将"宅"的坐向分为8个方位，配合宅主人之命推导宅之吉凶。该部分和巫卜星相紧密结合，是风水中最晦涩难懂之处，也是迷信成分最重的部分。

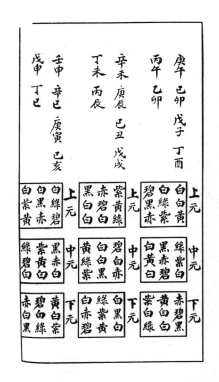

图4-16　三元年白图（引自张觉正著《阳宅爱众篇》，世界知识出版社，2012）

无论形势派，还是理气派，都遵循着同样的原则：天地人合一原则、阴阳平衡原则、五行相生相克原则。形势派和理气派的理论也是彼此渗透、互相融通的。

三、风水观念支配下的传统建筑文化

风水对建筑的影响是多方面的，主要体现在环境选址、住宅建筑、宗教建筑等方面。除此之外，还有一个重大的使命——对陵墓位置的选择，就是"阴宅"风水。

《阳宅十书》宅外形提出："凡宅左有流水，谓之青龙；右有长道，谓之白虎；前有污池，谓之朱雀；后有丘陵，谓之玄武，为最贵地。"古代风水学家们概括出的理想居住环境模式就是：负阴抱阳，背山面水，这是风水理论中城镇、村庄、住宅基址选择的基本原则和基本格局。建筑基址后面有主峰，其北有连绵山峰为屏障；左右有次峰青龙、白虎砂山护卫环抱，山上植被丰茂；前面有池塘或金带环抱、水流蜿蜒而过；水的对面还有案山、朝山来对景呼应，最好也是坐北朝南处于轴线当中（图4-17）。基址正好处于这个山水环抱的中央，围合的平原，丰富的山林资源，左右有山丘围护，有良好的防御性，既保障了居民生活的需求，又创造了一个符合理想模式的生态环境。其实聚落的这种理想选址模式，不仅包含传统自然观念上的要求，而且包括了对于社会、经济、防御、生产及地域环境等多方面的考虑。

可以想象，背山就是将建筑建在山坡的南面，基址后面的山峦可以作为冬季寒流的屏障；将建筑建在河流的北面，可以接纳夏季南来的凉风；朝阳可争取南向良好的日照；近水可获取良好的生活、生产条件；缓坡可避免洪涝之侵害；植被丰茂可保持水土。总之这样一种地方，在封闭、半封闭的自然环境中，有利于形成局部良好的气候和生态环境，也适合中国农业社会时期封闭的、自给自足的农耕经济生活。自然就是一块人们心中理想的"风水宝地"了。

图 4-17　风水宝地环境模式（引自程建军著《藏风得水》，中国电影出版社，2005）

隋代风水家萧吉,在假托黄帝名所撰的《宅经》中更称:"夫宅者,乃是阴阳之枢纽,人伦之轨模……故宅者人之本,人以宅为家居。若安,即家代昌吉;若不安,即门族衰微。坟墓川冈,并同兹说。上之军国,次及州郡县邑,下之村坊署栅乃至山居,但人所处,皆其例焉。"《宅经》所说的宅之所要,在于体现阴阳平衡和人伦秩序。宅是否能使人之所居环境安全,是影响子孙后代盛衰的大事。无论阳宅、阴宅,凡是生居死葬之处,都要合于《宅经》的说法。

风水对住宅的影响甚多,风水中常用辨土法与秤土法先来判断宅基地质的好坏,从相地选址到选定宅基,都要听从风水师的指导,就是要审度宅基的形状和地质特性,宅四周的地形、水流、水质、建筑、道路、树木等要素及配属关系。基地选定之后,再确定建筑的朝向,住宅朝向的确定,它的属性也被确定,风水称这种决定屋向的方法为"向法"。再用罗盘"格定"准确方位,判明吉凶。最后依据《八宅周书》或类似的方法推导住宅的平面布局、门的方位乃至环境空间组织,室内各要素(如客厅、卧室、厨房、厕所、水井等)如何定位。《阳宅十书》《鲁班经》诸书以图解的方式列出宅外形、宅内形、开门、放水等众多阳宅要素,给出了直观的种种不同的吉、凶图式,并注以相应的结论性文字说明,以供人们选择应用(图4-18)。

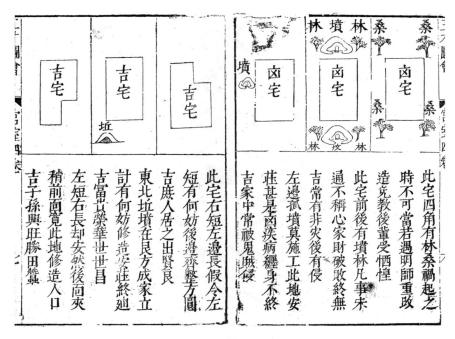

图4-18　吉、凶图示之一(引自〔明〕王圻、〔明〕王思义《三才图会·宫室卷》,上海古籍出版社,2010)

相宅必先定门,在阳宅风水中对住宅中的门给予特别的关注,《阳宅爱众篇》"门口宜静论"曰:"宅之所关最重者莫于门,盖门也者,一家朝夕出入,至要之地也。诚如人之口,如人之喉,丝毫之病不可有,半点阻挡不能担,故稍有疾病,则宜急治,非他处所可比也。"《阳宅十书》也认为:"惟是居室看屋中,气因户牖别所以通气,只此门户一身。"

风水将宅门分成大门、中门(又称作二门)、总门、便门、房门等,而以大门为"气口",除位于宅之吉方外,还要避凶迎吉。山、水是自然中极至之祥物,故大门总应朝向山峰、山口(近处的山口则又不可对,谓之"煞气"),或迎水而立,以便通过门建立起建筑与自然的相对呼应关系。同时通过大门朝向的转换,使住屋与四周的其他建筑相协调。如"门不相对"可互不干扰。"门不冲巷"避开喧扰。凡此种种对住宅的限定,其内容极为繁多驳杂,而正是这些迷信与科学混杂、荒诞与哲理互见的东西,深深地影响着历代民间住宅的布局与形制。

　　风水对宗教建筑的影响，主要是道教和佛教。由于中国的宗教融入大量的世俗内容，风水便也有了有利的渗透机会。

　　道观的选址几乎无一不以"四灵兽"式为准则，如安徽齐云山的太素宫，左有钟峰、右有鼓峰、背倚翠峰、前视香炉峰，江西龙虎观左为龙山、右为虎山。事实上，在一些有关道观四周环境的描述中堆满了风水名词，如《普陀洛迦新志》向我们展示了风水对佛寺龙脉保护的直接作用："后山系寺之来脉，堪舆家俱言不宜建盖。故常住特买东房基地，与太古堂相易，今留内宫生祠外，其余悉栽竹木，培荫道场，后人永不许违禁建造，其寺后岭路，亦不得仍前往来，踏损龙脉。"《穹隆山志》卷四"形胜"中描写三矛峰为戌龙结穴（图 4-19），"大峰刚直，二峰峻急，开帐出峡，顿断再起，星峰体秀身圆土石和美者是三矛峰，右臂石骨东行转身作白虎案是名，岗上真观三楹，旧基在三峰之下，压于当胸之白虎，向为庚申，堂局倾泻，香火几绝"。于是施师苦行："就峰前高处立基，而以尧山最高峰为对眉之研，明堂开旷，白虎伏降……左臂就本山势迥拱如抱，故以山口人者不见殿场，从殿场出者不见水口，……前以尧峰、枭峰、九龙诸山为列屏，而上方一山固捍门锁钥也，……而香山胥口则巽水从人之路也。"细观《穹隆山图》，尤其是水口的设置与风水之说相合，虽然没有明确说明是否受风水指导，但从其描写中看出其思想来源明显出自风水。

　　佛教是一种外来文化，但佛寺的选址同样遵循"四灵兽"的模式，虽然与佛教所倡导的静修教义有关，其营造思想还是受到风水观念的影响。

　　古人"事死如事生"，根据风水术选择墓葬地，让自己的亲人安息于理想的环境中，以达到"葬者藏也，无风、蚁、水三者侵体之害"的目的。尤其到了明清时期，风水学特别注重关于山川形胜的形法，几乎家家的坟墓都要由风水师来确定位置。为了实现皇权永固的政治目的，为封建统治阶级宣扬"君权神授"的思想，历代皇陵选址以风水理论为依据，体现皇权至高无上的威严。明清两代帝陵的"风水"特别讲究，选址规划最为隆重。最有艺术成就的也是明清帝王的陵寝建筑。

　　明成祖朱棣按照当时流行的风水术，精心卜定自己的陵址，长陵是明朝皇帝朱棣和皇后徐氏的合葬墓，在十三陵诸陵中是建造年代最早、地面建筑规模最大的一座皇帝陵墓（图 4-20）。长陵背依天寿山，因山为陵，居高临下，其中轴线北对天寿山主峰，南以龙山为案。其他诸陵均以此为中心而建，各帝陵墓建设也受风水理论的支配，并各有对景，自成格局。明代帝陵的选址基本上是以风水理论为指导来进行的，陵寝建

图 4-19 穹窿山三茅峰图（引自孙大章主编《中国古代建筑史（第五卷）》，中国建筑工业出版社，2003）

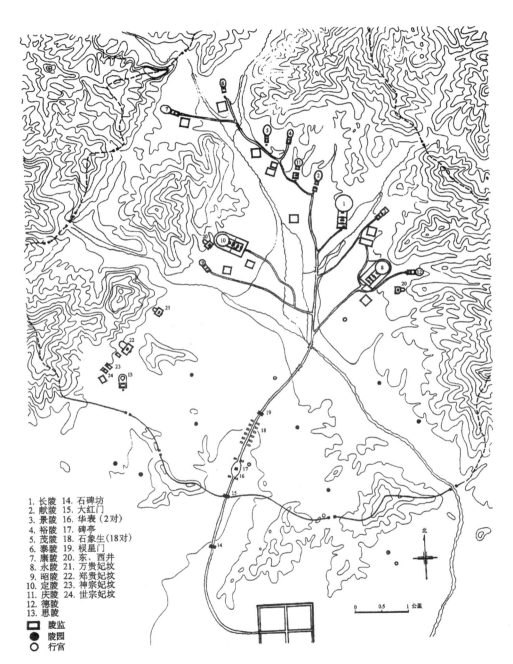

1. 长陵　　14. 石碑坊
2. 献陵　　15. 大红门
3. 景陵　　16. 华表（2对）
4. 裕陵　　17. 碑亭
5. 茂陵　　18. 石象生(18对)
6. 泰陵　　19. 棂星门
7. 康陵　　20. 东、西井
8. 永陵　　21. 万贵妃坟
9. 昭陵　　22. 郑贵妃坟
10. 定陵　　23. 神宗妃坟
11. 庆陵　　24. 世宗妃坟
12. 德陵
13. 思陵

▢　陵监
●　陵园
○　行宫

北

0　0.5　1 公里

图 4-20　明十三陵总平面（引自孙大章主编《中国古代建筑史（第五卷）》，中国建筑工业出版社，2003）

筑一改传统帝王陵寝建筑突出表现高大陵体的布局和环境处理手法。明十三陵依山而建，注重建筑与山水的协调和谐，绵延起伏的山峦伸出双臂，把陵园环抱其中，使建筑与陵园融为一体。在陵区的建筑布局与空间处理上轴线分明，排列有序的建筑群给人以封建礼制的秩序感。明代陵寝创造并体现出建筑与山水交融的卓越艺术成就。

清东陵是中国现存规模宏大、体系完整的古代帝王后妃陵墓群。清朝统治者曾把陵区看作"万年龙虎抱，每夜鬼神朝"的"上吉之壤"。清朝入关后即着手皇家陵寝的选址事宜，先后派两批钦天监大臣和风水名师到京东一带选择陵址，后经顺治皇帝亲自选定。据说清顺治年间（1644—1661 年），顺治帝狩猎于昌瑞山下，勒马四顾，觉山川壮美、景物天成，山峦间"王气"葱郁，将右手大拇指上佩戴的白玉扳指取下，小心翼翼地扬向山坡，并庄严地向身边侍从宣布："扳指落处，必是佳穴，可作朕的寿宫。"于是，在今河北省遵化市的昌瑞山开辟了孝陵为中心，营建了清朝入关后的第一个皇家陵园。

清东陵的选址，同样体现了"风水"观念。"东陵"葬有 5 个皇帝、15 个皇后、136 位妃嫔和 1 个皇子，共 157 人，形成了规模宏大的皇家陵园。15 座陵分布在昌瑞山南麓，顺应山形地势东西排开，绵绵山脉屏于寝区之后，长长神道伸展于前。陵区南面的烟炖、天台两山对峙，中间为天然的关隘龙门口，两边河流左环右绕，前拱后卫。整个东陵风光优美，宛若一幅美丽的山水画卷，各陵的龙须沟弯弯曲曲，势态游龙，是风水家推崇的"乾坤聚秀之区，阴阳合汇之所"，"风水"胜地。

今日的清东陵，其四周山岭环抱气势雄广，由山川形势构成的完美景观，都是由风水理论主导的结果，不得不佩服风水选址的成功，以及建筑与环境艺术运用得无与伦比的高超。

四、对风水的评判

中国风水术是中国建筑文化的独特表现，是中国建筑学与环境学的一种传统"国粹"，又是崇拜兼审美的一种"艺术"。西方学者查理曾经指出，中国风水之术"是使生者与死者之所处与宇宙气息中的地气取得和合的艺术"（李约瑟《中国的科学与文明》），可谓一语中的。"因此，似乎可以这样认为，风水在古代特定条件下所创造出来的许多优秀成果，仍可作为今天吸取建筑创作养分的典范，有着永恒的价值；而那些用风水来确定居住者命运凶吉的成分，则和巫师的骗术并无本质差别，是风水术中的糟粕。"（潘谷西编《中国古代建筑史》五卷集第四卷）

（本节著者 姚慧）

主要参考文献

[1] 刘叙杰,傅熹年,潘谷西,等.中国建筑史五卷集第四卷 [M].北京：中国建筑工业出版社,
2003.

[2] 罗哲文,王振复.中国建筑文化大观 [M].北京：北京大学出版社,2001.

[3] 程建军.藏风得水 [M].北京：中国电影出版社,2005.

[4] 王其亨.风水理论研究 [M].天津：天津大学出版社,2002.

[5] [明] 王君荣,图解阳宅十书 [M].许颐平、程子和,点校.北京：华龄出版社,2014.

[6] 王鲁民.中国古代建筑思想史纲 [M].武汉：湖北教育出版社,2002.

[7] 侯幼彬.中国建筑美学 [M].哈尔滨：黑龙江科学技术出版社,1997.

[8] 姚慧.左祖右社 [M].西安：陕西人民出版社,2017.

第三节　佛国人间
——中国古代宗教建筑"中国化"的文化特征

宗教与神话,是我国传统文化中重要的组成部分,影响着包括建筑文化在内的我国古代文明的方方面面。在我国古代历史发展的长河中曾出现过很多宗教,其中影响最大的要数佛教。佛教传入以后,一开始人们把佛教视为神仙方术的一种,规模和影响都不大,东汉永平年间(公元58—75 年)建成了中国内地最早的佛教寺院——白马寺,到了两晋南北朝时期,由于统治阶级的利用和扶持,佛教在中国迅速发展,佛寺也随之增多。

一、佛教传入初期对中国传统建筑的影响

在西汉后期佛教传入以前,我国宗教崇拜主要信仰天地神祇、生物神灵、人鬼与人神,相应的宗教制度与宗教礼俗也都围绕着这些展开,例如我们所熟知的"冬至祭天""泰山封禅"(秦汉)等,通常我们把这些仪制所要求和产生的建筑物都列为礼制建筑,佛教传入中国后,不仅传统的宗教观念受到影响,建筑形制也逐渐受到了外来文化的影响,形成了"塔"这个新的建筑类型。公元 2 世纪末,据《邳州志》记载："塔

兴建于公元193年，东汉丹阳人笮融在任下邳相（官名）时，在下邳城西南二里处的半山坡上建浮屠寺，浮屠寺上累金盘，下为重楼，可容三千余人。"其中"上累金盘，下为重楼"就是有关中国楼阁式木塔的最早记述。我国早期的楼阁式塔就是中国木构重楼与印度的"窣堵坡（Stupa）"相结合的产物。"窣堵坡"（图4-21）是藏置佛的舍利和遗物的实心"坟墓式"建筑，由台座、覆钵、宝匣和相轮组成。但是到了公元一、二世纪，犍陀罗的"窣堵坡"就将台座演变成三四层的塔身。所以"窣堵坡"经犍陀罗传入中国后，很自然地就以中国固有的重楼作为塔身，将覆钵、宝匣和相轮大大缩小作为标志性的塔刹，进而形成中国式的木塔。云冈7窟浮雕塔与崇福寺藏北魏9层石塔都是这种早期的楼阁式塔。

图4-21　印度窣堵坡（图片来源：作者自绘）

到了公元3世纪，佛教开始真正流行，西域与中国僧众来往密切，佛寺开始在全国各地兴建起来，公元四世纪两晋时期已经非常普遍，到了公元五六世纪南北朝时期，佛教建筑达到了一个空前绝后的高潮。在当时，以北魏为例，僧尼就有200万之多，佛寺就有3万余所，据《洛阳伽蓝记》记载，只洛阳城，佛寺就有1360座。北魏灵太后于熙平元年（公元516年）所建的永宁寺就是当时洛阳规模最宏大的佛寺之一。我国现存最早的实物塔——河南登封嵩岳寺塔（图4-22）就是在那时修建的，嵩岳寺塔是我国传统砖构技术与外来建筑文化相结合的产物，整个塔的外观比例匀称，总体轮廓呈和缓的抛物线形，丰圆韧健，绰约秀美。券门券窗上的火焰券面和角柱上的莲瓣柱头、柱础，带有浓郁的异域风味，见证了南北朝的时代风韵。在北魏时，除了有专为佛寺而建的浮屠式佛寺以外，还流行起将住宅改为佛寺，"舍宅为寺"使得"尘"与"俗"之间的建筑形式失去了界限。

图 4-22　嵩岳寺塔（引自王凯著《古塔史话——"古塔一绝"之嵩岳寺塔》，中国大百科全书出版社，2009）

二、隋唐以后形成"中国式"的佛教建筑

　　北魏洛阳城寺塔林立的建筑高潮很快就被战火摧毁了，之后虽然没有了六朝之盛，但是兴建佛寺之风一直保留着。隋唐也是中国佛教发展的重要时期，佛经的输入和翻译取得了显著进步。唐代出现了天台宗、法相宗、华严宗、净土宗、禅宗、密宗等宗

派，除了净土宗和禅宗外，以烦琐思辨为特色的其他宗派到唐代后期大多衰落，这也表现了佛教到这个时期经历了中国化进程，实际上已经变成中国式佛教。这个时期的佛寺已经不仅仅是宗教活动中心还是市民文化活动中心，佛寺建筑、佛寺园林、佛寺雕像、佛殿壁画、佛法仪式以及生动的俗讲和歌舞戏演出都吸引民众来到佛寺，这些使得佛寺既蕴含着宗教的神秘主义基调，也充溢着世俗的人文主义色彩，与欧洲中世纪基督教堂所体现的清冷、严峻的禁欲主义大相径庭。此时的佛寺也已完全被打上中国化的标签，由原来的以塔为中心，变成"塔"偏于一侧，整个佛寺以殿为中心，采用"轴线—院落"的布局方式，全寺建筑沿轴线纵深铺开，形成自外而内，殿宇重叠、院落互联的空间组合。当时唐长安城里有佛寺 90 余座，有的寺院占了整整一坊之地，这个规模与数量在当时还是很惊人的。

后来因为寺院经济的发展影响了国库的收入，唐武宗会昌五年（公元 845 年）和五代后周世宗显德二年（公元 955 年），先后进行了两次"灭法"，其中武宗灭法，一次性拆毁天下佛寺 4 万所。这两次灭法虽然时间短暂，但带来的破坏是灾难性的，以至于唐代建筑留存至今的只剩下 4 座木构佛殿与若干砖石塔。这 4 座木构佛殿分别是山西五台山南禅寺大殿（图 4-23）、佛光寺大殿，山西芮城的广仁王庙正殿和山西平顺的天台庵正殿，它们都属于中小型的殿宇，后两座经过后代改建，已经失去了最初的形态，南禅寺大殿与佛光寺大殿均外观简洁，舒展雄劲，颇能显现出唐代建筑的大气雄浑。所以现在我们一般把南禅寺大殿与佛光寺大殿作为我们认识唐代木构建筑的

图 4-23　五台山南禅寺大殿（引自荀建主编《历史遗珍——山西古代建筑六十例》，中国建材工业出版社，2019）

重要案例。

　　辽代重佛教，大型寺院的布局大多是在一条主轴线上依次布置山门、观音阁、佛殿、法堂，天津蓟县独乐寺就是如此。现在我们仍然可以看到的寺内的历史遗存山门与观音阁，就是辽代官式的建筑典范，历史价值与文化艺术价值极高。山西省应县佛宫寺释迦塔又叫应县木塔（图4-24），始建于辽清宁二年（1056年），该塔底层直径达30米，高66.6米，这座我国现存唯一的全木构塔，也是世界现存的最高的古代木构建筑。该塔经历900多年风风雨雨，中间遇到过几次大地震，依然巍峨挺立，它以缜密的设计、精湛的工艺展示着那个时代的艺术水平，是世界建筑史上的瑰宝。

图4-24　山西应县木塔（引自荀建主编《历史遗珍——山西古代建筑六十例》，中国建材工业出版社，2019）

三、特殊佛教建筑体系——石窟寺

　　佛教建筑另一个延续的体系就是石窟寺。石窟寺是我国传承脉络最为清晰、关联性最为密切、体系最为完整的文物类型。这种"建筑形式"源于印度，在三国及六朝时传入西域各国，在晋末，又由西域各国传入中国，据说是由于僧侣们进入深山修行，在山坡上凿洞为寺而兴起，因为寺为"石"所构成，所以经历了这么久依然保存了下来，也许石窟寺就是中国现存的最古老的"建筑物"。大多石窟寺都是经历了差不多

10 个世纪的不断增筑而组成，一窟之中包括数室，构成了达千洞的庞大的石窟"寺群"，故有"千佛洞"之称。除了敦煌的莫高窟（图 4-25）之外，著名的石窟寺还有山西大同的云冈石窟（图 4-26）、河南洛阳城南的龙门石窟、巩县的巩县石窟、甘肃天水的麦积山石窟、山西太原天龙山石窟、河南渑池县鸿庆寺石窟等，敦煌莫高窟与云冈石窟、龙门石窟、麦积山石窟又被称为我国的四大石窟。

图 4-25　莫高窟第 96 窟窟外九层楼阁（引自敦煌研究院官网）

图 4-26　云冈石窟第 20 窟主像（引自荀建主编《历史遗珍——山西古代建筑六十例》，中国建材工业出版社，2019）

最初在印度，僧众之所以将偏僻荒芜的石窟作为清修之所，主要有两方面原因：一是教义要求，佛教教义讲求隐世、苦修，从物质到心理皆远离世俗纷扰，山崖往往处于城市边缘，为修行提供了不二之所；二是气候影响，印度为热带季风气候，夏季异常炎热，石窟建筑利用天然崖壁形成厚重的围护结构，保温隔热，冬暖夏凉，为修行创造了良好的气候环境。

　　无独有偶，由于印度佛教文
化在传播途中逐渐融于多元的中
土文化，石窟寺也逐渐出现了地
域性的差异。北魏中期，源于西
域龟兹国的中心柱窟型，是印度
支提窟传入西域而出现的空间变
形，是北朝的典型石窟模式，如
莫 高 窟 第 254 号 窟（图 4-27）。
更注重功能需求的敦煌莫高窟工
匠为了支撑窟顶的结构需求以及
信众右旋进行朝拜的教义需求，

图 4-27　莫高窟第 254 号窟 北魏（引自敦煌研究院官网）

把之前圆形的中心塔柱凿成了方形，不仅如此，还在四面凿小龛供奉神明象征物，便
于信众右旋时观看。由于中心塔柱的存在，该时期石窟由此划分前后室空间，前后空
间用不同主题的壁画渲染，最后侧留有狭长的通道象征涅槃，即光明与黑暗的过渡。
从敦煌莫高窟到山西大同的云冈石窟，石窟寺也在一步步走向融合，云冈石窟整体上
虽然延续了敦煌石窟的空间布局，但是在中心柱的细节装饰上进行了地域融合，有的
中心塔柱上甚至还雕出各层仿木结构的塔檐及斗拱，进一步推动了中心塔柱向木构建
筑形制的演变。其实，除了形制改变以外，就连礼拜习惯也在发生着改变，右旋式礼
拜是印度佛教的特有方式，而我们本土的礼拜方式为"三拜九叩"，为了更顺利地推
广佛教文化，右旋式礼拜方式最终顺应了民俗差异演变为叩拜，所以中心塔柱也慢慢
消失，仅在石窟后壁保留了放置佛像的龛，成为我们现在所见最多的单室石窟。

　　除了空间形式出现了地域化的转变以外，建筑材料也在发生着地域化的转变，印
度气候炎热，日照充足，出于热舒适度的考虑，石窟寺多建在崖壁内部。"而中土的
自然及人文背景下，传统建筑以木构为主，木头取材方便，所形成的结构及空间轻盈
通透，结合榫卯等节点构造方式，更能形成石窟无法实现的大空间。佛教文化经由西
域从北部进入中土，随着大乘佛教在隋唐时期的迅速发展，容纳更多信徒的大空间成
为必需，石窟因而逐渐木构化，除入口加入木构件外，内部空间也逐步向崖壁外侧
推移，崖壁的开凿量随之减小。后期只保留了摩崖石刻造像的传统，在崖壁表面融入
传统木构建筑，使建筑用材完成了从全石材向木石结合再到全木构的转型，同时摆脱
了狭小洞窟对内部空间的限制，外观上与木构摩崖佛寺相差无几"。（刘天琪，王旭《从

石窟寺到摩崖寺——巴蜀摩崖佛殿的空间演变及地域性表达》）有一种说法是洛阳龙门石窟主佛像旁边的小洞便是崖壁与木制构件相接所留下的痕迹。

四、其他教派与中国传统建筑

其实在中国，除了影响最大的佛教之外，还有很多其他教派。例如道教的道观、藏传佛教的喇嘛庙、伊斯兰教的清真寺，以及近世的天主教教堂、基督教教堂等，都形成了各自不同风格的宗教建筑。与此同时，他们也都与中国传统的建筑形制相互影响、碰撞与融合，形成了具有中国地域特色的宗教建筑。

道教是中国土生土长的一种宗教信仰，由中国传统宗教与两汉时期的黄老学说杂糅而成，视老子为教祖，以至于至今仍有很多人认为是老子创立了道教，其实不然，老子创立的是道家学说，而非道教，一个是哲学流派，一个是宗教信仰，这存在本质上的不同。道教教义算是以"道家学说"为基点建立起来的神学理论体系，主要宗旨是追求长生不死、得道成仙、济世救人。虽然教义与佛教有很大的不同，但道教的道观和中国的佛寺在形制上没有太明显的区别，只是在选址方面有很大的差别。佛教教义重视人的内心世界，"心中有佛，身在何处又有何重要？"，所以佛寺的选址没有道教建筑讲究得那般彻底。道教更讲求人与自然的关系，又融入阴阳五行之说，所以建筑的选址不会在喧嚣的闹市，一定是在人烟罕至、景色优美的山林之中，与自然紧密相连，思索自然与生命的神奇。在建筑布局上，一般也都是依山而建（参见本书第二章图2-17），受传统民居与宫殿建筑影响，沿着一条轴线逐层升高，在最高处达到整个空间的高潮，如武当道教宫观玉虚宫就是这样的布局，可明显看到宫殿建筑对它的影响。

藏传佛教，俗称喇嘛教，喇嘛教的喇嘛庙，除了蒙藏民族居住的地区之外，在全国很多地区都有散布，它们有着自己独特的风格，与佛寺截然不同。在结构上它们属于碉房系统，就是用石头或者砖块砌筑成的方形带天井的楼房、承重墙结构，因此表现出一种实体的体量，在外形上与木框架结构有所不同。喇嘛庙是中国建筑在结构方式上的另一个体系，它们和西方古典建筑在结构原则上是相近的，因而有类似的形体。同时，它又和中国传统建筑的布局原则及装饰构件相结合，表现着一些中国式的形式和风格。此外，喇嘛庙还有自己特殊形式的喇嘛塔，北京妙应寺白塔（图4-28）就是我国最大的喇嘛塔。著名的"避暑山庄"的外八庙就是喇嘛庙，这是清代为了团结少数民族而修建的，其中"普陀宗乘"之庙（图4-29）就是仿照全国喇嘛教的中心——拉萨的布达拉宫而设计的。

伊斯兰教，在中国维吾尔族回族信奉居多，中国伊斯兰教清真寺的建造从唐宋时期伊斯兰教传入中国就开始了，我国现存的清真寺大多是元代以后的建筑，因为元代时回族人在朝中任职者很多，清真寺因而也流行起来。在古代中国，清真寺大致分为两种形式：一种以木结构为主，形制大多采用中国传统四合院制，如北京的法明寺、陕西西安的化觉巷清真寺等，大门也不再是阿拉伯式的拱券大门而是中国式的寺庙大门；另一种则更多地保

图 4-28　北京妙应寺白塔（引自王凯著《古塔史话》，中国大百科全书出版社，2009）

留了阿拉伯式的建筑风格，唐宋时期建造的多为砖石结构，如广州怀圣寺光塔。

图 4-29　"普陀宗乘"之庙（引自《西方人笔下的中国风情画》，上海画报出版社，1999）

天主教教堂和基督教教堂，在外形上则多半是复制西方本来的式样。但是在细部上仍然可以找到中国传统建筑对它的影响，至少它们在运用当地的建筑材料和劳动力时必然会留下中国建筑的痕迹。例如最为人所熟知的澳门圣保禄教堂，1835 年毁于一场大火，现在只剩下朴素的石头立面，又名大三巴牌坊（图 4-30），它原本的屋顶就布满木制雕刻，并用中国传统建筑中常用的红、蓝等色勾勒，中西结合，美轮美奂。

图 4-30　圣保禄教堂遗迹（引自圣保禄教堂遗迹石版画相片复制本）

五、中西方宗教建筑的比较

"古代东方大地，就宗教建筑文化而言，似乎是一片贫瘠的土地，这与西方古代具有显著差别。"（王振复《中国建筑文化大观》）宗教建筑的地位在中国也远不如西方。因为对于西方国家来说，他们的建筑史几乎是宗教建筑史，而中国的建筑史，宗教的功能尚居于次要地位。从规模上来说，中国庙宇不但无法与古代皇家宫殿相比，甚至无法超过地方衙门或官员的宅第。不但在规模上如此，从建筑格局来看，在外来的塔的地位自宋代消失之后，以塔为中心变成了以殿为中心，采用轴线—院落的布局方式，此时宗教建筑与居住建筑已没有了事实上的分别；从建筑发展形式来看，与西方宗教建筑的发展一样，中国的宗教建筑也是自住宅形式发展出来的，但是当西方的宗教建筑形式成熟之后，逐渐发展出宗教建筑的特有形制，与住宅建筑分道扬镳，而中国的宗教建筑始终与住宅建筑采用同一形式，甚至在汉字中我们都找不到一个单字本来就用来代表宗教建筑物。

今日惯见的佛寺、道观、庙宇、庵堂，以及教堂、清真寺等其实都是后来借用而创制出来的名称。例如："庙"字本来指的是住宅宫室的厅堂，"观"指的是可观四方的建筑物，而"庵"指的是一些简陋的小草房，"寺"则源于政府部门的名称，如汉代的御史大夫寺，之后的太常寺鸿胪寺等。到了汉明帝时，派遣使者西去访求佛法，归途用白马驮经，带回洛阳，置于鸿胪寺，改名"白马寺"（图 4-31）。此后，佛教建筑以至伊斯兰教建筑物都多半称为"寺"了。

虽然中国宗教建筑在世界建筑史舞台上绽放的时间不长，但是所取得的成就是令人瞩目的，截至 2018 年，全世界被联合国教科文组织列为世界文化和自然遗产的名胜古迹和自然景区共有 1092 处，在中国有 53 处，其中大部分是宗教建筑。且宗教文化是我国传统文化的重要组成部分，所以宗教建筑也是我国建筑文化的重要篇章。

（本节著者　姚慧、赵雅丽）

主要参考文献

[1] 介永强 . 西北佛教历史文化地理研究 [M]. 北京：人民出版社，2008.

[2] 侯幼彬，李婉贞 . 中国古代建筑历史图说 [M]. 北京：中国建筑工业出版社，2003.

[3] 李允鉌 . 华夏意匠：中国古典建筑设计原理分析 [M]. 天津：天津大学出版社，2005.

[4] 詹鄞鑫 . 神灵与祭祀：中国传统宗教综论 [M]. 南京：江苏古籍出版社，1992.

[5] 潘谷西 . 中国建筑史 [M]. 北京：中国建筑工业出版社，2008.

[6] 王金华，陈嘉琦 . 我国石窟寺保护现状及发展探析 [J]. 东南文化，2008（1）：6-14.

[7] 邓晓琳 . 宗教与建筑 [J]. 同济大学学报（人文·社会科学版），1996（05）：29-33.

[8] 刘天琪，王旭 . 从石窟寺到摩崖寺——巴蜀摩崖佛殿的空间演变及地域性表达 [J]. 西部人居环境学刊，2017（1）：63-67.

[9] 袁牧 . 中国当代汉地佛教建筑研究 [D]. 北京：清华大学建筑学院，2008.

图 4-31 《白马驮经图》（[明] 丁云鹏，现藏于台北故宫博物院）

第五章

中国古代文学、绘画艺术与传统建筑文化

第一节　空间体系与生活意绪
——中国古代建筑与诗词文学的文化交互

一、引言

当我们谈及文化时，实际上并不总能明确地界定是在哪个层面上谈文化，譬如器物层面的、文献层面的或者生活层面的；这么有意无意模糊文化具体表现层面的根本原因，使文化的这三个维度在现实中无法完全区分与剥离：文献在记录、反映甚至建构生活；生活在生产、创造着器物与文献。

当我们流连于博物馆展厅内的各类遗存时、当我们面对或出入先民所创造的生活空间时，抑或当我们共情于文字（文学）等文献资料所记录的特定时代的思想与情感时，我们都认为，我们是在理解中国的文化，是在感受这个文明古国的心灵历程。

建筑，作为文化在器物层面最显著的表现形式之一，是物质的，但这种物质的存在并不仅仅是人们为庇佑生存而创造的空间体积，它还是一种"有意味的形式"，哪怕这种形式在最初呈现极其原始的样态：抽象的线条与体积、方形或长方形的土木建制，"上古穴居而野处"的构木为巢以及"作庙翼翼"（《诗经》）般的舒展如鸟翼的朴素审美……

而文学显然是文化在文献与意识层面的典型表征，无论是古代诗词歌赋还是当代新创文体，都是人们理解民族文化最易亲近的切口。中国古典诗词文学与中国古代建筑虽拥有截然不同的符号体系和呈现方式，但两者在文化的不同维度中相互补充、相互印证，同时，在文化最高远的坐标中彰显其共有的特质与风格。

二、建筑里的生活、理性和诗意

从那遥远的、无法确认岁月的时代开始，先民就不断奋力创造适宜自然环境与自身需求的生活内容即只属于他们自己的"衣食住行"，先而胚胎，初具规模，继而长成，转增繁缛。由此，也开始特定文化的创造。

衣食住行，是生活的起点和核心内涵，也是建筑与文学共同的起源。文字中所有关于亭台楼阁、宫殿庙堂和院落村庄的描摹，首先是作为生活被记载的。建筑或建筑群所搭建的场域，如北方的院落民居，庭院方阔，格律精严；南方的自由式民居，小青瓦、穿斗架，或高或低，前小后大。这是人们生存栖息的处所，是人们饮食坐卧的庇护，也是人们日常交往的或私密或公共的空间。

但同时，也是更重要的，是文献包括诗词文学中所呈现出的中国古代建筑从世俗生活目标到审美与价值目标的拓展，或者说是建筑在生活的面貌之下透露出的文化内涵。

中国古代建筑在体制与风貌上始终体现着先秦确立下来的基本规范和秩序，那就是生活化的、秩序化的、情理协调的群体结构。建筑要在现实居住中体现严谨秩序——比如宫殿，殿宇深深，以廊庑相连。同时在秩序中融通变化，进而与山光、云影、水波等自然因素汇合并形成更为自由灵动的建筑整体——比如园林，以假山为"障景"、借远湖为"透景"（图5-1）。诗人正是体察到这种生活场所蕴含的理性与诗意，对这些或者被瞻仰或者被居住的社会空间进行文学性的书写。

图 5-1　拙政园借景（图片来源：作者拍摄）

秩序感是中国古典理性精神在建筑物上的典型体现。中国古代建筑最大的特性就是在严格对称的结构中展现肃穆、方正与井井有条的生活伦理，在相互配合、协调实用和有节奏感的层次中展示生活美学：空间上通常以中轴线为中心，呈对称布局，小到门、窗、摆件，大到檐、舍、院子（图5-2）；同时，房屋作为"家庭"单位最直接的表象，也集中体现了长幼有序、男女有别的社会纲常与伦理规范。这种简单、庄重、稳定、安全的对称美成为中国古代建筑最具指导性的设计理念。

图 5-2 乔家大院门楼、内院（引自荀建主编《历史遗珍——山西古代建筑六十例》，中国建材工业出版社，2019）

再者，小小"平屋"也因尊卑等级而有所差异，帝王之居曰"宫"、曰"殿"，士绅之居曰"堂"、曰"厅"、曰"厢"，文士之居曰"斋"、曰"馆"、曰"书室"、曰"精舍"，实际上都是"平屋"做基础，材料装饰，功能有雅俗之分。

这种对称秩序与规范理性，在传统诗词文学中也得到体现与反映。中国传统诗歌广义上可以分为古体诗、近体诗和格律词三大类，它们以最为凝练的语言、最为严谨的韵律规则，集文字美、韵律美、意境美于一身，使得三言两语尽显丰沛情感。

追求对仗工整之美，尤以律诗为范，"天对地，雨对风。大路对长空。山花对海树，赤日对苍穹。……十月塞边，飒飒寒霜惊戍旅；三冬江上，漫漫朔雪冷渔翁。"这本《笠翁对韵》是明末清初大才子李渔总结出来的"用韵科普"用书，从单字对、双字对，到五字对、七字对、十一字对，从"东"韵、"江"韵，再到"文"韵、"咸"韵等，作为对当时孩童的声律启蒙用书，通篇体现的是对仗与规范之美。我们似乎都能透过文字看到孩童们朗朗对韵时摇头晃脑的可爱样子。

可见，建筑本身就是生活的重要内容，呈现着特定的文化特质，也具备抽象的理性精神，却又常常被用诗的方式体察……

三、诗词里的描摹、体悟与"情之所起"

诗人，是人群中感受力最敏锐的个体，诗作为作品，则是他或她依托文字符号的个人表达；诗言志、词缘情、文载道，是中国古代文化人对这种表达的社会功能的最初认定。

东晋诗人陶渊明的田园诗歌中有云："方宅十余亩，草屋八九间。榆柳荫后檐，桃李罗堂前"（《归园田居·其一》），这是对一个宁静纯美的建筑空间的描摹，但真正抒发的，是诗人处于这个特定空间里所持有的特定生活方式与心态。"诗"里所言，实乃"志"也。

图 5-3 《清缂丝仕女图》（引自故宫博物院藏）

"昨日西风凋碧树，独上高楼，望尽天涯路"；"独自莫凭栏，无限江山。别是容易见时难"……词里所见，是楼台、栏杆，更是人之别情。

因此，建筑空间对于诗人而言，是最直接的生活意绪的生成空间：窗外、亭里、栏边（图 5-3）、院内……都是诗人"情之所起""情之所托"之处。

诗人与特定的建筑空间相遇，看见的不仅仅是物，更有情有理。王羲之，身处兰亭之时才有如此深刻、精湛之笔墨：从"崇山峻岭""茂林修竹""清流急湍""映带左右"到"群贤毕至""少长咸集""一觞一咏""畅叙幽情"，就在这俯仰之间，他感悟出虽"生死亦大矣"但也要有积极入世的人生观。在王羲之细腻描写手法里，我们可以发现此亭、此景、此人、此情在《兰亭集序》的审美意象中高度和谐统一（图 5-4）。以至于后来，人们依照此序，还原流觞曲水的建筑景象，建"一序、三碑、十一景"，使其成为中国重要的名胜古迹，乾隆皇帝按照王羲之曲水流觞的典故在故宫后花园建造"曲水流觞亭"（图 5-5），亭内设有蜿蜒水道，仿佛使人刹那间就可穿越回推杯换盏、咏诗论文的活动场景。兰亭因曲水流觞的文学故事而被重新赋予特殊意义，见此亭、忆旧景，不知酒杯顺流而下时，王大书圣是否因作不出诗而被罚吃酒呢？

同时，建筑或空间带给诗人的生命体悟是多重的、多角度的。广东越秀山的越王台，积土而高者曰"台"，以平顶而上无建筑物者为限。在宋代大诗人文天祥笔下是"烟横古道人形少，月堕荒村鬼哭哀"（《越王台》），而在唐代文人李群玉眼里是"梅雨洗尘埃，月从空碧来"（《中秋越台看月》），景随情动、物随人移。湖北武昌的黄鹤楼，在唐代诗人崔颢的《黄鹤楼》中"日暮乡关何处是，烟波江上使人愁"是无限乡愁的孤寂情感；在大诗人李白的《黄鹤楼送孟浩然之广陵》里却是"孤帆远影碧空尽，唯见长江天际流"的留恋怅惘，文学表达多重，建筑折射的情感也是丰富多样的。

图 5-4　文徵明兰亭雅集、曲水流觞图（引自苏士澍主编《中国书画全集》第 11 卷，《藤花亭书画跋》，江西美术出版社，2018）

图 5-5 北京故宫曲水流觞（引自北京市古代建筑研究所编《北京古建文化丛书 宫殿》，北京美术摄影出版社，2014）

同样，一盏烛台、一纸明窗、一扇画屏（图 5-6）这些建筑装饰元素都可能成为文人墨客钟爱的物象，有形的物件产生着无形的想象空间。"何当共剪西窗烛，却话巴山夜雨时"（李商隐《夜雨寄北》）——这时的冉冉烛火是幻想与妻重逢私语的美好；"今夜偏知春气暖，虫声新透绿窗纱"——这时的幔幔窗纱是恬谧春夜里万物迁化的生机。

图 5-6 画屏（引自王其均、谢燕著《民居建筑》，中国旅游出版社，2007）

有时候，能参透建筑之美的除了建筑师本身，还有文学家。让我们穿越至唐上元二年（公元 675 年），蒙都督之请和年仅 20 岁的王勃相聚于滕王阁（图 5-7），于"平坐"极目远眺："层峦耸翠，上出重霄；飞阁流丹，下临无地。鹤汀凫渚，穷岛屿之萦回；桂殿兰宫，即冈峦之体势。"由下至上、由近及远、俯仰变换，通过流畅的笔墨将滕王阁恢弘气势描写得淋漓尽致，以至于吟诵出"落霞与孤鹜齐飞，秋水共长天一色"的千古名句，予以后人无限空旷、高远的想象空间。

究竟是《滕王阁序》成就了滕王阁，还是滕王阁成就了《滕王阁序》，便是诗人与建筑之间心灵交流的秘密了。

图 5-7 ［元］夏永 滕王阁图
散页（引自上海博物院藏）

四、走向审美：建筑与诗词文学的精神交汇

如果单单以为古代文人对于建筑的钟爱止步于建筑本身，以为建筑与文学的契合只是共同生活与意绪空间的生成，那还不足以考究建筑与文学之间更为深层的意义关联。

中国古代建筑与诗词文学，是在以不同方式体现着中国文化相当一致的美学风格与古典理性精神。

从《诗经》等古代文献中所记录与描写可见，中国的古代建筑在当时已经颇具规模并且具有明确的审美功能，譬如，中国屋盖上钟情用木，木之为物，性坚而韧，直至之力大，而横担之力小，因梁受力，翘边翘脚由此产生，"如翚斯飞"式的四宇飞张的艺术效果浑然天成（图 5-8）。

到了春秋战国时期，"美轮美奂"的建筑热潮盛极一时，新兴贵族们将建筑不只当作遮风避雨而修建的藏身之处，更成为他们一种重要的社会性需求与兴趣所在。《左传》《国语》等文献中都有很多关于"美室""美台"的记录，那种"美哉室，其谁有此乎？"的记录在现在读来，更是充满了让人惊艳的想象（图 5-9）。

图 5-8　故宫角楼模型（引自 http://www.
zuojiaju.com/forum.）

图 5-9　吹箫引凤图（[明]
仇英）

这股以宏大秩序为美的建筑热潮到秦始皇统一六国后大修阿房宫（参见本书第二章图 2-32、第三章图 3-15）而达到最高点，而社会生活中的耀眼亮点当然也在文学中被反映和记载，从"六王毕，四海一；蜀山兀，阿房出"的盛世奇观，再到"楚人一炬，可怜焦土"的历史更迭，文学赋予了建筑更丰富的寓意与更深刻的反思。

"百代皆沿秦制度"，建筑的体制与风貌亦然。秦的统一促进了不同文化的交流融合，此时的建筑风格规模宏伟、大气，体现包容性。《秦风·权舆》："於我乎！夏屋渠渠，今也每食无余。"这里的"夏"就指大，"渠渠"是指房屋既深又广的样子，建筑美学认为房屋以大为贵、以深广为美，并与彰显国家实力有着极大的关系；而这种美学追求体现在文学中以华丽辞藻大肆铺陈的汉赋为代表。

魏晋时期，随着世风环境的变化，文人沿袭建安文学的优秀传统，进一步发展了五言诗歌，受玄学思潮影响，玄言诗盛极一时，直到以陶渊明为代表的山水田园诗派的出现，才打破了固有的美学局面。魏晋南北朝的建筑也由先秦两汉古拙、严肃的直线形风格转为流畅、多样的曲线风格，出现了佛教、道教建筑以及天人合一的自然山水式园林。这表明，建筑与诗词文学从建构国家形象开始转向满足人类多样化精神层面的审美需要，其意象也随之丰富起来。

隋唐五代被称为对抗之美与和谐之美并存的时代，建筑艺术与诗词文学同时发展到一个欣欣向荣的阶段。白居易在《登观音台望城》是这样描写长安城格局的："百千家似围棋局，十二街如种菜畦。遥认微微入朝火，一条星宿五门西。"可以看出，唐长安城布局异常整齐，街道宽阔平正、犹如棋盘、规格统一（图 5-10）。再比如建于盛唐武则天时代的明堂（参见本书第一章图 1-7），下层方形，双重屋檐，四面各用不同的色彩，象征四季。四正面每面三门，共十二门，象征一天的十二个时辰，足以可见隋唐时期的建筑艺术已发展到对城市规划、群组布局、城市美化等多方位综合考虑的地步了。诗词文学也不甘落后，在文风上，初唐时期的诗人作品就已气象万千、雄浑博大，他们从南北朝争相纤构的狭小的宫体诗中逐渐走出来，开辟了审美新境界，尤其是浪漫主义与现实主义文学的齐头并进，彰显出唐朝特有的多元并包的时代精神。

宋代建筑是在唐代已取得的辉煌成就的基础上发展起来的，除了仍旧保持魁伟的唐风以外，还杂糅着五代南方的秀丽，尤其是到了宋真宗后，繁复的楼阁密阁成为宋时期极具特色的建筑成就。"宣和间更修三层相高，五楼相向，各有飞阁栏槛，明暗相同"这是孟元老描写北宋都城东京的场景，市街店楼之各种建筑，因汴京之富，乃登峰造极（图 5-11）。随着晚期封建社会思想文化领域的变迁，以显示庄重端正的严格对称

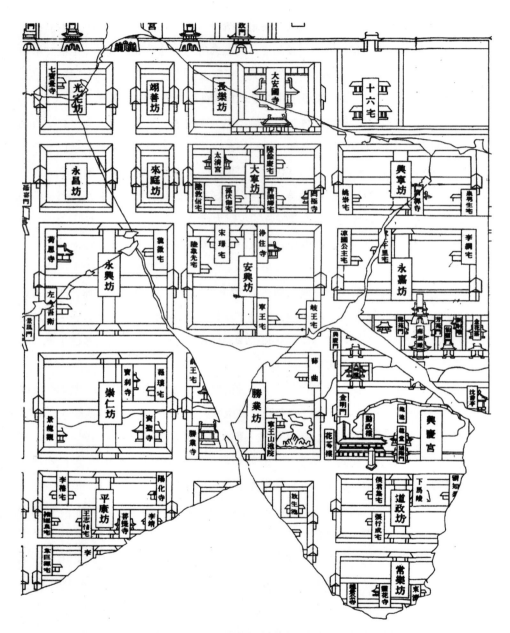

图 5-10　长安志图（引自曹春平著《中国建筑理论钩沉》，湖北教育出版社，2004）

性建筑风格被打破，迂回曲折、趣味盎然和以贴近自然为目标的新型建筑美学形式出现了，显示出人们更为自由灵动的艺术观念和审美理想。新的审美意象还体现在彩画与建筑的结合，由于造纸业的发展，出现了可以开关的球纹格子门和窗等。

　　"庭院深深深几许"（图 5-12），在这种社会思潮的影响与牵引之下，词这种新的

图 5-11　清明上河图节选（引自 [北宋] 张择端《清明上河图》）

图 5-12　山西皇城相府大院（姚慧拍摄）

文学体裁与风格也出现了，无论豪放、婉约还是花间，词比诗都来得更自由、更抒情、更富个性。文学史上给我们留下了许多印象深刻的词人，比如以苏轼、辛弃疾为代表的豪放派高呼着："可怜白发生""人生如梦，一尊还酹江月"的悲悯无奈；以柳永、李清照为代表的婉约派低喃着："多情自古伤离别""寻寻觅觅，冷冷清清，凄凄惨惨戚戚"的惆怅哀思……都是那么鲜明生动。

更者，我们考察各民族主要建筑可见，能够集中反映民族文化特质的建筑往往是供奉神明的庙堂，比如希腊神殿、伊斯兰建筑或哥特式大教堂等，而中国主要是宫殿，即供现世的君主现实居住的场所。中国文学中所反映出来的许多观念、情感与仪式，都与这种"神人同在"的生活环境联系在一起。中国的宫殿是平面铺开的有机群体、是亲近日常生活的空间组合、是暖和敦厚的木质构成；中国的殿堂，不似哥特式教堂那样构建出巨大的幽闭空间形态，让人因为被抛入某种压迫性空间而感到恐惧、渺小进而不由自主地祈求上帝庇佑。虽然中国的宫殿结构传达着特有的等级文化，但这类建筑群体在人与物的交互上更趋向于生活化和世俗性，有着实用的、入世的与理智的特征，这是中国古代建筑思想的基本规范。

可以说，中国古代建筑与诗词文学本就是同一时代下共同发展的文化产物，代表着社会意识与文化风貌的演化变迁，虽然在呈现方式与社会功能上两者各有侧重，但不足以割裂它们在审美与精神层面的高度契合。

五、结语

诗词文学是建筑审美意象最贴近的表达，它甚至比一幅画更来得真切。在诗词文学里，建筑活了——带着建筑师的巧思、带着欣赏者的情怀、带着世世代代的民族精神，绵延存续。随着现代科技的发展，人们似乎更愿意用相片去定格每一座精美建筑的静止形态，恰恰忽略了我们中华民族几千年来诗词文化的灵动。

在文字里，小桥流水有春夏秋冬，楼宇庙台有兴衰盛弱，院前的柳树都有着故事，檐下的燕子见证了家族的更迭……而这些，岂是一幅画、一张相片、一段影片足以描摹的美？建筑之美，幸有诗词译得深刻、叙得深情。

（本节著者　王敏芝）

主要参考文献

[1] 李泽厚. 美的历程 [M]. 北京：生活·读书·新知三联书店，2009.

[2] 闻一多. 唐诗杂论 [M]. 上海：中华书局，2016.

[3] 章培恒，骆玉明. 中国文学史 [M]. 上海：复旦大学出版社，2011.

[4] 刘学军. 中国古建筑文学意境审美 [M]. 北京：中国环境科学出版社，1998.

[5] 乐嘉藻 . 中国建筑史 [M]. 长春：吉林出版集团股份有限公司，2017.

[6] 梁思成 . 中国建筑史 [M]. 北京：生活・读书・新知三联书店，2011.

第二节 "五亩之宅，树之以桑"
——古代文人情怀与居住理想

中国古代住宅的基本形制是由院落组成的建筑群，其重要特征之一是院落空间，既有院落，建筑就不再是一个纯粹与自然隔绝的人工环境，院落本身是一个能够包容一方天地的室外空间。这种空间与古代中国以农业立国，重视土地制度，像田地一样分配和买卖房屋宅地，计亩分宅，并将住宅与住宅内的园蔬桑果综合为一个空间群体的做法是分不开的。最简单的院落，一般也是由一座单体的庐舍与回绕的围墙或篱笆墙所组成的（图 5-13）。

图 5-13 ［明］杜琼"南邨别墅图册"（引自《中国美术全集》）

一、"五亩之宅"——孟子的居住理想

甲骨文中已有"宅"字的记录，据戴延之《西征记》曰："浦阪城处有舜宅"，《事

物纪原》据此称："宅之名始于尧之始矣"。《孟子》的论述中曾多次提到"五亩之宅"这一古代理想居住模式。

《孟子·梁惠王章句》中提出："五亩之宅，树之以桑，五十者可以衣帛矣。鸡豚狗彘之畜，无失其时，七十者可以食肉矣。百亩之田，勿夺其时，数口之家可以无饥矣。"在《孟子·尽心章句上》中孟子又谈到了这一理想："五亩之宅，树墙下以桑，匹妇蚕之，则老者足以衣帛矣。五母鸡，二母彘，无失其时，老者足以无失肉矣。百亩之田，匹夫耕之，八口之家足以无饥矣。所谓西伯善养老者，制其田里，教之树畜，导其妻子使养其老。"《周礼》中"宅田"条下之注亦是五亩之宅。《周礼注疏》："六遂之中，家一人为正卒……田则为百亩之田，里则五亩之宅。民得业则安，故云安甿也。"

这里有两个与理想的普通家庭相关联的数字，一个是"五亩之宅"，另一个是"百亩之田"。而"百亩之田"即古代的"一夫之地"，这与孟子理想的"匹夫耕之"相合。而这样一种由一位农夫耕种百亩田地，养活一家之口的思想，正是古代中国人的"井田制"理想。"井田"一词，最早见之于《春秋穀梁传·宣公十五年》："古者三百步为里，名曰井田。井田者，九百亩，公田居一，私田稼不善，则非吏；公田稼不善，则非民。……古者公田为居，井灶葱韭尽取焉。"（图5-14）

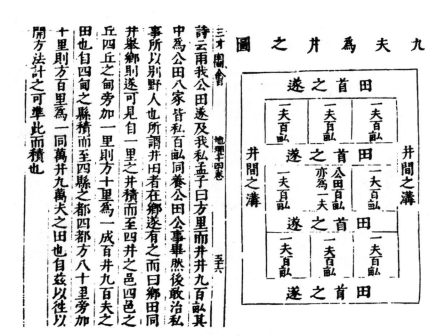

图5-14 九夫为井之图（引自［明］王圻、［明］王思义《三才图会》地理十四卷，上海古籍出版社，1988）

唐人杜佑的《通典》较为详细地叙述了古代井田制度："是故圣人制井田之法而口分之，一夫一妇受田百亩，以养父母妻子。五口为一家，公田十亩，即所谓什一而税也。庐舍二亩半。凡为田一顷十二亩半。八家而九顷，共为一井，故曰井田也。"古代井田规划，文献记载方里为井，一井900亩，八家共一井，每家100亩，井中间100亩是公田。后人解释公田100亩，每家备耕10亩共80亩，还多着20亩，则每家各分2.5亩为庐舍地，合为20亩。按照杜佑的解释，每户可用于建造庐舍的用地为"二亩半"。这与《诗经·小雅·信南山》中所谓的"中田有庐，疆场有瓜"的说法是可以相互印证的。每家另有二亩半的宅地在廛，《荀子·王制》曰："顺州里，定廛宅。"唐杨倞注："廛谓市内百姓之居，宅为邑内居也，定其分界，不使相侵夺也。"廛是市内百姓的固定住所，和宅的区别在于使用者所居住的位置不同。如《汉书·食货志》所说："在野曰庐，在邑曰里。"农夫春夏耕作时住在田中之庐，秋冬收获之后住进城中之廛。这就是《诗经·豳(bīn)风·七月》的所谓"入此室处"[搬进这廛(chán)里来住]。城乡宅地共5亩，就是孟子所说的"五亩之宅"。

如果说井田制仅仅是一种理想，与这种理想最为接近的政治举措，就是南北朝至唐代数百年间一度实行的"均田制"，采取计口分配宅田的政策。"五亩之宅与田皆受之于官"，《周礼注疏》的这一记载说明百姓的宅田是由政府分配的。据史料记载，均田制始于北魏。按照北魏时期的授田规则："诸民有新居者，三口给地一亩，以为居室，奴婢五口给一亩。男女十五以上，因其地分，口课种菜五分亩之一。"继北魏之后，北周、隋都实行了计口授宅田的制度："司均掌田里之政令。凡人口十已上，宅五亩；口九（疑为七）已上，宅四亩；五口已下，宅二亩。有室者，田百四十亩，丁者四百亩。"在同一卷中又提到了：其丁男、中男永业露田，皆遵后齐之制。并课树以桑榆及枣。其园宅，率三口给一亩，奴婢则五口给一亩。

据唐杜佑《通典》记："后周文帝霸政之初，创置六官，司掌均田里之政令。凡人口十以上宅五亩，口七以上宅四亩，口五以下宅三亩。"又据《唐六典》：凡天下百姓给园宅地者，良口三人已下给一亩，三口加一亩；贱口五人给一亩，五口加一亩，其口分、永业不与焉。（若京城及州、县郭下园宅，不在此例）从中可知，隋唐田令中已将一亩作为颁发宅基地的一个基本单元。

《太平广记》卷三百四十四中记载的一处唐代三亩之宅："元和十二年，上都永平里西南隅有一小宅，悬榜云：但有人敢居，即传元契奉赠，及奉其初价。大历年，安太清始用二百千买得，后卖无王妁。传受凡十七主，皆丧长。布施与罗汉寺，寺家赁之，悉无人敢入。有日者寇鄘，出入于公卿门，诣寺求买，因送四十千与寺家，寺家极喜，乃传契付之。有堂屋三间，甚庳，东西厢共五间，地约三亩，榆楮数百株，门有崇屏，高八尺，基厚一尺，皆炭灰泥焉。鄘又与崇贤里法明寺僧普照为门徒。其夜，扫堂独止，一宿无事。"这是古代文献中的一则神鬼故事，虽然民间传说的鬼怪故事不尽可信，但从中或可看到唐代宅院的基本格局和规模应当是当时常见住宅院落的写照。这个基址约为三亩的小宅院，是长安的一所中小型住宅院落，有堂屋三开间，东西厢房五间，都比较矮小，门口有高大的影壁，而且院落中种植了数百株榆楮。"可见一户3亩的小宅院中，建筑物只占很小的面积，大部分空间留给了院落，而且会种有大量树木。按照1唐亩约518平方米计算，3亩的宅院约1554平方米，比较宽绰。"（贺从容《古都西安》）

这里可以初步得到一个概念，在隋唐均田制度中，将田宅作为生存和赋税之依托分配给百姓。即在由北魏到隋唐的数百年间，普通中国农民的住宅，是以每3口人为一亩园宅地的规模分配的，一个5口之家有1~3亩的宅地，如果是三代同堂，家中再有一些仆役的大家庭，则其园宅的面积还要大一些，是2~5亩，但明显比早期理想的"五亩之宅"有所减少。而贵族阶层，如"亲王出藩者"，其宅邸的面积，就有一顷，即百亩之大。当然，实际的院落组成情况，在各个时代与地区，应有着相当大的差异，但以其所占的用地，说明古代普通人的住宅规模，要比晚近的大许多，则是没有疑义的。

二、白居易的搬家史——从"茅屋四五间"到"十亩之宅"

而实际上在城市中居住的居民，有相当一批是官宦之家，其住宅的面积，因其地位或富裕程度而有很大的差异。白居易一生官级由低级到中级，多次在长安官居，都见于其诗作中，综合起来，可以看到其住宅规模随着官阶的变化而变化。

唐德宗贞元十九年（803年），白居易为校书郎（正九品上），租长乐里宅居住。有"一马二仆夫……窗前有竹玩，门外有酒沽。"（白居易《长乐里闲居偶题十六韵》）和普通百姓的住宅没有什么区别，据推测是一个三间正房、两间厢房、一个基本院落的格局，规模大致在一亩左右。

唐宪宗和十年（815年），白居易任太子左赞善大夫（正五品上），宅于昭国坊，白居易有诗云："归来昭国里，人卧马歇鞍……柿树绿阴合，王家庭院宽……瓶中鄠县酒，墙上终南山。"（白居易《朝归书寄元八》）又说："贫闲日高起，门巷昼寂寂……槐花满田地，仅绝人行迹。"（白居易《昭国闲居》）诗中描写到：在人少地多的南城，宽阔的王家庭院柿树绿阴，从矮矮的墙可以看到远处的终南山，宁静寂寥的门巷外是槐花满地的田野。

唐穆宗长庆元年（821 年）白居易回到长安，为中书舍人（正五品上），在新昌坊有宅，在几首诗作中都有描述，从诗中看，是在青龙寺与丹凤楼之间的一处宅院，有门、堂、室，还建有松竹之院。他买宅后又另建一小堂，宅中有小园称南园，园中"小园斑驳花初发，新乐铮摐教欲成。"（白居易《南园试小乐》）园中可容纳小乐队调试新乐。他在《庭松》诗中说："堂下何所有，十松当我阶。……接以青瓦屋，承之白沙台……。一家二十口，移转就松来。移来有何得，但得烦襟开。"从这些描述中看，这座宅院比较大。综合起来看，官至五品的白居易宅，已经具有一定规模，20 多口人有二三十间的房屋，从比较合适的尺度推测，其宅基地总面积大致为 10 亩。

唐穆宗长庆四年（824 年）白居易授太子右庶子（正四品下），此时白居易已 53 岁，准备退老回归的白居易，罢杭州，归洛阳。于履道坊得故散骑常侍杨凭宅，其《池上篇》曰："都城风土水木之胜，在东南偏。东南之胜，在履道里。里之胜，在西北隅，西闲北垣第一第，即白氏叟乐天退老之地。地方十七亩，屋室三之一，水五之一，竹九之一，而岛树桥道间之。"这说明即使在京城之中，一座官宦的住宅，用地规模也有 20 亩左右。这为唐代长安或洛阳城中的官宦之家大力兴造带有园林意蕴的"山池院"或"山亭院"提供了很好的基础。尤其是一些文人雅士，更是乐此不疲。李格非的《洛阳名园记》中所记载的多是这种情况。正像白居易《池上篇》所说的："十亩之宅，五亩之园，有水一池，有竹千竿。勿谓土狭，勿谓地偏，足以容膝，足以息肩。有堂有亭，有桥有船，有书有酒，有歌有弦。有叟在中，白须飒然，识分知足，外无求焉。"又据白居易《履道里第宅记》："……于东五亩为宅，其宅西十二亩为园……"初步估计白居易履道坊第宅中屋舍的面积在 3000 多平方米，在宅基东侧；园池占 8000 平方米，在宅基西侧。1992—1993 年考古发掘了洛阳履道坊白居易故居遗址（图 5-15），其规模和布局与文中描述十分吻合。

白居易几次官职发生变化（九品—五品—四品），他的宅第规模也逐步变化：600 平方米（约 1 亩）—6000 平方米（约 10 亩）—12000 平方米（约 20 亩），可明显看到随着官职升高，宅第规模增加。

如果说在中晚唐时期，一座 10 余亩至 20 亩的住宅，是一个有相当身份（如尹正、散骑常侍、刺史）的官吏在京师之地可以拥有的住宅规模，那么，他们在京师以外的住宅规模，可能会更大一些。

图 5-15　白居易洛阳故居遗址（引自新浪网）

《唐六典》关于授园宅田的规定中，特别提到了"若京城及州、县郭下园宅，不在此例。"也暗示出，在人口密集的城市中，普通居民的住宅没有达到如此宽敞的地步。但无论如何，我们可以由此得出一个这一时期中国普通住宅规模的一般印象——即使是仅有 3 口人的小户之家，也可以有一亩大小的居住园宅。而如果是两代至三代人及若干仆役聚居的家庭，居住园宅的规模可能为 3~5 亩。

三、古代理想居住模式

明代《三才图会》的插图"五亩宅图"（图 5-16）中的宅，已是比较正式的传统住宅院落，外环以墙垣，宅地植以树桑。中国古代社会即农桑社会，农业和蚕桑是为政之本，历代重视农业的发展。而古人住宅中，一般都是要种植桑麻瓜蔬的；否则，则被称为"不毛之宅"。《周礼注疏》引郑司农云："宅不毛者，谓不树桑麻也。"（《周礼注疏·卷十三》）后世的律令中，甚至有宅不毛者，将给予处罚的规定。因此，一般平民的住宅，也都是有居住的用房与栽植桑麻果树的园圃所构成的空间，是与孟子"五亩之宅，树之以桑"的理想相契合的。如河南郑州南关汉墓中画像砖的住宅院落形象，可见院内广种桑麻果树（图 5-17）。

在文献《仪礼》中，曾载当时有关宫室起居礼节，其中有提到东周春秋时期士大夫的住宅布局，经宋以来各代学者研究，其院落空间组成、功能布局、房屋内容名称已大体判明（参见本书第六章图 6-51）。汉代的画像石（砖）和唐代壁画为我们保存了大量的汉唐时期住宅形象，四川成都汉代的画像石（砖）（图 5-18）、敦煌莫高窟壁画（图 5-19）中的宅院都是两进院落，侧面附马厩的宅院，若以堂屋三间推算，院落

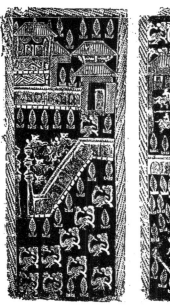

图 5-16　五亩宅图（引自［明］王圻、［明］王思义《三才图会》宫室一卷，中国古籍出版社，1988）

图 5-17　河南郑州南关第 159 号汉墓封门空心砖住宅形象（引自《文物》，1960 年 8 期、9 期）

图 5-18　四川成都市出土的东汉住宅画像砖（引自《文物参考资料》，1954 年第 9 期）

225

图 5-19 "敦煌壁画中的住宅"（引自肖默著《敦煌建筑研究》，中国建筑工业出版社，2019，敦煌莫高窟第 85 窟壁画）

规模为 1~2 亩。虽然其绘画比例取舍均有变形，但仍然能够反映当时民居的常见规模、格局构成和功能分区，可作为汉唐宅院的参考图像。

在西安中堡村唐墓中出土一组三彩陶院明器，以其规模和营缮等级判断，或许是一户比较富裕人家的宅院模型。陶院沿中轴线上依次布置建筑物，共有两进院落，由大门、前堂、四个厢房组成主体院落，另外两个厢房及后堂组成后院。大门面阔三开间，正堂面阔三开间，以当时的营造技术，建筑单体面阔开间为 3~6 米（2~4 唐步），进深一步架 1~2 米（1 唐步）。以唐步推算，整个宅院，可以舒适地放在占地一亩多的宅地当中。院落的布局也很讲究，前院中设置了一座攒尖方亭，后院左右对称地布置有三彩山池和一座精巧的八角亭。三彩山池中，假山与水池相连接，假山山势奇峭，树木苍翠，间缀花草小鸟。这组陶宅院生动地反映出盛唐时期在住宅后院的掇山理水、点景起亭、开辟后花园的景象（图 5-20）。

无论是孟子理想中的"五亩之宅"，还是白居易引以为豪的"十亩之宅"，或是陶渊明的"自宅十余亩，草屋八九间。"其实，古代中国人的居住理想，都贯穿了一个基本的原则，就是要创造一个由房屋、桑榆、蔬果、牛栖、鸡豕，甚至山阜、水池等组成包括天地自然的居住单元。同时，具有种桑养蚕、植枣栽梨、豢养鸡豕等生产、

图 5-20 唐墓出土陶宅院（引自李令福、耿占军编著《骊山华清宫文史宝典》，陕西旅游出版社，2008）

生活为一体的生态环境空间。这样一种居住模式，成为弥漫于中华大地上，且绵延数千年的一种基本建筑模式。

（本节著者　姚慧）

主要参考文献

[1] 刘叙杰，傅熹年，潘谷西，等. 中国建筑史五卷集（第四卷）[M]. 北京：中国建筑工业出版社，2003.

[2] 王洪，田军. 唐诗百科大辞典 [M]. 北京：光明日报出版社，1990.

[3] 贺从容. 古都西安 [M]. 北京：清华大学出版社，2012.

[4] 姚慧. 如翚斯飞 [M]. 西安：陕西人民出版社，2017.

[5] 王贵祥. "五亩之宅"与"十家之坊"及古代园宅、里坊制度探析 [J]. 建筑史，2005（1）：144-156.

第三节　自由人格的艺术化实践
——中国古代园林与文人意趣的文化史观察

一、引言

仁者乐山，智者乐水，仁智之人似乎总能在自己与自然之间找到通达理解的路径。在自然中放逐个性、寻求合目的又合规律的精神自由，这是中国古代文人自由实践的主流方式，也恰成就了园林艺术的核心旨趣。

一花一木，一山一水，看似浑然天成，实则精雕细琢；看似随性洒脱，却又秩序井然，在动静、虚实中创造了真实自然之外的"第二自然"——艺术化的自然，也建构了仁智者（即传统文人）的"心性结构"——规范与超脱的双重心性。

园林建构的全部过程，都有文化史上的思想潮流作为依托，兼有"以诗情入景，因画意造型"的雅趣，是中国审美范式的生动载体。园林作为文化符号的外显形式，于大处彰格局，在细节蕴风骨。不同的山水布局和草木栽种，体现着居者不同的精神追求，更彰显着时代变迁下的文人情怀。

"可使食无肉，不可居无竹"，对于居住环境的微观打造，似乎可以理解为传统文人的某种"行为艺术"：一种日常生活审美化的过程，但同时，这也是他们的艺术实践。如今，当我们徜徉于古典园林之中，在感叹巧夺天工的建筑与造型艺术时，也是在与曾经将目光与理想寄托此间的仁智者们进行跨越时空的对话。

二、建园即见心：艺术化与人格化了的自然

从"瑶池仙境"到"昆仑之丘"，先民带着对神居的向往，开始建设自己的家园。与充满着现实功能性的居所相异，园林最初就建筑在对精神世界的渴望之上。仿湖泽开"灵沼"，依山川设"灵台"，大自然那神秘浩瀚的力量使得人类既崇拜又惶恐，并最终在逃离了恶劣的野外环境时，又选择了以建园的形式保留对自然母体的怀恋。

中国古典园林的建造以"天人合一"为根本宗旨，以充分利用原有自然风光为最佳结局。上古伏羲氏就有"仰观天象、俯察地理、近取诸身、远取诸物"之说；皇家贵胄的园林选址考究，可因势利导打造宛若天成的风貌景致，也可搬山运湖成就全新景色；文人自建园林掣肘颇多，有时园址原有风貌不过尔尔，但正因此，反而成就了

独具韵味的文化美景。

文人造园，特色有二：一是园林环境可与周围环境融合得宜，无突兀之感；二是造景以植物为器，在最大限度保留原貌的基础上，取植物之象征来抒发情致，用花草之列簇来排布格局。文人园林虽少了点壮阔，却多了些野趣。

具备山水写意的国画之风，是中国园林的别致之处。国画讲究深浅得益、线条流转，"意足不求颜色似，前身相马九方皋"。造园必有石有水，"山要回抱，水要萦回"，以山石之坚毅阳刚，与流水之柔弱阴美，相辅相成，流露出"道法自然"的阴阳调和观。选石讲求"瘦、漏、皱、透"（图5-21），以形表意，同时，以石为

图 5-21　苏州留园冠云峰（图片来源：作者拍摄）

底来镌刻诗文、题写辞藻也为一景。水池以有自然风韵为上佳，池岸不求平整，池边多植翠草，远精工而近粗放。

建筑是一个共享的空间单元，走近中国古代建筑，人与自然达到共融的境界，满足长久以来"天人合一"的价值追求。依文人们看来，花草树木皆有品格，它不仅能成为人与自然对话的纽带，更代表着建筑的格调与风致，也有建筑主人对于自我的审视。譬如，古代文人以"岁寒三友"和"四君子"为尊。"岁寒三友"即松、竹、梅，"四君子"分别为梅、兰、竹、菊。貌似赞美植物，实则是自身情感的对象化投射；建筑作为实物，因此被赋予了人格。

譬如竹，"未曾出土先有节，纵凌云处也虚心"，挺拔有节，经冬不凋，被视为有气节的君子典范。扬州个园即以"颂竹"为主题，因"个"字同竹叶形似方才得名。如松，刚劲古拙，绿溢四季，"风入寒松声自古"，听松风亦是雅士雅举。拙政园的松风水阁（图5-22）和怡园的松籁阁皆源于此。如梅，凌寒独放，斜逸疏横，苏轼赞其

"江头千树春欲暗，竹外一枝斜更好"，并取其美意命名网师园的"竹外一枝轩"。如兰，幽婉令人倾倒，在深辟野谷中独放其香，正是远污避浊、以葆本真的隐士之风。再如菊，绽于深秋，平实近人，喜菊者以陶渊明最为闻名。他的"采菊东篱下，悠然见南山"被誉为"隐逸之宗"。此外，莲荷也是园艺之作的常用植物，《爱莲说》中"出淤泥而不染，濯清涟而不妖"也成为文人用以自况的象征。

图 5-22　拙政园松风水阁（已购得版权）

建园即见心。从格局规划到细节排布，都饱含着居者之气节、情怀与理想，蕴藉着不可名状但无处不在的文化特性。

三、游园更游意：自由人格的现实慰藉

中国历代文人，对园林都有着特殊的情愫。无论是公共园林，或是私家园林，都成为风雅之士相聚畅游、吟诗作赋的绝佳之地。在《兰亭集序》《醉翁亭记》《终南别业》等诗歌散文中，我们可探知在传统文化中人们到底看见了什么，感受了什么。

"不到园林，怎知春色如许？"汤显祖的《游园惊梦》，写足了青年男女困缚之中的解放感，而这解放感的获得，居然离奇地来自春日园林里的梦境。

梦幻可解，只因思绪游飞。古时车马慢路途远，无论时间还是空间，都对个体形

成巨大的不可挑战的压迫，要真正地获得解放感，要在自然与社会的双重压迫中追求自由无束缚的境界，多么难！

但文人或传统的知识分子，禀赋中追求自然与自由，哪怕被世人当作疯狂的"他者"。

他们崇尚自然。游览园林，其实是在补偿心理对自然的渴望。花叶相呼应，山水叙雅情。他们带着自然的泥土气息，从林中来，从原野来，也唯有到林中去，到原野去，回到大地的柔软之中，才能得到心灵的真正安宁，才能得到似母亲般的慰藉。园中景致各有风情，拙政园"虽在城市，而有山林深寂之趣"，是为"昔贤高隐地"；网师园（图 5-23）"居虽近廛，而有云水相忘之乐"；狮子林"草木翳密，盛夏如秋，虽处繁会，不异林壑"；环秀山庄更是得到"造山者不见此山，正如学诗者未见李杜"的盛赞……由此可见，置身于水墨画般的园林景观中实在是一种美的享受。

图 5-23　网师园（已购得版权）

他们慷慨任气。园林不同于市集的杂糅，也不同于庙宇的肃穆，而是处处透着一种灵动与盎然。本该驰骋的思绪、本该蓬勃的热情、本该超脱的趣味，都在这里获得现实的寄托。而于园林之中，约三五知己好友，酌两杯清茶淡酒，迎着山风微雨，赏着奇石翠竹，实在是畅意满怀（参见本章图 5-4）。李白斗酒可作诗百篇，沈复赏月述得《浮生记》，良辰美景，实乃创作之宝地。纵有愁绪千万，也在园景中可抒发。陆游与唐婉劳燕分飞，经年于沈园邂逅，山盟虽在，人事却非，两首《钗头凤》已是爱意绝唱。

他们深沉超然。园林逸景可能是处于仕宦之途的传统文人聊以慰藉的仅存之地了。

于庙堂之中应对公务俗世，在居所之内面对家庭琐杂，又有宦海浮沉，钱财利益，人情往来，无不缠绕在世人身侧，犹如一条条无形的锁链，似是越挣越紧，无处遁形。而园林于此，就是解锁的钥匙。踏入园内，仿若回到自然，进入别样的天地。哪怕园内园外仅一墙之隔，也能体味到迥异的心绪。刚正者于竹林清心，廉洁者赏兰花得趣，挺拔者看山，柔顺者看水，芥子纳须弥，正是变了天地。这种自觉的回避与自然的归宿，实际上是一种文人远超他人的个体觉醒，呈现一种更深沉的人生态度与精神境界。

归根结底，园林带给传统文人的，始终是精神功用大于物质效用。园林之建造，是为人寻一处自在之地，可以暂得欢愉，可以离却凡尘，可以物我两忘、可以天人合一……自在洒脱的浪漫情致离开了理性的束缚与刻板，成就了自我，以及自由和自觉的人生。

四、文化史视野下的园林与文人

中华文化浩浩汤汤，源远流长，海纳百川，包罗万象。其间经历多次磋磨，但最终仍绵延至今，并不断吐故纳新，在以儒、释、道思想为基础的同时，并取多家之长，成为东方世界的一颗耀眼明珠。园林作为文化内涵的外在表征形式，经由文人的艺术性加持，最终在其或隐或显的品格中，成为中国传统文化体系中一个重要的构成性要素，或者说是文化符号之一。

追问与体认人与自然的关系，是人在世间的第一问；而对这一问题的认识，往往形成不同民族间哲学思想的分歧与文化流向的差异。远古人类对自然有最为直接的崇敬和恐惧，巨山高耸，顶峰仿佛是通向了神的所在；湖海磅礴，对岸依稀是仙的住地。就连鸟兽花木，也充满了灵性和智慧，拥有异于人类的神秘力量。所以，在我们的骨血之中，就有对自然之物的不可割舍的情缘。而这种情缘，以浪漫的气息一直延续着、萦绕着，带着我们走向精神的高地，走向艺术的巅峰。囿、台和圃作为园林的最早雏形也随之产生。

春秋战国时代，是诸子百家争鸣而起的时代。诸侯小国为各派学说的施展提供了最为广阔的平台。其中以儒、道思想流传最为深远。王侯图强争霸，社会昂扬向上，思想交流空前活跃。儒家尚"仁"崇"礼"，求出仕以展抱负，希图创造一个理性世界；道家推崇"无为而治""道法自然"，以超脱避世的态度修身养性。在随后的发展中，这两种主要思想并行，成为中华传统文化的两大基石，也造就了传统文人的两重人格：积极入世与超脱避世。

　　"居庙堂之高"意味遵循规范，即遵循"礼"的秩序与法则，"处江湖之远"意味着避世，也意味着对束缚的摆脱；前者崇尚价值与理性，后者追求个性与自由（尽管这种自由是消极的，但也是实现自由的一种方式）。这两种思想矛盾挣扎，但又互相协调，使得中国传统文人的心性结构始终充满了双重性。体现在建筑中，则是在礼教思想指导之下的正殿宗庙，以及在自由精神指导下的园林别业。

　　秦汉时神仙方术盛行，道家发展出修仙炼丹之术，想象中的神仙幻境被以皇家园林的形式展现出来。远古的昆仑神话演变为蓬莱神话，"始皇都长安，引渭水为池，筑为蓬、瀛""武帝广开上林，……营建章、凤阙、神明、驭娑、渐台、泰液，象海水周流方丈、瀛洲、蓬莱"。秦皇汉武希望以游赏"神仙住地"来完成长生的心愿，却最终成就了兰池宫和上林苑（图5-24）的美丽景致。秦汉时盛行的山水相依格局，为后世园林文化奠定了基础。但更重要的，是其以园林拟仙地的思想，使园林又披上了一层仙化的薄纱，在文人追寻浪漫、放逐灵魂之时，园林提供了绝妙的"仙境"。

　　魏晋南北朝可称为中国古典文艺的井喷式发展期，即"文的自觉"。文人开始对文学艺术进行有意识的创作，追求美与魂，由此，诗文、画作与园林联手创作、共同表志，园林与文人、文化呈现出紧密贴合的有力态势。同时，老庄玄学之风兴起。玄学崇尚自然，主张在自然中体玄识远，以士人与园中景观的和谐，进而表现与宇宙的和谐。这极大地助推了文人作园的积极和热情。彼时战争频仍、政权更迭、社会动荡，尖锐的政治矛盾使得士人们依托园林离祸远害、标风树骨，"竹林七贤"中的嵇康就以景明志："家有盛柳树，乃激水圜之，夏天甚清凉，恒居其下傲戏。"为避灾患，士人追求隐匿超世，追求率直狂诞、纵情山水的行为风格，一部《世说新语》生动展现了所谓的"魏晋风度"。阮籍有儒志却苦乱世，求解脱却心难安，只以纵情山水纾解苦痛；陶渊明悠然避世，淡然归乡，创造了文人的理想家园——"桃花源"。两位先贤虽性情迥异，但志同高远，故而成为魏晋风度的最深刻代表。同时，园林景致成为文人言志的重要表达之途径。

　　隋至盛唐，国力的强盛激发了文人的报国志，社会洋溢着奋进的建功立业情怀。士人阶层的地位显著提高，呈现出超迈豪放志气。同时，文化理念和文化体系迎来了全面成熟的新局面，催生了全新的构园理念。文人在游赏园林时，旧有的避世心态渐渐转淡，取而代之的是昂扬和旷达的心绪。王勃在《山亭兴序》中"长松茂柏，钻宇宙而顿风云；大壑横溪，吐江河而悬日月"的壮阔眼界和浩大格局，正是辉煌盛世给予文人最好的精神支持。唐代统治者以开放的心态对儒、释、道三教并重，使得本土

图 5-24　汉苑图（引自［元］李容瑾《元李容瑾汉苑图》，现藏台北故宫博物院）

禅宗发展壮大，对文人的禅意和园林的禅性都起到深远的影响。"恬然怡然，硕然悠然，园人合一，冥视六合"，天地之间的造化，似在园中可得顿悟。

中晚唐国家的颓势日显，往昔的磅礴之气也渐渐隐匿。文人既对逝去的大唐气象留恋不已，又深知今日的衰败无可逆转，在幻想与现实之间纠结、游离。这种矛盾的心态以白居易表现得最为彻底，他提出的"中隐"是文人困境的真实写照。他说"不如作中隐，隐在留司官。似出复似处，非忙亦非闲。"他又说"君若好登临，城南有秋山。君若爱游荡，城东有春园。"身处朝堂食俸禄，心在园林品风月。若说消极退避，却又入朝为官；看似积极从仕，却只裹足不前；看似乐得清闲的为官之道，其实是对盛世难再重现、壮志无处施展的深重哀叹。中隐的态度使得文人构园的关注点逐渐内缩，开始转向对园林内部结构进行较之以往更为精细的刻画。"厌绿栽黄竹，嫌红种白莲"，白居易建园就以充分展示自我、追求新巧为主要意涵。

这种求小、求精、求细的构园理念，延续至宋朝，并发展至顶峰，也即"壶中天地"。宋朝重文轻武，士人受到极大推崇，文化得到极高重视。除此之外，两宋所处地理位置整体偏南，南宋更是偏安一隅，山水环抱，得天独厚。以上种种，皆是构建园林的极大优势。宋人重山石，尤以宋徽宗为甚，其《艮岳记》就详述了在方圆数里之内构出"若在重山大壑，幽谷深岩之底"的幽深交错之感。宋人的艺术精细之风，在文学绘画中也可见一斑。宋词讲究句式的错落有致、上下对应，宋山水画（图 5-25）又强调细节真实和诗意追求，是我国古代美学之新境界。而宋之所以与盛唐的艺术旨趣大相径庭，其根本原因还是国势与心态之大变。宋人山河日缩，兵散将疲，以文治国，再无唐般恢宏，文人也更加关注自我，雕琢艺术，以叠山理水聊以慰藉。

明清已是封建制度最后的辉煌，思想束缚更加强化，理学为民众画定了行事框架，文字狱更是人人自危。士人陷入悲叹时代终结的浪漫感伤之中，嗟叹现实却是有心无力。封建制度的日趋瓦解、外来文化的渐渐侵入和文学艺术的万马齐喑反而推进了制造工艺的发展，明清园林在设计上自成体系，中国第一本园林艺术理论的专门作品——明人计成所著《园冶》于此时诞生。

综上所述，我们可以从诸多文学作品中感知到士大夫文化体系与园艺的如影随形，进而园林属性也从其经济价值转向了精神价值。文人骚客成就园林一片广阔天地还不仅于此：因嗜品茗，便有陆游在他的心远堂焚香煮茶；因精笔墨，便有一斋半亭却浩渺无间；因善漆器，才有"勺园""壶园"（图 5-26）这种巧夺天工的构园手法；因好古博雅，才有归来堂里的高度艺术气息，诗词歌赋更不必说，不仅将园林之美传于后人，

意多渲染不
多皴溪景山
容自叠银麓
詰雪江石渠
寿展相對與
會精神
甲辰新正月
御題

图 5-25　宋·佚名 溪山暮雪图（引自《石渠宝笈续编》著录）

图 5-26　壶园测绘图（引自刘敦桢著《苏州古典园林》，华中科技大学出版社，2019）

还在觥筹交错间赋予园林些许佳话。

可以说，园林艺术的发展史，是我们民族的伟大成果，也是文化史的缩影。

五、结语

我们对时代变迁下的园林艺术与文人心性的匆匆巡礼，必然是粗略和不平衡的，我们也很难去描述建筑艺术与政治经济文化发展之间的复杂呼应，甚至在梳理之后怀疑是否应该和能够对艺术与人的互动做出一种笼统的和总体性的描述……

但艺术的问题，总会涉及心灵，我们从艺术中理解人心，又从人心中体察艺术，然后，才试图从人心与艺术中理解社会。园林作为自由灵动、充满变化的建设艺术，与规整井然、对称有序的起居房屋相对，成为文人墨客聊以自慰的精神家园。园林艺术与山水画的兴起一样，暗示着人们对人间环境与自然关系更进一步的希求，表征着一种更自由、更具超越性的审美理想，也怀抱着一种有别于儒家古典理性精神的浪漫主义情怀。从这个层面上讲，艺术包括建筑艺术，就是打开社会心理结构和时代灵魂的一把钥匙。

于是，静静的园林，用艺术的、驻立的姿态，始终接纳和慰藉着那些带着思索、带着希冀、带着情怀来到这里的人，直到现在……

（本节著者　王敏芝、李珍）

主要参考文献

[1] 王毅. 中国园林文化史 [M]. 上海：上海人民出版社，2004.

[2] 倪琪. 园林文化 [M]. 北京：中国经济出版社，2013.

[3] 曹林娣. 园庭信步——中国古典园林文化解读 [M]. 北京：中国建筑工业出版社，2018.

第四节　画中"意匠"
——中国古代绘画艺术与建筑艺术的融汇

建筑图像的起源如同一切艺术的起源是个十分复杂并且极其微妙的问题，其初始状况今天已很难确切了解。建筑的产生主要是人类为抵御自然气候环境侵袭的物质需要，而从物质需求成为文学、绘画等艺术的表现对象的过程，是艺术源于生活高于生活的过程。人类的一切艺术都是相通的，绘画艺术与建筑艺术更有着千丝万缕的联系。这里所说的绘画不是建筑设计的"图纸"而是指纯粹的美术作品和用于建筑装饰的绘画艺术。

一、古代绘画对建筑形象的记录

古希腊的德谟克利特认为："艺术起源于摹仿，是出于一种物质实践的需要"，艺术起源于摹仿的学说得到了许多学者的肯定。这与我国西汉思想家刘安提出的"出神为形之君"，以及东晋画家顾恺之的"以形写神"的观点有异曲同工之意。其实中国绘画发展的早期，对绘画对象的真实再现是绘画表现的重要目标之一。南齐画家谢赫提出的绘画"六法"之一的"应物象形"便是强调绘画的写实性。唐代艺术史学家张彦远提出绘画的对象"必须按照它的准确形象来画"，中国画家也是遵照和古代实际建筑物实物相统一原则在画中表现建筑物的，由此可见，绘画中最早出现的建筑图像必然是对当时房屋建筑形象的真实描绘。

　　绘画是人类的一项创举，记录了古代不同时期人们生活、生产以及审美信息的宝贵资料，中国古代绘画与建筑的关系首先表现在绘画对建筑形象的记录上。

　　在山东临淄郎家庄出土的春秋末期漆器上的建筑装饰图案是目前所见最早的描绘建筑的图像（图 5-27）。《汉赋》中出现了对城市、宫室等建筑群的精彩描写，史书中也谈及对建筑图像的实际应用。史料表明，在秦汉时期，对于建筑审美已成为士大夫关注的热点。

图 5-27　山东临淄郎家庄 1 号墓出土的漆器上的带斗拱的宫室图案（引自山东省博物馆《临淄郎家庄一号东周殉人墓》，考古学报，1977 年第 1 期）

　　中国传统古建筑由于技术的原因在耐火与防火方面存在着很多的缺陷，木结构的自身缺陷就不可能在长期的历史进程中完好无损。几千年文明留下的建筑实物本就不多，明清时期以前保留下来的建筑遗址和实物遗存更是少之又少。值得欣慰的是，我们可以从不同时期、不同种类的绘画中找寻到大量的建筑场景还有建筑形象，这些绘画中有很多非常宝贵的资料线索，有很高的史料价值，更直观地为我们提供了较为全面而丰富的古代建筑研究素材。

　　中国古代绘画中有很多涉及建筑的作品，有的作品画面以建筑为主，建筑在整幅画面中占据重要的位置，表现楼台宫阙的雄伟壮观之势；有的以自然风景为主，描绘山水田园，其间点缀亭台楼阁、村舍茅屋，营造画面的意境；还有的以社会生活场景为主，如朝廷礼仪活动、市井生活、村野劳动等，配合人物活动的需要，描绘一些与日常生活相关的建筑群、单体建筑或者建筑局部。在这些作品中，我们还能观赏并了解到与古代建筑相关的生产、生活场景，以及和建筑相关的生活方式。无论是张择端气势恢宏的《清明上河图》，还是描绘细致入微的《闸口盘车图》（图 5-28），都体现出物阜民丰时代的生活场景，其中描绘的城市和建筑场景的真实性和丰富性，让人能够生动地看到宋朝都城汴梁的繁荣景象。

图 5-28　五代南唐卫贤闸口盘车图（引自上海博物馆藏）

　　这些绘画作品实际上都是一些珍贵的建筑资料的遗存，因为很多未知的建筑形象可以在这些画面上寻找到踪迹。柳肃在《营建的文明》中说"历史文献记载的秦汉时期许多著名的建筑，例如秦代阿房宫、汉代长乐宫、未央宫等，它们虽然在历史上威名赫赫，但是秦汉时期的这些建筑究竟是什么样子？甚至连秦汉时期一般普通建筑的形象都无法知道。幸得在一些秦汉时代墓葬中出土的画像砖、画像石上留下了许多建筑的形象（图 5-29），为考察秦汉时期建筑形象提供了极其宝贵的实物资料。"

　　当然了，既然是建筑形象的记录，首先会考虑到所绘建筑或城市景观的真实性。如《清明上河图》作为中国现实主义绘画的典范，很多学者都论证了它的极高的现实性。《清明上河图》对建筑的描绘不但有宏大的城市建筑群，甚至可以说精确到建筑细部。比如《清明上河图》描绘的虹桥（图 5-30），因汴水航运繁忙，而且水流很急，常常发生舟与桥相撞，为考虑船行的便利，没有用桥脚支柱，河中不设桥墩是十分必要的。被称为飞桥的这一种桥梁，是庆历年间（1041—1048 年）在安徽宿州任职的陈希亮，为了方便来往船只及水流的损害而仿青州南阳桥修建的桥梁，后推广到汴梁，获得了成功。根据《东京梦华录》记载："自东水门外七里，至

图 5-29　汉代画像石上的建筑（水榭楼阁）（引自《中国美术分类全集·中国画像石全集（2）：山东汉画像石》，2012）

图 5-30　清明上河图虹桥（引自北京故宫博物院藏）

西水门外，河上有桥十三。从东水门外七里曰虹桥，其桥无柱，皆以巨木虚架，饰以丹艧，宛如飞虹。其上下土桥亦如之。"叙说了架在汴河上的虹桥没有用柱子，全部由涂满红色巨大的木材构成，如同彩虹一般，书中的记载辅证了虹桥存在的真实性。虹桥承受的荷载极其复杂，桥面聚集着许多的人畜物品，专家解析了《清明上河图》所绘的这座桥的力学构造，判断所绘桥梁的每一个细部都有正确的比例，技术上也可能完成。根据他们的研究，桥幅大约宽 10 米，从水面开始高 5 米，河幅在 20 米左右。

二、作为建筑形象复原史料的绘画艺术

汉代画像砖中的建筑画像为研究当时的地上建筑提供了非常丰富的材料，学者开始将汉代建筑图像视为一类较为可信的研究资料。杨鸿勋先生作为建筑考古学的创始人，在对一系列重要建筑遗址的复原研究中，参考了很多来自画像砖、石和壁画建筑图像中的建筑结构，在对早期建筑的细节如斗拱、屋顶结构的研究中就利用了许多画像材料进行佐证。在建筑史学研究中，许多学者也将汉代建筑画像作为研究对象，如刘敦桢先生的《中国古代建筑史》、孙机的《汉代物质文化资料图说》，书中对许多建筑类型的研究依据，也大量地使用了汉代建筑画像砖、石来说明讨论汉代的建筑结构。

比如，我们今天所看到的明清时期古建筑屋顶是曲线形的，而秦汉时期的建筑屋顶不是曲线是平直的。有两点可以证明其真实性：一是今天所能看到的所有出土的画像砖、画像石上的建筑屋顶形象都是直线的（参见本章图 5-29）。这一点我们可以用数以千计的画像资料证明，我们不用怀疑它的准确性。二是还有现存的实物也可以证明。山东肥城孝堂山汉墓石祠和四川雅安的高颐墓阙，其屋顶都是平直的，没有曲线，这些都是汉代保留下来国内现存最早的地面构筑物（图 5-31）。还有很多墓葬中出土的汉代建筑形明器，也都是平直的屋面（图 5-32）。由此看来，中国古代建筑的凹曲屋面是汉代以后才形成的，至少在汉代时还没有形成。

图 5-31　汉高颐墓阙（引自四川园治古建园林设计研究院官网）

图 5-32　汉代墓葬明器七层连阁式陶仓楼（引自焦作市博物馆藏）

"敦煌壁画中除元代洞窟中较少建筑画以外，从十六国晚期一直到西夏末，前后800多年时间内，壁画中都描绘着很多建筑。而且在魏晋南北朝到中唐以前500多年中，可供研究的遗迹和考古资料实在缺乏，敦煌建筑绘画的精华所在恰恰反映了南北朝和隋唐的建筑面貌，填补了建筑实物的空缺带来的研究空白"（王洁《试论古代绘画中建筑的解读方法》）。

大唐王朝近300年的统治，统治者大兴土木，是古代建筑技术和艺术发展的兴盛时期，封建统治者追求"所营惟第宅，所务在追游。朱门车马客，红烛歌舞楼"的奢侈生活，这一社会现象也成为建筑绘画大发展的先决条件。唐代壁画有题材丰富、描绘场景宏大、表现技法高超的特点，这些特点都是前朝未曾有过的。壁画是唐代绘画最重要的形式之一，在唐代，整个社会都非常推崇壁画这种艺术表现形式。杜甫在歌咏洛阳玄元庙壁画中的诗句曾写道："森罗回地轴，妙绝动宫墙"，形象地描绘了唐代壁画的灿烂辉煌。

在1932年营造学社成立不久，梁思成就在《我所知道的唐代佛寺与宫殿》一文中对敦煌壁画中的建筑形象资料论述道："幸而有敦煌画因在偏僻和气候干燥千余年岁，还在人间保存。其中各壁画所绘建筑，准确而且详细，我们最重要的资料就在于此。这些建筑图像是仅次于实物的、最好的、最忠实的、最可贵的资料。"梁思成又对中国古代的建筑特征，特别是唐代的建筑形象和建筑类型以及细部的做法，在《敦煌壁画中所见的中国古代建筑》一文中，进行了详细的介绍和论证，至此，建筑界对唐代的建筑有了初步认识。

壁画是建筑与文化相融合的绘画艺术。从保留至今的唐代壁画中，我们可以看到大量唐代宫殿、寺院、塔阙、园林、戒台、高台建筑和穹庐、监狱、露台、客栈、磨房、店铺、家具、桥梁和塔墓等。从壁画中对建筑细部的描绘，我们可以清楚地了解唐代建筑的构造，如台基、城垣、勾阑、斗拱、柱枋、屋脊、脊饰、门窗、彩绘等（图5-33）。此外，壁画中大量地描述了当时的服饰、发式、乐队形制、舞伎、农耕、商贾、贸易、宗教仪式等，反映了唐代各阶层、各行业人的生产、生活情景。而这些图形资料"构图严谨，用色华丽，细部翔实，尺度准确，实为可贵"（梁思成语）。

在唐宋壁画中，有形式多样的城垣，如敦煌壁画中晚唐85窟莲花世界图中反映出的唐代城市里坊布局（图5-34），对照唐长安城布局，可清楚地看到它们的相似性。从这些图像对比中，可推断出壁画的城垣图像具有较高的真实性和可信度。还有壁画中的城门，绝大多数有城楼。城楼的形式，从文献记载资料看，隋代以前多层城楼是

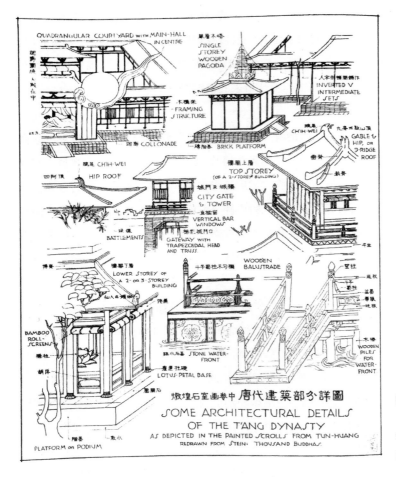

图 5-33 唐代建筑构造图（引自梁思成《图像中国建筑史》手绘图，中国建筑工业出版社，2016）

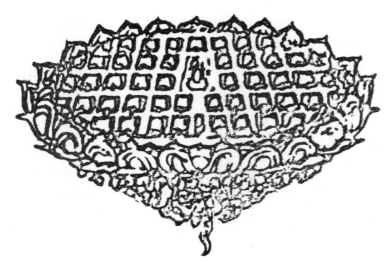

图 5-34 晚唐 85 窟莲花世界图（引自张静、陈熊俊著《敦煌莫高窟唐代藻井图案的演变》，《美术大观》，2010 年第 11 期）

常见的,大多是单层。但唐宋壁画中几百座城楼图,除五代第53窟所绘一例为二层以外,皆为单层,且《清明上河图》所绘宋代的城楼也是单层。从绘画资料可见单层城楼是唐宋城楼的通行形制。

　　另外,中国古代的很多建筑是屡建屡毁,绘画作品中还记录了很多已经消失了的不同时代著名建筑的形象。例如江南三大名楼之一的岳阳楼不仅是文学作品的绝妙主题,也是唐代以来的绘画特别是界画的重要题材,据文献记录,许多著名画家多有岳阳楼题材的名作,可惜大多散佚,不复存在。然也有不少古代绘画中岳阳楼的形象,记录了岳阳楼在千百年历史上的变迁(图5-35、图5-36),对研究不同历史时期楼阁的建筑特征,提供了翔实的依据。湖北黄鹤楼(参见本书第一章图1-17)、江西滕王阁在不同时代的古画中有着不同的形象,江西滕王阁在被毁以后,也是按照古画中的样子重建的。

图 5-35　元代夏永的岳阳楼(引自杜莉娜著《宫室楼阁之美》,台北故宫博物院出版社,2000)

图 5-36 ［明］安正文岳阳楼（引自覃力著《楼阁建筑 - 筑境 - 中国精致建筑 100》，中国建筑工业出版社，2016）

三、"界画"与山水画中的"建筑意"

从建筑在绘画中的存在形式看，建筑图像可以分为两种：一种是以描绘建筑为主的"建筑画"，如唐宋时期的"界画"。还有一种不以建筑为主要描绘对象，但有许多的建筑形象，如敦煌的佛教壁画，而将建筑形象和自然风景融为一体的中国古代山水画是最珍贵的文化遗产。山水画中的建筑是画家寄予情感的最好表达工具，建筑与自然相互映衬，相互融合，达到情与景的和谐统一。

1. "界画"：描写建筑的"建筑画"

古代绘画有许许多多的门类，有人把以描绘建筑物为题材的一种绘画称为"建筑画"。建筑绘画在中国古代有很多种称谓,元代以前以所画的对象称谓,如"屋木""宫室""台阁"等,宋代开始出现"界画"一词,至元代开始以"界画"统称。"界"指界尺,所谓"界画"的主要特点是指借用"界尺"来作画,"界尺"是一种专供用毛笔画横竖直线的工具,一般绘画是不用尺子的,只有工程制图才用尺子。而"界画"主要描绘对象是建筑物,与其他画种相比,"界画"要求准确、细致地再现所画对象,可以使建筑形象更具有严谨工巧的美感。"界画"最早应是建筑工匠使用的建筑图样,随后逐渐转意成为这种以描绘建筑为主的画种的代称。但"界画"一词并不仅仅是指画建筑的画,把屋木、舟车等需要用界尺来绘制的画统称为"界画"。

唐宋时期是"界画"发展的兴盛期,一些画家甚至直接参与建筑的设计和施工过程。"界画"对于建筑画家在绘制建筑画方面要求是非常严格的。例如,北宋初年的郭忠恕曾做过将作监,又是北宋著名的画家,并亲自参与了工程营造的实践。据宋人笔记《玉壶清画》卷二记载"郭忠恕画殿阁重复之状,梓人较之,毫厘无差。太宗闻其名,诏授监丞。将建开宝寺塔,浙匠喻皓料一十三层,郭以所造小样末底一级折而计之,至上层,余一尺五寸,杀收不得,谓皓曰:'宜审之。'皓因数夕不寐,以尺较之,果如其言。黎明,叩其门,长跪以谢。"一个画家,挑出了建筑师的错,可见其对所画题材的熟悉。这一例子说明,郭忠恕不但擅长画建筑画,并精通建筑技术。清人徐沁在《名画录》里也曾说过"画宫室者,胸中先有一卷《木经》,始堪落笔。昔人谓屋木折算无亏,笔墨均壮深远,一点一画皆有规矩准绳,非若他画可以草率意会也。"这些记载表明,建筑画逐渐发展成为专业的画种,画家需要进一步地熟悉了解建筑的结构、构造、装饰及风格特点。

建筑画不仅要精准细致地刻画表现出建筑本身所具有的空间和色彩的美感特征,还反映了当时人们生活、生产的场景,表现出建筑与自然环境的关系。正如《绘事微言》所说"古人画楼台,未有不写花木相间、树石掩映者。盖花木树石自有浓淡大小浅深,正分出楼阁远近。""界画"仍然是美术作品,画面内容不仅有建筑,还有山川河流、树木花草、人物故事,可见建筑画不仅需要借助技术手段来实现,也具有其独特的艺术审美内涵(图5-37)。

2. 中国山水画中的"建筑意"

中国古代山水画中意境的营造离不开建筑,1932年梁思成和林徽因在《平郊建筑杂录》中就提出"建筑意"的用语,他们认为建筑不仅仅是砖瓦灰石的简单堆砌,也不仅仅是一种实体物质,更是一种表现艺术,这种艺术也蕴含着深意,犹如山水画中

图 5-37 "界画"——清袁耀《蓬莱仙境图》（引自故宫博物院藏）

的"诗意""画意"一样。宋代郭熙在《林泉高致》中写道："诗是无形画,画是有形诗",每一幅画都是一首诗,建筑也要以意为先、以意为重。同样,山水画中的建筑可以渲染出一种情感和情趣。

　　"在中国古代山水画中,我们常常会发现在这些作品中有建筑物的出现,这些建筑物或大或小,在整幅画面的构成中扮演了很重要的角色,起着画龙点睛的作用。中国古代山水画艺术与建筑艺术不是割裂开来的,而是相互联系、相互融合的统一体。北宋画家郭熙要求山水画要有'可行''可望''可游''可居'之景,'可居可游'说明山水画中的山水可以满足人们向往山水林泉的心理愿望,是传统山水画中常见的自然情节，以建筑为景点则可以丰富画面的意境，也就成了山水画的必要组成部分。

　　中国古代山水画中使用不同的建筑类型可以营造出不同的意境，如在表达隐居之意境的山水画中为能够增强隐居之感，单纯地描绘深山密林不能很好地表达隐居之意，只有用建筑来做烘托才能抒发画家希望隐居在此的美好愿望。草堂、木屋类具有强烈隐居意蕴的建筑能营造出宁静祥和、犹如世外桃源一般的意境，通过建筑的表达使观赏者感受到画家希望远离闹市的喧嚣来到此地隐居的避世心态。明末清初的画家朱耷的一幅山水画《长松老屋图》（图 5-38）用简单的几笔勾勒出山石老树，树下孤零零的一间老屋，借此供托出了山河破碎、国破家亡的意境，寄托了画家的亡国之痛和对旧王朝的哀思。

图 5-38　朱耷·长松老屋图（引自汪子豆编《八大山人书画集》第二集，人民美术出版社，1983）

中国古代的山水画讲求'天人合一'，道家的'无为'思想也要求人与自然和谐相处，同儒家一样崇尚自然、追求原始自然的生活状态，而僧人幽居深山寺庙修身养性，也将超尘拔俗的宗教心情与自然山水相结合，因此，建筑与自然环境之间一定是相融合的和谐关系，这种关系首先反映在宗教型建筑中，中国古代山水画中的宗教型建筑与山水树木有机地结合在一起，不仅可以展现出壮丽秀美的自然之美，宗教建筑本身的神圣感又给画面增添了空灵隽永、虚幻缥缈、雄浑幽深的意境之美。

具有观赏休闲功能的建筑本身就是风景建筑的一种，画家往往在山水之间利用亭台、水榭和桥梁这些传统建筑形式，与所处环境共同组成一系列的山水画面，达到建筑和自然之美的相互融合。清代乾隆皇帝在他的《清漪园记》中说："既具湖山之胜，概能无亭、台之点缀乎？"此外，山水画中的观赏休闲型建筑，不仅能为画面增添生机和活力，让观赏者在观赏的过程就仿佛置身其中，如同畅游在画中；还可以引人入胜，让人产生出一种体会湖光山色、回归田园景致的意境；同时感受画家那种渴望大自然、亲近大自然的美好愿望，能够让画家与观者的心灵相通，观者能够感受到景外情和景外意，这是一幅山水画所追求的意境。清代王原祁的一幅《山中早春图》（图5-39），在描绘崇山峻岭的同时，又描绘出了水榭、亭桥和错落在山中的小房屋，给观者以身临其境的感受，使整幅画面增添了盎然生机。"

中国传统山水画讲究的是意境，而意境的营造在于空间的表现。中国古代山水画空间意境的营造离不开建筑，而建筑只有置于山水画之中才能发挥本身的魅力，才能让人深刻地感受到建筑的意境。（此节节选修改自杨静兮《中国古代山水画中的建筑》）

四、建筑和绘画艺术的融合

建筑是绘画艺术的载体，建筑与壁画可谓是一对孪生兄弟，壁画是中国古代建筑装饰的一种手法，壁画也成为建筑艺术不可分割的一部分。中国古代很早就有文人在墙上题诗作画的传统，唐代大画家吴道子就因擅长壁画而著名。相传吴道子每当在寺庙宫观请画壁画的时候，满城百姓奔走相传，蜂拥前往观看，成为盛事。人们形容其人物壁画"满壁风动"，所画人物衣带飘逸，随风舞动。在中国美术史上号称"吴带当风"。

中国壁画分为墓室壁画、石窟壁画和寺庙壁画，和地上建筑最密切的就是寺庙壁画。山西芮城永乐宫的壁画是元代道教壁画，三清殿内的巨幅壁画是中国美术史上的一件瑰宝。壁画高4.26米，全长94.68米，总面积为403.34平方米，几乎占了永乐宫全部壁画的一半，面积之大为中国乃至世界古代壁画所罕见。壁画内容是"朝元"，

图 5-39 ［清］王原祁·山中早春图（引自辽宁省博物馆藏）

描绘了玉皇大帝和紫微大帝率领诸神前来朝拜道教始祖最高主神元始天尊、灵宝天尊和太上老君的情景。画中人物众多，画有神仙近 300 尊，人物形象生动，前后呼应、神采飞扬、呼之欲出；所着衣冠华丽、飘带流动、精美绝伦（图 5-40）。

图 5-40　山西芮城永乐宫三清殿内的巨幅壁画《朝元图》（姚慧拍摄）

中国古代建筑还有与绘画直接发生关系的装饰手法——彩绘，中国古代最原始的彩饰是油漆，它源于对木材的保护，这种保护逐渐演变发展成彩绘这一中国建筑独有的装饰艺术，经过汉唐时期的中国建筑史上的辉煌时代，装饰纹样已十分精美成熟，彩绘技术也有了新的发展。明清彩绘经过进一步发展，最后形成了固定的规格与模式。

彩画是中国建筑特有的装饰形式，是我国古代建筑艺术的结晶。从彩画所在建筑物的部位来看，以天花彩画、斗拱彩画与额枋彩画为主。清代彩画的规则十分严格，清代官式建筑的彩画归纳起来可分为三类：和玺彩画、旋子彩画、苏式彩画，也是三个不同的等级。无论是哪一种彩画，其主要艺术特点表现在梁、枋大木构件上。

等级最高的是"和玺彩画"，它的等级规格只能用于皇宫、庙堂建筑。其特征是梁枋各部位以 W 形折线为基本线形进行分段，整体彩画均以龙为主构成各部位图案。依题材差别，饰龙者为金龙和玺；饰龙凤者为龙凤和玺；饰龙和楞草者为龙草和玺等。各主要线条均要沥粉贴金，整幅彩画雍容华贵、金碧辉煌，体现出皇宫至高无上的气势（图 5-41）。

图 5-41 历代帝王庙景德崇圣殿檐下和玺彩画（引自姚安、范贻光主编《坛庙与陵寝》，学苑出版社，2015）

次一等的是"旋子彩画"，用在较高等级规格的建筑上。旋子彩画的主要特点是找头内使用带旋涡状的几何图形，此旋涡叫旋子（旋花）。旋子彩画的种类比较多，形式既可端庄素雅，又可华贵亮丽。其应用范围也很广，例如皇宫中的一般建筑、王府、官衙、大型庙宇，以及牌楼等。

第三等叫"苏式彩画"，一般用于等级较低的住宅园林建筑上。其发源地在姑苏，其特点是它的核心部分由图案与绘画组合而成，各种图案与绘画交错绘制，形成自由活泼、内容丰富的画面。"苏式彩画"也有很多种类，它的图案以联珠、卍字、回纹等为多，每一幅彩画都有一个装饰核心，叫作"包袱"，这"包袱"里面是一幅完整、独立的美术作品，画中的内容有人物故事，山水风景、飞禽走兽以及楼阁形象等，这"包袱"的外面再配以图案装饰。无论怎样，"苏式彩画"是属于民间的，整体风格朴素、清丽。在北京颐和园的万寿山下，昆明湖边的长廊长达 500 多米。梁枋构架上装饰着苏式彩画，"包袱"中描绘有山水、花鸟、小说戏曲人物故事等，琳琅满目（图 5-42）。人在廊中，游览湖光山色的同时欣赏着一幅幅图画，别有一番趣味。

图 5-42　颐和园长廊苏式彩画（引自广州市唐艺文化传播有限公司编著《中国古建全集　园林建筑》，中国林业出版社，2016，第 34、35 页）

（本节著者　姚慧）

主要参考文献

[1] 潘运告 . 清人论画 [M]. 长沙：湖南美术出版社，2004.

[2] 蓬莱 . 中国山水画通鉴·界画楼阁 [M]. 上海：上海书画出版社，2006.

[3] 柳肃 . 营建的文明 [M]. 北京：清华大学出版社，1997.

[4] 姚慧 . 如翚斯飞 [M]. 西安：陕西人民出版社，2017.

[5] 薛永年 . 中国绘画的历史与审美鉴赏 [M]. 北京：中国人民大学出版社，2000.

[6] 梁思成 . 我所知道的唐代佛寺与宫殿 [J]. 中国营造学社汇刊，1932，3（1）.

[7] 梁思成 . 敦煌壁画中所见的中国古代建筑 [J]. 文物，1951，2（5）：1-48.

[8] 刘涤宇 . 从历史图像到建筑信息——以 1930—1950 年代两位学者以敦煌壁画为素材的建筑史研究成果为例 [J]. 建筑学报，2014（9）：150-155.

[9] 王杰 . 试论古代绘画中建筑的解读方法 [J]. 敦煌研究，2004（5）：45-48.

[10] 周立 . 从中国山水画"意境"到建筑"意"[J]. 画刊，2008（1）：75-76.

[11] 李杨文昭 . 中国古建筑研究方法之从中国古代绘画作品研究中国古建筑——以清明上河图为例 [A]. 2014 年中国建筑史学会年会及学术研讨会论文集，2014.

[12] 思达尔汗 . 唐宋绘画中的建筑表现及其源流研究 [D]. 西安：西安建筑科技大学，2015.

[13] 杨静兮 . 中国古代山水画中的建筑 [D]. 北京：中央民族大学，2013.

第六章

中国古代自然、社会、环境与传统建筑文化

第一节　古代建筑美学的山水之道

天地之初，浑沌如鸡子，上神盘古挥斧开辟天地，以四肢化为五岳高山，以血液化为奔腾江河，以须发化为草木鲜花，自此化育万物，演成乾坤。这是中国先民对山水最初的认知，若谈及人类的本源，是大地的馈赠，自然中最独特的生灵。无论神话、宗教或科学，人类与自然皆是同根同源。

建筑之于山水是人工和自然的对仗，建筑之于人类是身体和灵魂的交融。传统建筑在延绵发展几千年的过程中，既于宇宙广阔天地中为人类提供居所，又承载了自然山水与人的精神联结，在世界的不同维度中表达"天人合一"的境界。

一、中国古人的山水崇拜

在古代，山水，即自然的代称。古人最初对于山水的认识是从神话传说开始的。170 多万年前，先民便利用自然依山傍水捕猎、栖居、繁衍和发展。农业社会初期，先民出于发展需求离开了低谷丘陵，踏向平原地带，却仍然选择山水之地定居生活。于先民而言，强大而神秘的自然力，形成了人们精神世界里的神，山川、河流、风雨雷电均由物象意化为山神、水神、风神、雨神，人们将对自然的一切不可知转化为社神信仰、山岳崇拜和河流崇拜，设立每个特定的日子开展祭祀，祈求来年风调雨顺、家和安乐。

祭祀神灵需要现实的载体，因此人们修建一系列礼制建筑供奉神灵，来承托美好的希冀。在官方,统治者极度奉行五岳祭祀,何谓五岳？《白虎通》云："东方为岱宗者，言万物更相代于东方也；南方霍山者，霍之为言护也，言万物护也，太阳用事，护养万物也；西方为华山者，华之为言获也，言万物成熟可得获也；北方为恒山，恒者常也，万物伏藏于北方有常也；中央为嵩山，言其后大之也。"史载最早拜谒名山的是秦始皇，其次是"遍于五岳四渎"的汉武帝，而后由汉宣帝确立五岳山名和特定祭祀点。历代帝王至此，向上天禀告一年之作为，祈福来年国运亨通。《史记·封禅书》引《礼记·周官》云："天子祭天下名山大川，五岳视三公，四渎视诸侯，诸侯祭其疆内名山大川。"后世皇帝少有至五岳祭祀者，则于国都设天坛、地坛、社稷坛等礼制建筑，拜天谒地，以祈国泰民安。

在民间，百姓虽不能拜谒五岳，却能于当地名山修建山神庙，或于江河湖海设立水神庙，偶或于道路两旁修建土地庙，将这些建筑作为人与神、人与自然之间最为巧妙的联结，抒发对自然的崇敬和对生活的祝愿。

二、山水哲学与建筑文化

"夫美不自美，因人而彰。兰亭也，不遭右军，则清湍修竹，芜没于空山也。"（柳宗元《邕州柳中丞作马退山茅亭记》）山水之美，因人的参与变得更加美妙动人。人们对山水的认识从早期的崇拜和敬畏转化为欣赏和审视，身处山川泉涧之间，将"自我"释放，与自然相融，将对山水的审美升华为对宇宙空间、大地万物的终极探究，冥想之间架构完成中国文化里独有的山水哲学思想。

古代读书人尊崇儒家之学说，统治者更以儒家思想作为皇权统治的思想指导。孔子言"仁者乐山，智者乐水"，这是一种山水比德的观念。儒家认为天人关系是在一个完整的有机系统里人与自然的和谐。所谓"天道"，即山川自然，季节更替；所谓"人道"，即人与人的相处；两者既各自为道，又彼此不分离，从而达到宇宙的本体与人的道德相统一的完美境界。

儒家供奉先贤，追求知书明理，因此形成了颇具礼制性的祭祀文化和书院文化。山林之清幽是读书人精心钻研书本之道的好去处，但是由于儒家思想对建筑景观的极大控制力，建筑虽置于山林之间，却秉持着严格的秩序化空间结构，比如湖南岳麓书院（参见本书第三章图 3-42），即是四合院式传统布局与周围山水相结合，传达的是文人严谨、规矩的学术作风。

自东汉永平年间（公元 58—75 年），佛教从印度传入，历数百年的初传和普及，才在中华大地上形成影响力极广的宗教文化。佛教讲究的是于山林间悟佛，故而佛寺常隐于山林间，予众生一个远离世俗、超脱凡尘之地。宋代诗人苏舜钦言："浮屠氏本以清旷远事物，已出中国礼法之外，复居湖山深处胜绝之地，壤断水接，人迹罕至。数僧宴坐，寂默于泉石之间引而与语，殊无纤介世俗间气韵，其视舒舒，其行于于，岂上世之遗民者邪。"（《苏州洞庭山水月禅院记》）

佛家教义中，有一个众人追求的"净土"境界，其山为"须弥山"，《华严经》描绘道："华藏世界，有无数香水海，每一香水海中各有一大莲花，每一莲花都包藏着无数世界。"因此，佛教建筑均以"净土"世界为意象，择址时选择符合佛国"净土"世界的形式，建造具有"净土"境界的寺庙建筑景观。中国佛教四大道场之一的文殊菩萨道场，位于山西五台山，整体山势如佛家"净土"的莲花之形，寺庙建筑散布在山中各处，与山顶的建筑互相辉映，形成高山、建筑和心灵相通的空境意韵，如同气象万千的佛国圣境。佛教建筑既于山水间悟"空"境，又借山水之形神往"净土"世界，建筑与山水交融，宛如佛偈"镜中月，水中花"（图 6-1）。

图 6-1　从佛光寺东大殿向西俯视（引自王鹏著《五台山佛光寺》，中国建筑工业出版社，2016，第 18 页）

　　春秋时期，老子创立道家，纵观《老子》，谈及"上善若水，水利万物而不争"（《老子·第八章》），谈及"人法地，地法天，天法道，道法自然"（《道德经》），无不从山水意象中悟出人与宇宙的存在联系，从而形成与儒家同源却不同道的道家哲学。老子曰："道生一，一生二，二生三，三生万物。万物负阴而抱阳，冲气以为和。"通过山水的阴阳关系，揭示了山水对于"创生万物"的道的重要性：山水为"道"之媒介，体现"道"之"自然无为"的特质。

　　道家发展到庄子的"逍遥游"时期，庄子言："吾在天地之间，犹小石小木之在大山也。"（《庄子·秋水》）庄子的思想中，有一部分认为常居山水中能够长生，这种哲学观为我国本土宗教道教所崇扬。《玄纲论中》曾引用"千载厌世，去而上仙，乘彼白云，至于帝乡""故我修身千二百岁而形未尝衰"的修仙思想，加以发展。道教"仙境"意象逐渐演化为颇具"仙风道骨"的建筑景观布局。鄱阳湖中两座孤立的高山相互对望，依山建楼阁，同独立于尘世之外的孤岛一起，俨然形成人世间的"孤山仙阁"意境。

　　古代帝王苑囿中，最擅模仿仙域中"一池三山"的景观意象，"一池"谓太液池，"三山"谓神话中东海的蓬莱、方丈、瀛洲三座仙山,传说有仙人居之,修炼长生不老之药,取"长生"之意境。秦汉时期,帝王利用自然山水,以水环高山,于山建楼阁,形成如入仙域的意境。汉武帝修建建章宫时,在宫里挖太液池,且筑"蓬莱、方丈、瀛洲"三山于太液池,从而模仿仙域意境。后有北魏洛阳华林园,内有大海,宣武帝命人在其中修蓬莱山,山上建仙人馆。至隋炀帝则在洛阳建西苑,《隋书》记载,此西苑"周两百一里,其内为海周十余里,为蓬莱、方丈、瀛洲诸山,高百余尺。台观殿阁,罗络山上。"可谓"坐对而生三神山之想"。

清代皇家园林清漪园,利用筑堤之法,将昆明湖分成西湖、养水湖和南湖,每个水面各有一岛,为西湖中的治镜阁岛,养水湖中的藻鉴堂岛和南湖中的南湖岛,建设者将此三岛隐喻为神话中的"蓬莱、方丈、瀛洲"三山,从而为帝王营造"与神仙接壤"的仙域意境(图6-2)。

图6-2 颐和园一池三山(引自北京市古代建筑研究所编《北京古建文化丛书 园林》,北京美术摄影出版社,2014)

在"老庄"山水哲学的影响下,后世继发展为"性好山水"之志向,将山水作为隐居生活的重要场所,从而发展了与儒家"自然比德"不同的"脱离俗世束缚,实现心灵自由"的隐逸文化。故而会有"月出惊山鸟,时鸣春涧中"(唐王维《鸟鸣涧》)、"待到重阳日,还来就菊花"(唐孟浩然《过故人庄》)、"种豆南山下,草盛豆苗稀"(南朝宋陶渊明《归园田居》)这些田园诗中所描绘的隐居生活的怡然自得,最终形成人间乐土的桃源居住原型。此种原型空间欲扬先抑,于山重水复之后,方见清明,给人一种豁然开朗之感。苗族山寨隐匿于山间，吊脚楼建筑随山势层叠向上，与周围山水相映成趣，形成特有的高山苗寨的安逸生活。黔贵地区，山势高耸连绵，当地侗寨民居聚合团簇在山谷之中，在植被和山体掩映下，形成诗人陶渊明笔下的桃源仙境（图6-3）。

图6-3　贵州雷山县朗德上寨（引自罗德启著《贵州民居》，中国建筑工业出版社，2008，第121页）

三、山水哲学与古代城市

中国古代城市的选址和营建讲究天地方位、山川风水。古人秉持"天人合一"的思想，不仅在择址上把握大尺度的自然山水环境，更于城市规划之时创造与山水相融的城市景观。

古代中国以"农业"立国，因而古人常仰赖于周边自然环境，形成"仰天观地"的思维，从而顺应天理。其中，又尤以"水"为之重。奴隶制时期和早期封建时期，城市临水主要为了保证农业灌溉和居民用水，发展到秦统一全国后，由于国力增强和国内市场的增大，促进了水运的发展，因此临水成为许多商业城市水运交通和经济发展的命脉所在。比如，北宋都城开封，即位于黄河、汴河、惠民河和广济河的交汇处，国内物资通过漕运运至都城，使经济得以繁荣发展。

"水"虽有利于城市水利、生活之用，却也能因地理形势和气候因素的复杂性成为威胁城市的重要因素。《管子·乘马》中说："凡立国都,非于大山之下,必于广川之上。高毋近旱而水用足,下毋近水而沟防省。"其中道理,即是平衡"用水"和"防水"的界限。城市若处地势偏低之处,近水则易受自然洪水之侵袭;若敌军利用水攻,一旦战争爆发,将极不利于防守。此外,若城市所处之地拥有地理之险的自然优势,则可以将山水作为天然屏障,在军事作战中保持易守难攻的绝对优势。

传统风水学认为:"地理之道,山水而已。"(郭璞)对于城市选址而言,非所有山水之地都宜安置,须既满足生产生活,且满足人们的精神审美需要,方为最佳之地。古代城建,以风水学作为城市建设宏观到微观的全面指导,以求将那些肥沃之地、景物天成的形胜之处作为人们的住所。

"人之居处,宜以大地山河为主,其来脉气势最大,关系人祸福最为切要,若大形不善,总内形得法,终不全吉"(《阳宅全书》)。所以,理想的城市环境须得山水环绕,背山面水,形成城市和山水、人与自然的最为相洽的境地(图6-4~图6-6)。风水学认为,山水相聚的形势可为城市规模的确定提供依据,所谓"山水大聚之所必结为都会,山水中聚之所必结为市镇,山水小聚之所必结为村落墓地。"

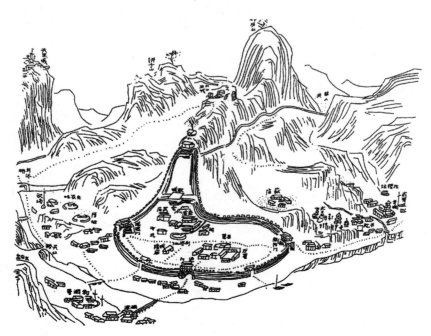

图6-4　万县同治年间治城图（引自赵万民著《三峡工程与人居环境建设》,中国建筑工业出版社,1999,第227页）

图 6-5　阆中古城（图片来源：作者拍摄）

图 6-6　阆中古城模型图（姚慧拍摄）

因此古人在营建建筑时，便以"背山面水、背枕龙脉"作为标准。《周易》阐释道："说万物者莫说乎泽，润万物者莫润乎水，终万物始万物者莫盛乎艮。故水火相逮，雷风不相悖，山泽通气，然后能变化，既成万物也。"人的居所，大到国都城市，小到聚居村落；大到建筑的外部造型，小到房屋和大门开启的方向，皆要位于山水之间，藏风纳气，沐浴自然之精华，顺应自然之势，与自然协调统一，方能获得生命的延长和生活的安然。

汉魏洛阳城，据张衡《东京赋》记载："泝洛背河，左伊右瀍。西阻九阿，东门于旋。盟津达其后，太谷通其前。回行道乎伊阙，邪径捷乎轘辕。大室作镇，揭以熊耳。底柱辍流，镡以大岯。"位于四面均有山河险要之处的形胜之地，即今天的豫西山地和黄河平原交界的伊洛盆地之中。从军事防御角度考虑，城市三面环山，其中城北邙山成为洛阳城的天然屏障。虽洛阳城四周环绕伊、洛、瀍、涧四水，但从城市择址来看，汉魏洛阳城全部建在洛水北岸，距洛水有一定的安全距离。这样不仅可防御水患，又能依靠周边山水为城市提供自然保护和生活之利。从风水学角度考虑，汉魏洛阳城又实属"处天下之中，风雨所会，阴阳所和"之地。因此，才以"山川形胜、物产丰富、历史悠久"等综合优势成为我国著名的古都之一（图6-7）。

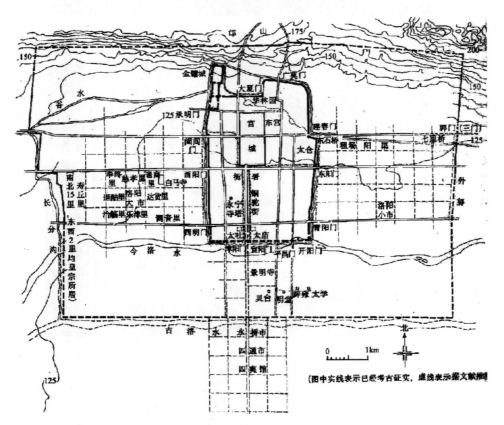

图6-7　汉魏洛阳城（引自马正林著《中国城市历史地理》，山东教育出版社，1998，第194页）

规模与城市不同的村庄聚落同样遵从山水之道。据宗谱记载，安徽宏村即分布在雷岗山脚至原西溪河道，河道改道之前，是贯穿村庄的，改道之后则位于村庄一旁。村内原有一月沼，村民后扩大月沼挖渠引水，既满足村内生活之用，也满足"藏风纳气"之风水。村中建筑均以此为中心布局，以各水圳为纽带展开，形成循环往复的水系，穿梭于村庄之间。村庄中的住户面水而居,同宏村的自然山水形成相互依存的世代关系(图6-8)。

图 6-8　安徽宏村月沼景（引自单德启编著《中国传统民居图说·徽州篇》，清华大学出版社，1998，第 20 页）

恰如吴良镛说："中国传统城市把山水作为城市构图的要素，山水与城市浑然一体。"既顺应自然，满足生活需求；也深谙人们的心理，满足人们的精神追求。

四、传统建筑里的山水文化

自古以来,中国人一直怀有"乐山乐水"的情怀，自然山水对中国传统建筑的影响，从择址僻地至园林营建，从山水诗画至建筑装饰，从建筑表象一直渗透到建筑的灵魂，最终形成人、建筑、自然的和谐统一体。

西汉时期，王公贵族兴起营建园林热朝，于园内筑假山，引流水，堆沙成岛，畜养珍禽野兽于其中，企图营造一种脱离尘世、与神灵相通之境。发展到魏晋时期，文人士大夫"性爱山水"，追求自然的山居意境，自此园林以自然山水意境为建筑景观布局的指导，营造"结庐在人境，而无车马喧"的生活意趣。

中国的山水田园诗画是基于文人对自然山水的感悟而创作的作品，也成为指导造园的山水技法和文化意涵。比如大家沈周、文徵明、唐寅、仇英的作品常被视为造园的蓝图，文徵明的曾孙文震亨，就曾在他的《长物志》庭园卷中将几案、交椅以及游玩携带的精致食匣都纳入园林，他强调园林花木在任何时候皆可作为绘画的景致（图6-9）。

图6-9　苏州留园小蓬莱景（引自广州市唐艺文化传播有限公司编著《中国古建全集 园林建筑》，中国林业出版社，2016，第132页）

传统园林源于自然，却能拥有"虽为人工，宛若天开"之感，其精髓在于叠山理水，寻求人与自然合一的绝佳意境。苏州拙政园，源起西晋文人潘岳《闲居赋》中"筑室种树，逍遥自得……灌园鬻蔬，以供朝夕之膳（馈）……此亦拙者之为政也"之句，园中布局疏密自然，园内回环曲折，步移景异，山石、花木、绿竹、建筑构成一幅引人入胜的山水画。园中池水淼淼，园林建筑宛若浮于水面，在绿植花木映衬下，栩栩生趣（图6-10）。

图6-10　拙政园"小飞虹"一景（引自广州市唐艺文化传播有限公司编著《中国古建全集 园林建筑》，中国林业出版社，2016，第144页）

在传统建筑内部，以山水自然为题材的装饰随处可见。或通过山水装饰保持建筑内外统一的意境，或借助山水表达主人隐于江湖、寻求自由的思想。在建筑的特征部位，比如墙壁、门窗、游廊的檐下、上下跨檐檩、檐垫板和檐枋，以彩绘的形式将不同的山水主题表达其上。除此之外，主人还常将山水屏风、山水纹样的花瓶或者家具置于建筑中，使建筑的内外空间协调一致，相互融合，实现精神与表象统一的"天人合一"。

中国山水文化的产生，是自人类发现自然美的那一天开始的。在自然的审美活动中，人们一方面挖掘着自然的资源，另一方面又沉醉其中，动情抒怀，超脱灵魂，以至借助笔墨，吟咏山水诗情，泼洒自然画意；或又成曲，时而高歌时而低吟；或将这山水之美的种种融于建筑，拟山水之壮阔，仿自然之神秘，于闹市之中僻一处园子，寻人世间一处静谧。人类将"自我"与自然并置，在几千年的岁月里，相互选择，互助共生。

（本节著者　姚慧、周胜华）

主要参考文献

[1] 陈水云．中国山水文化 [M]．武汉：武汉大学出版社，2001．

[2] 陈晨,刘大平．传统山水建筑景观原型意象的空间构形衍化解析 [J]．建筑学报,2015(S1)：162-165．

[3] 许树贤．传统建筑中的山水内涵 [J]．现代园艺，2015（12）：145-146．

[4] 陈晨，刘大平．传统山水建筑景观的表象类型解析 [J]．古建园林技术，2014（03）：42-47．

[5] 姚磊．"山水文化"之山水画与建筑美学关系初探 [J]．美与时代（中），2012（11）：80-81．

[6] 王军．融于自然山水的中国古代城市 [J]．新建筑，2000（04）：1-4．

[7] 万艳华．山水，山水之术，山水城市——我国古代山水城市规划思想浅析 [J]．南方建筑，1998（01）：44-46．

[8] 蒋伟．道家哲学与山水艺术 [D]．长沙：湖南师范大学，2014．

[9] 席田鹿．传统山水画中的古代建筑形态研究 [D]．大连：大连理工大学，2016．

第二节　一方水土，育一方舍
——基于地域文化背景的古代建筑

如果说一个地方的文化是由各个历史时期的建筑串联所形成的音符，那么一个国家的文化便是由构成这个国家的所有地区共同谱写的美妙旋律。然而因国家之大，各个地方或有着不同的地理环境、自然风水、民俗习惯、政治经济，虽一脉相承，却也产生了不同性质的地域文化。正是因为这些不同，才形成了丰富多元的中华文化，在世界文化舞台上散发着独特的魅力，历久弥新，熠熠生辉。

一、穴居野处与构木为巢

一般认为"穴居野处""构木为巢"是建筑的起源。在古代中国，"穴居野处"主要发生在北方的黄河流域，"构木为巢"主要发生在南方的长江流域，这也是中华古代文明的两个发源地。

中国北方地区气候寒冷干燥，在生产力水平极其低下的原始时代，住洞穴是最好的选择，洞穴周围厚厚的土石，把洞内和洞外的空气隔绝开，起到天然的保温隔热作用。所以直到建筑技术已经相当发达的今天，一些地方的人们还在坚持着"穴居"的生活方式。例如西北黄土高原上的陕西、山西、河南的部分地区，今天仍然沿用着窑洞的居住方式。而窑洞实际上就是古代穴居的一种延续，只是比古代做得更讲究，更精致。

原始时代最初的洞穴就是借自然的山洞居住，随着人口数量的增加，自然山洞不再满足需求，人们开始自己挖洞来居住，开始是模仿自然山洞，在山坡或崖壁上水平着向里挖洞，后来直接在平地上挖洞，先垂直于地面向下挖，然后横着向水平方向挖，类似现在我们可以看到的"地坑院"，再后来只垂直向下挖一个坑，然后把树枝支撑架在上面，用茅草搭盖一个棚子，盖在地坑的上面，"房子"一半在地下，一半在地上，形成"半穴居"的居住方式。再后来人们直接在平地上，用土堆筑起一个围子，再在这个围子上支撑木架，搭盖茅草棚，形成了完全的地面建筑。

与北方相反，南方地区气候炎热、潮湿，多山多水。人们居住首先需要的是通风凉爽、防潮防雨、防虫蛇。最初人们是在树上借用大树的枝丫来搭建窝棚，这种类似鸟巢的居住方式叫"巢居"。然而，真要找到一棵有着巨大枝丫足以在上面搭盖窝棚的大树也是不容易的。于是人们开始借几棵靠得比较近的小树，在几棵树之间绑扎横向的木棍，做成悬空的小平台，然后在平台的上面搭盖茅草屋顶，实际上这几棵小树就变成了支撑建筑的"柱子"。由此人们又开始直接在地上树起几根木柱，再在上面做平台、做屋顶，这就形成了用木柱架空，再在上面做房子的"干栏式建筑"，南方称其为"吊脚楼"。"吊脚楼"的下层架空做平台，平台上面再做住宅建筑，既通风凉爽、防潮防雨防蛇，又不占平地，不仅满足了南方地区炎热潮湿气候下的居住需要，也解决了南方部分地区由于地形地貌限制造成的平地少的难题。随着经济和建筑技术的发展，人们用来解决防潮通风等问题的方法手段不断改进，于是建筑也就落到地面上来，开始用砖木结构的房屋取代纯木结构的吊脚楼。

从上述南北建筑的发展进化过程来看，北方的居住方式由最初的"穴居"发展到"半穴居"，再由"半穴居"发展到完全的地面建筑。而南方的原始居住方式则由最初的"巢居"发展到干栏式建筑（吊脚楼），再由干栏式进而发展到地面建筑。两种方式共同代表了我国建筑的起源与发展（图6-11）。

北方：由穴居到半穴居到地面建筑

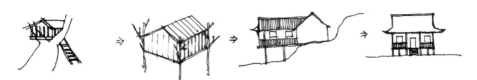

南方：由巢居到干栏式到地面建筑

图 6-11　南北建筑起源示意图（引自柳肃著《营建的文明：中国传统文化与传统建筑》，清华大学出版社，2014）

二、地域文化与建筑风格

黄河流域的北方和长江流域的南方是中国建筑的两个起源，同时代表着两种不同的建筑风格。中国幅员辽阔，东南西北各地的建筑风格各不相同，建筑地域风格的丰富多彩是中国古代建筑最具魅力的特征。然而在中国传统建筑千姿百态的地域风格中，最重要、最基本的便是北方风格和南方风格两类。北方风格厚重（图6-12），厚重的墙壁屋顶，封闭密实的门窗洞口，屋顶翼角起翘平缓，细部装饰粗犷。南方风格轻巧（图 6-13），轻巧的墙壁屋顶，开敞通透的门窗，屋顶翼角高高翘起，细部装饰极其精致。

图 6-12　北方建筑"土"的风格（王家大院恒贞门）（引自介子平著《雕刻王家大院》，山西经济出版社，2013）

图 6-13　湖南湘西凤凰古镇吊脚楼［引自摄影作品（已购版权）］

　　两种风格的差异是因为材料性能的差别所决定的，木材本就易于加工、易于雕琢。7000 年前河姆渡遗址的干栏式建筑中就有了榫卯构件，后来对木构件的加工和雕琢也更加精美。北方不论是原始时代的穴居、半穴居住宅还是后来的窑洞住宅或夯土建筑，都只是很简单的加工，后来过渡到砖石建筑的时候才有了雕刻。

　　材料的性能虽然是导致"土"和"木"两种风格差异的初始原因，但是地域气候条件所造成的自然特征也是不可忽视的因素。因为随着社会经济和建筑技术的发展，北方由"土"建筑（洞穴）遂渐发展为砖木结构建筑，南方建筑也由原始的纯木结构发展为砖木结构，南北方所运用的建筑材料逐渐趋同，但是南北方风格仍然延续着，直到今天我们所能看到的北方和南方的传统建筑，仍然如此，北方建筑敦实厚重，南方建筑是轻巧精致。

　　除此之外，先秦时代文学艺术领域形成的两大倾向也成为加剧南北方风格差异性的一大因素。先秦时代是中国文化全面成形的时期，最具代表性的是黄河流域的中原文化和长江流域的楚文化。中原文化的特质是现实主义，其文化思想方面的典型代表是《诗经》，楚文化的特质是浪漫主义，文化思想方面的最主要代表就是《楚辞》。

　　《诗经》是中国古代第一部诗歌总集。《左传·孔丛子·巡狩篇》中说："古者天子命史采歌谣，以观民风。"先秦时代帝王为了了解民情，派官吏到各地去"采风"，获得各地的民歌民谣，再加上部分贵族们写的宫廷乐歌和宗庙祭祀乐歌，共同组成了这部诗歌总集。《诗经》的内容分为"风""雅""颂"三大部分，"风"就是描述各地民俗民风的歌谣，共 160 篇，是《诗经》中的主要部分。描写的内容大到国家祭典仪式、朝廷活动，小到人们日常生活、劳动生产、男女爱情等，都是现实生活中的事物和场景。

　　在哲学思想方面，产生于中原文化背景下的以孔子和孟子为代表的儒家思想，也是完全以现实主义的态度来看待世间事物的，孔子"不语怪力乱神"，他提倡周人"尊礼尚施，事鬼敬神而远之"的态度。孟子说"充实之谓美，充实而有光辉之谓大，大而化之之谓圣，圣而不可知之之谓神"。在这里孟子所谓的"圣而不可知之之谓神"实际上是在告诫人们那种不可知的领域已经不是人们所应该追求的目标了。中原文化从哲学思想到文学艺术都是现实主义的。

　　《楚辞》也是一部诗歌总集，它产生于长江流域的楚国，以屈原的《离骚》等著名篇章为主，加入了宋玉等一批后来人模仿屈原诗歌体裁的作品集合而成。《楚辞》从叙述的内容到写作的词句章法都与《诗经》大不相同。其内容大多是来自民间的传说、神话故事，甚至有的直接源于祭祀鬼神的巫术仪式上的巫歌，借此以表达个人的情感和对现实政治的讽喻，情感色彩浓厚，充满浪漫气息。

　　"在艺术领域，如音乐方面，湖北随州曾侯乙墓出土的大型青铜编钟，大小 65 个编钟，音域跨 5 个八度，12 个半音，是古代世界上最大的一件乐器，应该说在当时达到世界音乐的巅峰。这件巨大乐器的出土震惊了全世界，被称为世界性的奇迹。美术方面，湖南长沙马王堆汉墓出土的大量器物正是楚文化艺术最典型的代表，马王堆汉墓帛画（图 6-14）的题材内容表现的是天上、人间和地下的神秘故事，这是其他地方的绘画艺术中很难见到的。墓中出土的大量漆器，表面都绘有精美的图案。绘画的表现方式也是大量舞动的曲线，色彩是以红黑两色为主，充满浪漫和神秘的气氛。"（柳肃著《营建的文明：中国传统文化与传统建筑》，清华大学出版社，2014）

图 6-14　湖南长沙马王堆汉墓帛画（引自姚安、范贻光主编《坛庙与陵寝》，学苑出版社，2015）

北方中原文化的现实主义风格和南方楚文化的浪漫气质反映在我国古代建筑上最突出的表现便是屋角起翘与山墙。北方建筑的屋角起翘比较平缓，显得朴实、庄重，南方建筑的屋角起翘又尖又高，显得轻巧、华丽。北方建筑的山墙式样变化不多，且造型风格厚重朴实，南方建筑的山墙式样则丰富多彩，造型变化多端，每个地方都有不同的造型。

三、丰富多彩的地域建筑

关于地域文化的概念和范围划分，我们不能以今天的省、市、县的行政区划来看。千百年来形成的地域文化，并不是一条今天画出来的行政区域界线就可以划分的。例如著名的"徽州民居"，"徽州"这个地域概念就并不等同于我们今天的安徽省，而是今天安徽南部的歙县、黟县、绩溪、休宁等县和江西北部的景德镇、婺源等，它们的文化是相同的，建筑风格也是相同的。与此类似的，湖南的东部与江西的西部毗邻，这两个地方的文化是很相近甚至相同的，这两地的村落、民居的建筑风格相同，甚至连方言都相同。今天的行政区划是按照管理需要来确定的，历史文化的地域性因地理关系、地形地貌的特征而形成。一种文化往往是在两座山脉之间的一条河流的流域内产生的，因为古代交通落后，人们的日常活动范围很少翻越大山，基本上被限制在河流流域相对平坦的地域范围内。在这一范围内的人们互相交流密切，有着共同的语言、共同的生产生活方式、共同的风俗习惯、共同的艺术审美趣味，建造同样的房屋，制作同样的食物等，这就是地域文化。

我国建筑在地域特征上表现最明显的应该就要数民居了，各地的民居都有各自的做法，从建筑的平面布局组合、建筑造型、建筑材料、结构做法，直到细部装饰等都有着明显的地域特征。这些差异的产生可能有各方面的原因、有地理气候的原因、有生产生活方式的原因，还有某些特殊的社会历史的原因。例如，同样是四合院，北方的四合院宽敞，院中栽种植物，摆着石桌、石凳，可供人活动（图 6-15），而南方的天井院，狭小闭塞，天井中只供采光通风，不能供人活动（图 6-16）。这是因为北方气候寒冷、干燥、少雨，需要多争取阳光。而南方气候炎热、潮湿、多雨，要尽可能防雨、防晒。

西北黄土高原地区，今天仍然延续着窑洞的居住方式，尤其是一些地方采用地坑窑洞的居住方式（图 6-17），是因为这一地区极度的干旱少雨而又寒冷，窑洞里冬暖夏凉，基本上不用考虑防雨防潮的问题。相反，西南山区地带的贵州、云南、四川、

图 6-15　北方四合院（引自 https://image.baidu.com/search/detail?）

图 6-16　江西安义古村落
天井四合院（颜超拍摄）

图 6-17　西北地坑窑（图片来源：作者拍摄）

广西以及湖南的湘西，山地多平地少，山林茂密，气候炎热，空气潮湿，所以仍然延续使用着古老的干栏式民居（吊脚楼）（参见本章图 6-13），底层架空，人居楼上，凉爽通风而又防潮。这些都是因为地理气候而造成的地域性特征。

辽阔的草原地区，流行的是毡包式住宅，即人们所说的"蒙古包"。其实远不止蒙古族使用"蒙古包"，新疆的哈萨克等民族也大量使用毡包式住宅。这些以放牧为主的民族，逐水草而居，随时要迁移流动，于是采用这种可拆卸搬运的毡包式住宅。这是因为特殊的生产生活方式而造成的地域性特征。

四、地域文化交流背景下的建筑文化

在中国历史上，由于战争、灾荒等原因曾经多次出现大规模的移民，这种移民多数情况下是永久性的，即永远离开故土，到别处去生存。实际上今天中国南方各省的汉族人大多数是北方汉人的后裔，因为中国历史上所发生的战争大多是在北方，在几千年的历史中北方民族不断南下，进入中原，与汉族争夺生存空间。这种战争导致大量北方汉人被迫南迁，这种被迫条件下的大规模移民，导致了中国传统民居中一种特殊类型的民居建筑的出现，这就是客家人的"土楼"。

客家人并不是少数民族，而是古代从中原地区迁来的移民。被当地人称为"客家人"。客家人的处境是艰难的，由于土地有限，他们不得不与当地的原住民争夺生存空间，常受到原住民的排挤，在山区还常有土匪的袭扰，因此他们就抱团聚居，创建了这种具有很强防御功能的土楼式民居。小的土楼可能是一个家族共同建造，大的土楼则可以住数百户人家，有可能一个村子的人共同建造。

土楼式民居对外的墙壁很厚，有时可以厚达将近 1 米，下面一二层对外不开窗，里面不住人，做牛栏猪圈或柴草杂屋，上层才对外开窗，住人。朝内各层都做走廊，绕行一圈，户户相通，土楼内部中心是一个祠堂，供奉着全土楼住户的共同祖先，也是土楼内的公共活动场所，在心理上也明确地表达了一种内聚的向心力，以及内部团结一致对外的意志。福建永定等地的圆形土楼（图 6-18）是最具特色的典型代表。江西赣州地区也有很多土楼（当地叫"围屋"）（图 6-19），都是方形的，而且有的土楼在四角上高耸出一个小小的望楼，类似碉堡，更具有防御性的特点。

会馆是在中国封建社会后期才出现的新的建筑类型，是商业发展的结果。商业的发展导致大量商人的流动，而外地来的商人又常受到当地势力的排挤，于是以地域为单位建起会馆，联络同乡、内部团结、自我保护。这种地域性的会馆是地域文化的产物，也是地域间文化交流的最明显表现。一个地方的人到了另一个地方，他们不仅要内部团结、自我保护，而且要延续着自己家乡的文化——宗教信仰、风俗习惯、生活方式等。这些主要在会馆的平面空间、建筑造型、装饰艺术等方面中体现出来。例如山东

图 6-18　福建土楼［引自摄影作品（已购版权）］

图 6-19　江西龙南客家围屋（引自 http://www.gxnews.com.cn/staticpages/20171212/
newgx5a2f5649-16744540-3.shtml）

烟台的"天后宫"（福建会馆），其建筑屋顶就是典型的福建闽南式"燕尾脊"的造型，与山东本地的建筑风格截然不同。不仅如此，据记载其建筑材料都是从福建海运过来的。又如河南社旗的山陕会馆（图 6-20），屋顶上用不同颜色的琉璃瓦拼出菱形图案，这是山西传统建筑的做法特征，完全照搬到河南来。另外，湖北襄阳的山陕会馆、开封的山陕甘会馆、安徽亳州关帝庙（山陕会馆）等的琉璃屋顶也是这种做法。这表明一个地方的人对自己家乡风物与文化的感情，而会馆这类代表地域文化的建筑，就寄托着人们对于这种地域文化的情感。

图 6-20　河南社旗的山陕会馆［摄影作品（已取得版权）］

五、水乳交融的民族建筑

中国是一个有着悠久文化历史的古老国度，在几千年的历史中，各民族相互交融，民族文化交流的活动从来没有停止过。原始社会时期各部落之间就有频繁的迁徙，奴隶社会时期虏获的其他部族的工匠奴隶（艺人），带来了别的部族的工艺和技术，使部落之间得到了交流。公元前五六世纪，我国处于春秋战国时期，这是我国历史上一段大分裂时期，当时不仅天下纷争、诸侯群起，而且百家争鸣、人才辈出，各诸侯之间的使节往来，知识分子、技艺工匠流动，带动着各地文化与技术的交流。战国末期赵武灵王的"胡服骑射"政策，把北方少数民族的文化引进中原。几次北方居民的大迁移，又把北方和中原文化引向长江以南和南海沿岸。

中国各民族建筑文化交流融合的实物很多，公元前 3 世纪，秦始皇兼并六国，建立了我国历史上第一个大一统王朝，同时促进了全国范围内的建筑文化交流。《史记卷六·秦始皇本纪第六》中有记载："秦每破诸侯，写放其宫室，作之咸阳北阪上，南临渭，自雍门以东至泾、渭，殿屋复道周阁相属。"公元 7 世纪，唐朝的文成公主远嫁吐蕃，把中原地区的建筑形式、建筑技艺、建筑文化带到青藏高原，现存的大昭寺、小昭寺就是由汉族工匠与藏族工匠共同修建的，寺庙的建筑结构与建筑造型以及壁画雕刻等都反映了汉、藏文化与技术融合的特点。修建于康乾年间（1661—1795 年）的河北承德避暑山庄和外八庙（图 6-21），也是不同民族和不同地区建筑文化交流的典型代表。外八庙以汉式宫殿建筑为基调，吸收了蒙古族、藏族、维吾尔族等民族建筑艺术特征，创造了中国多样统一的寺庙建筑风格。

图 6-21　河北承德外八庙（图片来源：作者拍摄）

唐宋时期，汉族建筑的形式与工艺传入西南地区，当地民族聚居区的干栏式建筑逐渐与汉族的木构架和土坯墙的瓦顶建筑相互结合，经过长期演变，逐渐形成了适合当地气候与人民生活的"一颗印"民居。这种平面呈方形，三间两耳或三间四耳，毛石脚土坯或夯土墙木构架瓦顶的两层四合院建筑，随后成为当地一种重要的民居建筑。从北方南下的白族人民，在汉族建筑的影响下，营建出合院式木构架民居建筑，为了适应当地自然环境气候，他们在建筑平面、木构架及屋面构造上设置了许多防风抗震的建筑设施，从而创造了白族民居特有的建筑风格。生活在云南大理、丽江等地的一些少数民族，其民居建筑虽采用汉族的木构架样式，但许多细节的做法仍有独到之处，它的屋顶多为硬山式和悬山式，屋脊生起，屋面反曲，屋檐设有山花装饰，门楼雕梁画栋，照壁设置华美。

北方地区的许多民族，如维吾尔族、蒙古族、藏族、哈萨克族、柯尔克孜族等，早先大多以放牧牛羊为生，毡帐类便于迁移式建筑是他们主要的居所，当这些游牧民族走向定居生活以后，一些固定类的民居建筑便得到了充分发展，如藏族的碉房、维吾尔族的庭院建筑等。佛教在西域盛行时期，在少数民族聚居区出现了大量融汉族建筑特色及印度建筑风格为一体的佛门宗教建筑。这种风格在藏族地区也十分明显，汉族建筑的传统做法（如院落布局、斗拱挑檐、大小木作、中轴对称及庑殿顶、悬山顶、歇山顶等）被广泛应用于当地建筑，今天我们还很容易在布达拉宫（图 6-22）、妙应寺、哲蚌寺、扎什伦布寺（图 6-23）及塔尔寺等藏传佛教著名建筑中见到。

图 6-22　布达拉宫（引自广州市唐艺文化传播有限公司编著《中国古建全集 宗教建筑 3》，中国林业出版社，2016，第 167 页）

图 6-23　扎什伦布寺（引自广州市唐艺文化传播有限公司编著《中国古建全集 宗教建筑 3》，中国林业出版社，2016）

总的来说，随着时间的发展各民族之间不断发展与交融，每个民族都积淀出了更加适宜生存环境的建筑文化与技术。各个民族都是在他们自己居住的环境里，按照自己的意愿建立自己的生活，创造出自己的民族文化，创造出自己的民族建筑。各民族建筑以其特有的形式和内容在中华民族建筑文化中大放异彩，在漫漫的历史长河里创造出灿烂辉煌的古代文明。

（本节著者　赵雅丽、姚慧、王海洁）

主要参考文献

[1] 罗哲文. 中国建筑文化大观 [M]. 北京：北京大学出版社，2001.

[2] 潘谷西. 中国建筑史 [M]. 北京：中国建筑工业出版社，2009.

[3] 楼庆西. 中国传统建筑文化 [M]. 北京：中国旅游出版社，2008.

[4] 袁行霈，陈进玉. 中国地域文化通览 [M]. 北京：中华书局，2013.

[5] 柳肃. 营建的文明——中国传统文化与传统建筑 [M]. 北京：清华大学出版社，2014.

[6] 中国民族建筑研究会. 中国民族建筑研究 [M]. 北京：中国建筑工业出版社，2008.

[7] 杨权喜. 楚文化与中原文化关系的探讨 [J]. 江汉考古，1989（12）：64-71.

[8] 张驭寰. 我国古代建筑材料的发展及其成就 [J]. 建筑历史及理论，1980（1）：186-191.

第三节　"火政"与古代建筑技术发展思辨

我国古代历史上建筑火灾发生十分频繁，这是由于我国古代建筑基本是"构木为屋"之故。木构结构的建筑最恐惧的灾星就是"祝融君"的火，极易起火成灾，古代建筑极其重视对自然灾害的防御，尤其是建筑防火。

建筑防火在木构建筑的营造中处于一个十分重要的位置，古人在积极防御火灾的实践中，创造了许多技术，形成了独树一帜的中国古代建筑防火技术和文化，甚至影响着建筑自身的发展。

一、火灾情况概述

中国古代记载火灾的史料非常丰富，历次古建筑的火灾都给世人留下了深刻的教

训。西周共和十四年（公元前 828 年）"大旱既久，庐舍俱焚"（《竹书记年·卷八》），
大约是有记载的最早的一次火灾。仅据《左传》记载在春秋 200 多年间，发生的重大
火灾就有 14 起。《古今图书集成·火灾部》记载了数千起典型的火灾，灾害之频繁，
令人触目惊心！据《晋书·明帝本纪》记载，晋明帝太宁元年（公元 323 年）三月，"饶
安、东光、安陵三县灾，烧七千余家，死者万五千人。"《宋史·五行志》记载，南宋
嘉熙元年（1237 年）六月，"临安府火燔三万家。"故宫从 1420 年建成，到 1911 年溥
仪退位的 491 年间，有记载的火灾就有四五十次。

　　一点火星能败到一户簪缨之家，一把火能毁灭半座城池或整个村庄，这一灾害即
使在当代也时有发生，令人痛心。纵观中国古代建筑史，毁于火灾的知名建筑更是不
胜枚举：号称楚国第一台的章华台毁于大火。秦汉时项羽入关，火烧秦阿房宫，三月
大火不灭。被誉为"人间天堂""一切造园艺术的典范"的圆明园也毁于英法联军的战火。
清末时期的广州十三行等都曾毁于天灾或人祸的大火（图 6-24）。中国古代木塔、高
屋楼阁建筑毁于火灾者甚多，如著名的江南三大名楼——黄鹤楼、腾王阁、岳阳楼都
曾经受过火灾的洗劫，化为焦土。

图 6-24　中国画家《广州十三行——烈火蔓延》[约 1822 年水粉　1712 英寸 ×26 英寸（约
445 厘米 ×66 厘米）　私人收藏图片：马丁·格里高里画廊]（引自［英］孔佩特著《广州
十三行》，商务印书馆，2014，第 89 页）

二、古代的"火政"管理

关于火灾问题，早在周代就十分重视，春秋齐国政治家管仲说："山泽不救于火，草木不植成，国之贫也。"（《管子·立政篇》）甚至有人还把火灾与亡国联系起来，如陈国发生火灾，国君未曾积极组织救火，即被人视为"先亡"之国（《左传·昭公十八年》）。可见周人对火灾问题认识之深刻，并把它提到事关国家贫富和兴亡的高度。

历代皇帝对火灾非常重视，汉、唐、宋的许多皇帝在发生火灾后，都下了"罪己诏"。同时要直接处理有关责任人，并对灾民的安置和救济，对应采取的防火措施亲自过问。随着时代的发展，对火灾的重视程度越来越高，逐步注重预防，颁布防火"圣旨"。明代的皇帝非常注意了解火灾情况，并研究对策，亲自撰写宣传内容，对老百姓开展防火宣传。嘉靖十年（1531 年），皇宫东偏殿发生火灾，当大臣提出宫殿重修方案时，嘉靖皇帝诏令不必遵守旧的主张，强调采用耐火的砖砌结构，宁可少建宫殿，也要留出防火间距和通道，直接干预皇宫的建筑防火设计。

有关防火救灾的措施我们现在叫作"消防"，古代称为"火政"。称管理火的官员为"火正（官）"，防火与灭火的禁令为"火禁"，灭火称"潜火"。火政管理的内容主要是设火官、立火禁、立火宪。此外，还包括一整套有组织的扑救火灾及组织安全疏散的"潜火"管理措施，它揭示了古代消防管理的条理性，这些有组织的消防管理与一定的防火设计是分不开的。"火政"的建立，是人类社会文明的象征，标志着古人对火灾认识的巨大进步。

早在周代为加强对火灾的管理，不仅组建了防火机构，并因此创立制定了严格的防火、灭火制度（火政），而且设置了一批负责防火的专职官吏。但从现有文献资料分析，宋以前没有专门的火政管理机构，也没有专门的"潜火"队伍，而一般是由负责治安管理的军队承担。

北宋时期，朝廷建立了中国历史上甚至世界城市历史上第一支消防专业队伍，设置了专门防火、灭火的机构——"潜火铺"。北宋都城开封的防火组织较为严密，防火设施较为完备。据《东京梦华录》卷三《防火》篇的记载："每坊巷三百步许，有军巡铺屋一所，铺兵五人，夜间巡警、收领公事。又于高处砖砌望火楼（图 6-25），楼上有人卓望。下有官屋数间，屯驻军兵百余人，及有救火家事，谓如大小桶、洒子、麻搭、斧锯、梯子、火叉、大索、铁猫儿之类。每遇有遗火去处，则有马军奔报军厢主。马步军、殿前三衙、开封府各领军级扑火，不劳百姓。"

从这段记载中可知，这是一套完整的防火体系。这里的望火楼是消防专用建筑，

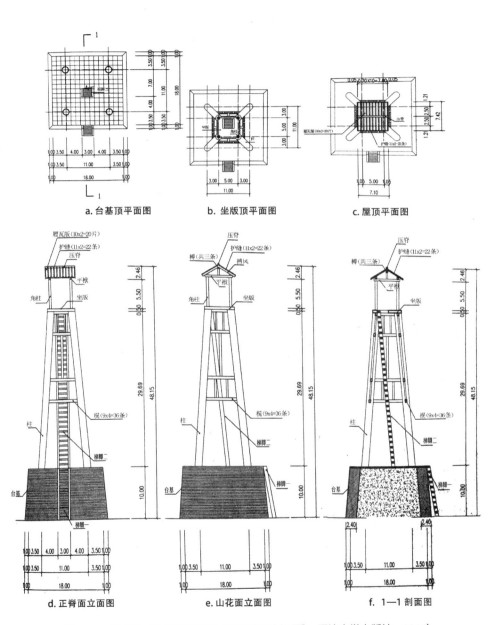

a. 台基顶平面图 b. 坐版顶平面图 c. 屋顶平面图

d. 正脊面立面图 e. 山花面立面图 f. 1—1 剖面图

图 6-25 望火楼（引自刘涤宇著《历代清明上河图》，同济大学出版社，2014）

其功能是专门为火灾报警服务，并建有严格的报警系统，并可及时发现与报告火警。望火楼上常年有铺兵，在楼上轮班昼夜四望，更容易观察到火情的发生。在各厢、坊的军巡捕还设有"探火兵"，如有火警发生，即刻有"马军飞报"。望火楼下的"官屋"里驻扎的是百余人的国家军队，配备了水桶、火钩、麻搭、铁猫儿等10余种扑救火灾用的器材设备，可随需随用。一旦遇有火灾，望火楼下的军兵，可迅速出动灭火。"清楚地表明，这是一支力量相当充足的，完全由国家建立的公益性的专门扑救火灾的专业队伍。"（张朝辉《宋代火政研究》）

从以上分析来看，这套预警防火体系，保证了火灾发生时能够及时出警，形成了较完整的城市消防系统。很显然，望火楼在这个消防体系中起到极为关键的预警作用。"可以说宋代望火楼这种形式是近代消防站的雏形，望火楼是宋代都城重要的消防用构筑物，望火楼的出现是城市防火发展的重要标志，是宋代城市建设中一个很有意义的创造，它不仅是一个发现火警的设施，在更大的意义上，是一个有效的扑救火灾的机构。它的出现在整个古代消防发展历史上具有重大意义。"（张朝辉《宋代火政研究》）

这套预警防火系统直至清代还发挥着重要作用，清末八国联军侵占天津后，在天津划分出租界，意大利和英国租界招募华人组织官办救火会，组织了天津消防志愿队（图6-26）。1902年，清政府在天津成立南段巡警总局，救火会便交给清政府监管，改称南段巡警消防队，便是我国第一支专业消防警察队。

图 6-26　清末消防用具（引自 http://www.360doc.com/content/19/0628/15/25589914_845404080.shtml）

三、古代建筑防火技术

在与火患的长期战斗中，中国古代先人创造了系统的独树一帜的古代建筑防火技术。

恩格斯指出："可以证明，在许多地方，也许是在一切地方，陶器的制造都是由于在编织或木质的容器上涂上黏土，使之能耐火而产生的。"中国古代先民为了防火，氏族人在柱排列的壁体上涂泥，并且烧硬表面，使之初步陶化。仰韶遗址中发现屋盖塌落的草筋泥残块有烧过的迹象，据专家推测，是出于防火的需要。春秋时期的《左传》记载："火所未至，撤小屋，涂大屋。"说得很明白，在火灾未来临时，将易燃的小屋拆掉，而将大型建筑涂上泥巴。古代建筑把这种经验用于木构件的防火是比较普遍的。

在经历无数次火灾之后，古人对木构建筑的火灾危险性逐步认识，在很早以前就注意寻找防火性能优于木材的建筑材料，用非燃烧材料替代易燃材料。在夏代出现了夯土技术，夯土筑墙是最早采用的非燃烧材料，用夯土墙作为建筑的围护结构是建筑发展的一次飞跃，也是为了防火。随着生产力的发展，人们发明了砖瓦技术，虽然砖瓦出现较早，但在建筑中普遍使用经过了一个相当长的过程。

每当火灾发生，首先烧毁屋顶，延烧传播最快的也是屋顶，"火起于下，焚其上也。"屋顶材料是建筑防火的关键。《新唐书·宋璟传》记载："广州旧族，皆以竹茅为屋，屡有火灾，璟教人烧瓦，改造店肆，自无复延烧之患，人皆怀惠立颂，以纪其政。"瓦对防火的积极效果已经成为屋顶防火的重要措施。

砖作为围护结构的普及使用，可以说是防火的原因，在战国时期砖已经用于装饰墙面、地面、墓室，到了明代才是真正砖木结构时代。古人对于砖的防火功效认识颇深，据《天府广记》记载："易旧制板屋以瓦砖，可以避风防火烛。"又"尝见江北地少林木，民居大率垒砖为之，四壁皆砖，罕被火患。"另"今木星易火，易之以砖，则不火，此理至明。"(清《杭州制火议》)古人的认识和总结，促进了建筑易竹木为砖墙的的速度。瓦在西周出现，发展到两汉时期广泛用于各类建筑，而砖出现在春秋战国时期，发展到明代才广泛用于各类建筑。瓦的应用和普及速度远远领先于砖的普及速度，表明建筑技术的发展和人们生活需要的紧密程度相关。

墙体在中国古代城市与建筑中，一直是分隔、分界的重要手段，这些墙体具有很强的防火功能。如城墙的防卫功能并非只是军事的，它又具有防止荒野列火蔓延，防止火攻的功能。古人对墙体的防火功能有深刻的认识，明代故宫在初建时的一次火灾后，专设 5 道防火墙，隔开宫中各殿，分立为院。清代故宫在一次火灾后，雍正皇帝令拆除左右回廊，换成实墙、封火檐。据《福建通志》记载："福建延平南平县发生火灾，毁四门城楼，十四坊，计三千余家"，火灾后知县王道琨"捐金三十两置武威防火墙一扇，以御火灾。"古代防火墙，至今保存完整的是故宫东墙外，建于明朝的锦衣卫仓库。为了防火需要，每隔 7 间房屋空出一间，并将这间房屋用砖砌封闭，在这间房屋填充三合土直到顶部夯实，形成一道 5 米厚的防火墙。古人有意识地运用墙体的防火技术，古建筑中设置墙体和建筑防火密不可分。

最有典型意义的是封火山墙（图 6-27），封火山墙从防火技术角度出发不同于一般的墙壁。封火山墙一般高出屋面 3~5 尺，耐火时间达 6 小时以上，封火墙与房屋框

图 6-27　封火山墙（引自茹竟华、彭华亮主编《中国古建筑大系 5　民间住宅建筑》，中国建筑工业出版社，1993，第 32 页）

架相互独立，有"屋塌墙不倒，墙倒屋不塌"的效果。封火墙的分隔作用，严格划分了防火分区，把火灾控制在一个防火单元内，不会殃及四邻，更不会大面积延烧，对当时社会防止自然灾害起到极大的积极作用。封火山墙常见的形式为阶梯式，多为三级，端部设计成翘尖形，轻巧欲飞。另外有花瓣式，由 3 个半圆组成，打破了尖角的处理，圆润生动。封火山墙虽从防火技术出发，在技术和艺术的结合上堪称典范，手法炉火纯青，成为立面装饰的重要手段。

　　除采用防火涂料，选用砖瓦等耐火材料，用防火墙、封火山墙进行防火阻隔等防火技术外，中国古代还在城市规划、乡村建设中保障建筑物防火安全间距和设置消防通道，大型院落还设置用防火墙隔离出供救援和逃生使用的"火巷"（参见本章图 6-30），在城市和乡村建设中挖掘水渠、水塘（图 6-28），引入水系用于消防取水，在城市高处建设望火楼等防火建筑。建筑物上安装了避雷设施，院内放置太平缸（水缸）（图6-29），并很早就采用了防火厨灶、防火门窗等防火措施。

图 6-28　安徽宏村桥景（引自单德启编著《中国传统民居图说·徽州篇》，清华大学出版社，1998，第 16 页）

图 6-29　江西安义古村落太平缸（颜超拍摄）

四、防火技术对古代建筑发展的影响

　　古代建筑因火灾影响或防火技术原因对建筑发展的影响巨大，现从古代高层木构建筑发展、建筑群体及院落演变、砖石结构建筑 3 个方面简述其影响及意义。

　　中国古代有登高的情怀，先秦时期是以高台建筑为主，文献的记录上，战国和秦汉时代有过颇多著名的高"台"。东汉时期木构技术逐渐走向成熟，中国古代建筑做过向高空发展的探索，然而，木构建筑在向高空发展有短期的试探后，就再也没有继续发展。李允鉌先生在《华夏意匠》中写道："中国建筑占领空间的意念为什么逐渐减弱呢？大概到了不再利用堆土台作为向空间发展的时候，木结构虽然可以承担这个任务，但是有一个致命弱点，这就是防火问题。"据文献记载，高层建筑楼阁和塔（木塔、砖木混合塔），毁于火者甚多。从防火角度分析，高层建筑尤其是木结构的火灾特点是：火势发展快，蔓延途径多，建筑高高在上，火势难以控制，扑救技术手段少而造成扑救困难，往往一炬而成焦土。如此看来，高台建筑的衰落之一也是因防火问题未能解决。中国古代高层木构建筑未能持续充分向上发展的主要原因是防火技术的制约。

　　用防火技术来解释建筑群体院落的现象，有一定的道理。古人对于房屋群体无间隔联系不利于防火有极深刻地认识。秦阿房宫建筑"檐庑相逼""重屋累居""高台重榭""接屋连阁"极易"屋比延烧"。秦阿房宫建筑就是用栈道、浮桥、廊庑将离宫别馆连成一片，虽然气势磅礴，但极难阻断火灾。据《明宫史》记载："嘉靖十年，大内东偏火，延烧东西十四房俱尽"。连屋易于延烧，明世宗指出"宫中地隘而屋众，且以通栋，所以每有火患。"并指示"闻南京宫中诸门皆砖砌，不用木，今为毁者，量为规划，务使道途疏阔，堂舍简陋，门俱南京制，斯免惊扰。"（陈宗潘《燕都丛考》）火灾延烧需要连续的可燃物质，早期的宫殿其间既无院墙又无间距，建筑布局紧密簇拥、"接屋连阁"都使延烧极盛。看来解决延烧的最好方法就是拉开单体建筑的距离，使得群体建筑割裂，独立而连续，重新布局组合成院落（图 6-30），阻断火灾的延烧。中国古代建筑群体各种不同院落的形成和发展，都含有防火的技术因素和防火理念的影响。丰富而有变化的建筑院落形态，增强了中国古代建筑的整体艺术魅力。

图 6-30　巷道（引自茹竟华、彭华亮主编《中国古建筑大系 5 民间住宅建筑》，中国建筑工业出版社，1993，第 19 页）

古代单体建筑，有一个从土木建筑发展到砖木结合建筑的过程。中国古代瓦在西周出现，而砖出现于春秋战国时代。建筑史表明，东汉以前是砖石建筑的初步使用期，明代以前是砖石建筑的发展时期，明代以后是砖石建筑发展的高峰期。也许是地震的原因，很可惜，中国古代在汉代以前的砖石房屋没有保存下来。地下遗址的发掘，展示了汉代砖石结构的技术已能砌筑拱券和穹隆，完全掌握了砖石结构的技术。

汉代以后，中国的砖石结构有了较大的发展，出现了许多大跨度和高层建筑。如南朝墓室用砖砌筑的跨度有 6.7 米，北魏的嵩岳寺大塔高度达 39.5 米，标志着古代砖石结构技术的成熟和杰出成就。而促进砖石结构建筑发展的正是古代防火技术的逐渐成熟。南北朝至唐代时期，历史上曾建造过许多木塔，但多毁于火灾。这些惨烈的教训促使古人寻找难燃的建筑材料来替代易燃的木材，唐以后大量建造了砖塔、砖木混合塔，宋代以后基本以建造砖塔为主。现存的古塔除山西应县木塔外，绝大部分是砖塔、石塔和砖木混合塔。从这一历史事实中总结出古代建筑防火给砖石结构发展带来的意义。

五、独特的建筑防火观念

除上述具体防火技术措施外，还有其他各种趋吉避凶的方法。在古代建筑屋脊正脊的两端有一对高大的装饰件，这就是正吻，也称鸱吻、龙尾、龙吻、蚩尾等。鸱吻是龙的儿子，喜好吞火，屋脊上的鸱吻龙口大开，口衔正脊，背插宝剑。古人认为在屋脊上安装鸱吻，能防止建筑物着火。据北宋吴楚原《青箱杂记》记载："海为鱼，虬尾似鸱，用以喷浪则降雨。"在垂脊和戗脊的前端也装饰有成排的小动物，这些小动物的设置与建筑物的等级和时代有关。如清代故宫太和殿的数量最多，为 11 个，领头的是骑凤仙人，其后依次为龙、凤、狮子、天马、海马、狻猊、狎鱼、獬豸、斗牛、行什。传说，龙、狎鱼、斗牛都是能兴云作雨的海中神兽，古人期望借助它们的神力来避火防灾（图 6-31）。

藻井一般用于建筑物的殿堂明间顶部，据东汉应邵编纂《风俗通义》记载："今殿作天井。井者，东井之象也。藻，水中之物，皆取以压火灾也。"这里的天井即藻井，以藻井压火的想法，源于我国古代"水能克火"的认知。藻井一般绘成龙纹或者菱、藕一类植物（图 6-32）。到了宋朝，藻井又谓之"覆海"，在屋顶上设置有浩瀚的大海，任何火自然都可以抵御得了。

故宫文华殿后面专为藏书使用的文渊阁（图 6-33）顶部覆盖的黑色琉璃瓦，在一片金碧辉煌，红墙黄瓦当中，显得有些特别，它两端的墙壁也是黑色实心砖墙。"北

图 6-31 太和殿吻兽（引自茹
竟华、彭华亮主编《中国古建
筑大系 1 宫殿建筑》，中国建
筑工业出版社,1993,第 137 页）

图 6-32 大政殿内藻井（引自
茹竟华、彭华亮主编《中国古建
筑大系 1 宫殿建筑》，中国建筑
工业出版社，1993，第 73 页）

图 6-33　故宫文渊阁（图片来源：作者拍摄）

方壬癸水，其色属黑"是古代"阴阳五行"之说，黑色代表水，以黑瓦为顶，黑砖为墙，寓意着"以水克火"之意。如此象征意义的讲究还有很多，如古建筑名称忌带"火"字，连发生火灾时，也不许喊"起火！"而是喊"走水"。重要建筑物的名字都带水，如赫赫有名的天一阁为暗合《易经》"天一生水，地六成之"之意，故阁也取名"天一阁"。古人认为"门"字上的钩与"火"有关，所有皇家建筑匾额上的"门"字最后一笔都是直写下来，绝不带钩，以避"火钩"。

在科学尚未昌明的时代，除了上述防火措施以外，还有许多独特的、思想意识上的防火方法。这些防火观念虽起不到防火的实际效果，却饱含着古人对平安美好生活的向往，也表现了古人别具一格的智慧，客观上也起到防止、警示火灾发生的宣传作用，形成了中国古代建筑独特的文化景观。

（本节著者　姚慧）

主要参考文献

[1]　[宋] 孟元老 . 东京梦华录 [M]. 北京：中华书局，1982.

[2]　吴庆洲 . 建筑哲理、意匠与文化 [M]. 北京：中国建筑工业出版社，2003.

[3] 刘涤宇.历代清明上河图 [M].上海：同济大学出版社，2014.

[4] 姚慧.如翚斯飞 [M].西安：陕西人民出版社，2017.

[5] 肖大威.中国古代建筑防火技术与建筑发展 [J].南方建筑，2008（06）：14-17.

[6] 肖大威.中国古代建筑发展动力新说（二）——论防火与古代建筑形式的关系 [J].新建筑，1988（01）：63-66.

[7] 赵振宇.中国古代建筑的防火观念 [J].旅游纵览，2015（08）：291，294.

[8] 张朝辉.宋代火政研究 [D].保定：河北大学，2007.

第四节 古代军事防御建筑的衍生与发展

中国古代因为侵略、自卫、扩张领土而发生的战争不计其数,正如《三国演义》开篇说道："天下大势,分久必合,合久必分",其讲述的便是这样一种状态。在战争爆发的高频率之下,古代的人们也具备了对自己所属领土的防御能力,并且随着时代的进步、生产力的提高和战争强度的增大，人们的防御能力也在不断增强。据史料记载，城市的防护性建设和各类防御建筑的建造是人们对战争防御的主要体现。尽管在中国古代历史的长河中，古代城市的规划建设和建筑的建造受多种因素影响，但是从战争的角度考虑，军事防御的综合能力更能决定一个城市存在的时间长度和存在的价值。因此对战争影响下的古代城市军事防御建设和建筑的防御性研究是中国古建筑历史的一个重要组成部分。

一、长城和边塞防御

长城是中国古代第一军事工程，于国家的军事防御体系而言，长城肩负对外御敌、保卫边境的重任（图 6-34）。据考古发现，长城的修建始于春秋战国时期，由楚国初建以作防御之用。初始,楚国所筑长城称为"方城",《左传》曾记载,楚成王十六年（公元前 656 年),楚使臣以方城之坚游说齐国退兵,从而避免一场兵祸。

自楚国起，各诸侯国竞相修建，以成边防。至秦始皇时期，方才大规模修筑长城。据《史记》记载，其气势之浩大可"西北斥逐匈奴，自榆中并河以东，属之阴山，以为三十四县，城河上以为塞。"此举虽耗国内大半劳动力，却也达到《史记·蒙恬》中所述"使蒙恬北筑长城而守藩篱，却匈奴七百余里，胡人不敢南下而牧马，士不敢

图 6-34　八达岭长城图（引自《中国的世界遗产》，中华人民共和国建设部，中国建筑工业出版社，2003，第 16 页）

弯弓而抱怨"的战绩，从而保护了中原文化。

汉武帝即位后，则对长城"取河南地、筑朔方、复缮故秦时蒙恬所为塞，因河为故"（《史记·匈奴传》），之后再筑新城。此时，长城长度已达 1 万多千米。汉长城既为阻止匈奴进犯的边境防线，又是往来商贾的交通要塞，见证了中国古代"丝绸之路"的兴盛和伟大。

汉代以后，各朝均在不断修筑长城，至明朝达到最大规模。明长城通过改进技术（采用砖砌结构筑长城），提高了防御能力。在明长城内部防御系统中，对长城的城墙增设墙台、敌台、烽火台等建筑物，而在明长城沿线上建设了 6 个重要的关塞险口（图 6-35），使长城内外互为依托，构成坚固的边境防线。

所谓"关塞"，是指择交通要道地理险要之处设置关口或关卡，在《尚书·秦誓序》中提到："筑城守道谓之塞。"关塞作为国家边境上的门户和过道，需"关在境，所以察出御入。"（东汉蔡邕《月令章句》）关塞的出现最早可追溯到西周、春秋时期，彼时群雄逐鹿、诸侯纷争，各国均辟地理险要之处，于边境和交通要道上设置关塞，派兵驻守，以御外侵。

明代关塞常选址于地势险要之处，并且相应建设边防关城，利用天险和人工设防加强防御体系。在明朝内外三关中，有号称"两京锁钥无双地，万里长城第一关"的山海关（图 6-36），关城墙依地势形成南北长东西短的不规则四边形，于东南西北各开镇东、望洋、迎恩和威远 4 门，且在城外设瓮城。山海关东门城楼建于高台之上，

图 6-35　嘉峪关关城图（引自《中国的世界遗产》，中华人民共和国建设部，中国建筑工业出版社，2003，第 8 页）

图 6-36　山海关关城图（引自《中国的世界遗产》，中华人民共和国建设部，中国建筑工业出版社，2003，第 7 页）

　　站在"天下第一关城楼"往北望，长城自城外直上燕山，往南看则长城如苍龙直奔渤海，其景之宏大令人赞叹，可谓虽是"幽蓟东来第一关，襟连沧海枕青山"，却"万顷洪波观不尽，千寻绝壁画应难。"

　　关塞有"外关"和"内关"之分，"外关"一般设置在北方、西北、西南和岭南等边境地区，主要用于抵御外敌入侵。而设置在长城沿线的关塞为"长城关"，比如汉时的阳关和玉门关。"内关"则设置在江河水路咽喉之地，称为"驿道关"，而"关津"设在江河渡口上。所谓"关中"，为京畿之地的别称，张守杰在《史记正义》中释为："东有函谷关、蒲津，西有散关、陇山，南有峣山、武关，北有萧关、黄河，在四关中，故曰关中。"故"关中"为国家防卫之重心。

　　关塞的主体构成有关门和关墙，以方堡、烽火台和坞为辅助。经考古发现，关门一般为关隘的标志，是战时防御的核心位置，平时用于盘查行旅、征收关税。关墙可阻隔交通，与自然天险、壕沟等相互依仗，组成关塞的防御体系。坞是防卫用的城堡建筑，方堡是与烽燧协同使用，为戍卒日常生活之地。在坞内建筑一旁，还设有壕和虎落尖桩等防御设施。烽燧即为烽火台，用于瞭望警戒和传递军情。据汉简记载烽火台："高四丈二尺，广丈六尺，积六百七十二尺，率人二百三十七。"肩负着边防军事通信的重任。关塞构成，严密有序，与长城内外相守，极大增强国家边疆防御能力。

正所谓文人叹"秦筑长城比铁牢，蕃戎不敢过临洮。"（汪遵·唐《长城》）"秦时明月汉时关，万里长征人未还。"（王昌龄·唐《出塞二首·其一》）"羌笛何须怨杨柳，春风不度玉门关。"（王之涣·唐《凉州词》）长城和关塞成为国家的象征，寄托了古人的热血志向，以高大巍峨、万夫莫开的形象屹立于天地之间。

二、古代城池的防御系统

1. 城池防御的起源

城的诞生和发展贯穿中国上下五千年的历史，对于何谓之城，《释名》曰："城，盛也，盛受国都也。"《穀梁传·隐公七年》云："城为保民为之也"此均为城之定义。《吴越春秋》云："鲧筑城以卫君，造廓以守民，此城廓之始也。"此为城之功用。因此，在中国古代，城池是国家防卫的关键，城池防御体系的能效更关乎国家的生死存亡。

在新石器时代的早期，氏族社会体现出"母系制"特点，村落处于自给自足的状态，部落之间没有相互的侵袭。随着母系氏族社会被父系氏族社会所取代，部落之间开始产生因侵占财物和领地行为而爆发的战争，进一步催生了氏族部落防御工程的诞生。

"壕沟"是最早出现的部落防御体系，最初用于防御林间野兽侵袭，战争爆发后则作为部落防御的第一道防线。"壕沟"一般环绕在部落居住区的周围，史称"环壕聚落"。据考古发现，"环壕聚落"出现在距今约8000年（图6-37）。除了陕西临潼姜寨遗址外，在山东的后李文化小荆山遗址、澧县彭头山文化八十垱遗址和内蒙古兴隆洼文化遗址中都发现多处环壕遗址。为了更好地抵御攻击，先民也在壕沟的内侧筑土墙或竖立木栅栏，这便演化成后来的护城河和城墙，最后形成"城池"。史前城址已经具备城池防御体系的基本形态，为后来城池的建设提供了基础范本。

2. 城池防御的建设

城市作为财富和政权的中心，军事防御的重心，历来是战争中攻城方和守城方之

图 6-37　西安半坡遗址模型图（图片来源：作者拍摄）

间的对垒之地。历史上针对攻城之法，仅墨家在《墨子·备城门》中就讲述大约 12
种攻城谋略。与之对应的，这些奇袭、
强攻和包围的攻城战术也促进了守城
方对城池军事防御体系的建设和完善
（图 6-38）。

　　建设一个具有完整军事防御体系
的城池，首要条件是选择一处合适的
城址。《管子·乘马篇》说："凡立国都，
非于大山之下，必于广川之上。高毋
近阜而水用足，下毋近水而沟防省。"
故城址的选择应充分考虑地理环境、
自然气候条件、物产资源等综合因素。
若城市选址较高，与周边河湖相隔安
全距离，既能满足人们的日常用水和
水利交通，也能免于自然灾害的侵袭

图 6-38　击杀登城者的器械（引自刘旭著《中国古
代兵器图册》，转引自吴庆洲著《中国军事建筑艺
术》，湖北教育出版社，2006，第 96 页）

（特大山洪等）。若交战时，敌军使用水攻，守城方也能利用地形优势配合城池防洪体
系加以破解；若敌军采用拉锯战，只要城池所处之地农业发达，可满足粮草资源之用，
也可以反败为胜。正如《周易》云："天险不可升也，地险山川、丘陵也，王公设险以
守其国，险之时用大矣哉。"

　　古代都城的重要组成部分为"城"与"郭"，《管子·度地篇》记载："内为之城，外为之郭。"
即将全城分为内城与外郭的布局，以"筑城以卫君，造郭以守民"（《吴越春秋》）为主要目的进行城池的防御和守卫。史前古城并无此布局形式，周朝起仅王城采用城郭相连的布局。春秋后期，各诸侯国也开始采用。发展到战国时期，城郭布局的形式已被广泛使用。在这些都城中，"城"一般为宫城，面积较小，"郭"一般为外城，面积较大。大多数的都城是"城"与"郭"相连的布局，其中一部分是"城""郭"并列，另一部分则是内城包裹在郭城之中，还有一小部分城市采用"城""郭"相离的布局。至汉以后，只有"郭包城"的形制。根据军事防御的特点和"城""郭"的特性，"城"为内城，是皇家宫殿区、贵族区和皇家办公区所在地；"郭"为外城，是百姓居住区、商业区和墓葬区所在地。内城外郭的布局使得城市防守更为严密，从而更能有效保卫统治者的安全。

考古发现，史前古城一般为一重城，至周代帝王诸侯国起，则出现两重甚至三重城，如汉长安城为二重城墙，战国时期淹城、曹魏邺城、隋长安城均为三重城墙。历史上被誉为"人穷其谋、地尽其险、天造地设"的明南京城，防御系统极为严密。它是由宫城、皇城、京城和外郭四重城墙组成的格局，由内而外，第一重为宫城，俗称"紫禁城"，为明南京都城核心，由御河环绕。第二重为皇城，用以护卫宫城。第三重为京城，也称内城，其中明南京都城的京城城墙形制独特，是随防御的需要顺势而建。第四重为外郭城，用以弥补和加强南京京城的防卫，增强都城的整体防御性（图 6-39）。

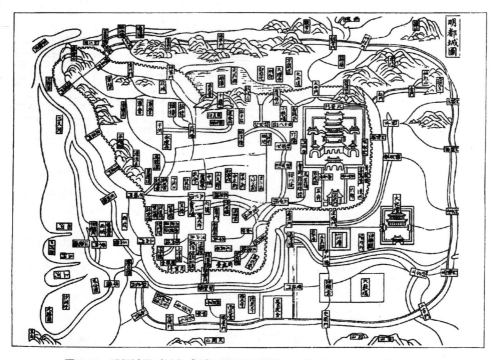

图 6-39　明都城图（引自 ［明］ 陈沂著《金陵古今图考》，南京出版社，2006）

古代城墙最初采用板筑法以土夯筑，随着筑城技术的发展，到曹魏时期已出现以砖包砌城墙的方式。唐、宋后，一些较大城池的城墙采用砖包墙的方式，而后发展到明、清时期，用条石、块石和砖包墙的方式则被普遍使用（图6-40）。史载太平天国期间，在保卫太平天国的都城——天京的战争中，守军防御城池长达11年之久才被湘军的洋枪洋炮围攻所破，这一切都仰赖于明太祖朱元璋用30余年建成的明南京城砖石城墙的坚固。

城墙建造的规制在宋朝形成标准，李诫在《营造法式》中记述："筑城之制，每高四十尺，则厚加高一十尺，其上斜收减高之半，若高增一层，则其下厚亦加一尺，其

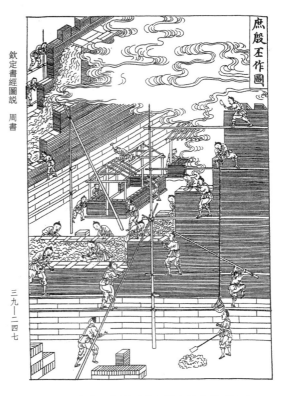

图6-40　庶殷丕作图（引自孙家骕主编《钦定书经图说》，天津古籍出版社，1997）

上斜收减高之半，或高减者亦如之。"由于史前古城城墙的夯筑方法问题，城墙都具有较大倾斜度，存在便于攀爬的隐患，因此自周代起采用悬板夯筑、取消护坡的方法减小倾斜度，消除隐患。

3. 城池的防御性构筑

城池防御除营建措施外，还建造有相应的防御性建筑和构筑物，比如城楼、雉堞、瓮城、护城河、马面台、角楼、羊马城和弩台等。

在城池的防御中，城门（图6-41）为最易受攻击的薄弱部位之一，因此在城门之上建城楼，其一可作为进出城门的标志；其二方便瞭望观察和控制城门。此外，城门多做三重，第一重门多为厚重木门，再包以铁皮以防火攻；第二重"以圆木凿眼贯穿以代板"；第三重设以木栅于护门墙两端。如此，城门的弱势减半，则防守加固。

"堞"又称为"雉堞"，是增筑于城墙之上的一种齿状矮墙，用于隐藏守军。在

图 6-41　西安永定城门（图片来源：作者拍摄）

"堞"上常开凿射击孔，在战时可向敌军施放暗箭。在古文献中，"堞"有"睥睨"之名，意为偷看别人，且"堞"又别称为"女儿墙"，因它的高度和人体差不多，故"堞"可以保卫守军，同时利于防卫射击。

瓮城（图 6-42）是增设在城门外的一圈城墙，据《武经总要前集·守城》记载："其城外瓮城，或圆或方，视地形为之，高厚与城等，惟偏开一门，左右各随其便。"可见在城门外加筑瓮城，意在将敌军作为"瓮中之鳖"引敌深入再围歼。

图 6-42　西安南门瓮城（引自 https://m.zol.com.cn/dcbbs/d33999_3671.html）

孔子在《礼运》篇里说："城廓沟池以为固"表明城池设防的基本形制是在城垣的外面，加筑一道护城河，有的在外城墙内侧，内城墙外侧也筑有一道护城河，在护城河上架桥，既能在危急时刻作为先锋防线阻止敌人的行动，又肩负传送守军出城作战的使命。

马面台（图 6-43）又被称作敌台、墙台或墩台，用于屯兵作战和瞭望观察。在马面上设敌楼，可同时在每个城墙的城隅增设高的角楼来加强城隅的防守强度。羊马城是城墙之外的另一道城墙，位于壕沟之后，始于唐朝，是新出现的防卫设施之一。弩台是设立在城外的射击点，专为牵制敌军。

图 6-43　平遥古城马面台
（图片来源：作者拍摄）

古代城池的防御是一种积极的防御，即将敌人阻隔在城墙之外，因此城墙成为设防的重点。在冷兵器时代，城墙对于军事防御的价值极高。

自火药诞生以来，战争双方就由使用冷兵器转化为冷兵器和热兵器的混合使用，这无疑增加了城池防御的难度，但同时促进了城池防御建设的变化和发展。南宋著名军事家陈规针对火器的使用对城池的防御体系提出了一系列的改造措施，并著有《守城录·守城机要》进行详细阐释，其中包括一些移除、改造和重建的工作。比如关于取消瓮城和改设护城门的记载有"城门旧制，门外筑瓮城，瓮城上皆敌楼，费用极多。以御寻常盗贼，则可以遮隔箭丛；若遇敌人大炮，则不可用。须是除去瓮城，止於城门前离城五丈以来，横筑护门墙，使外不得见城门启闭，不敢轻视，万一敌人奔冲，则城上以炮石向下临之。"

对女儿墙的改造记述为"万一敌炮不攻马面,只攻女头,急於女头墙里栽埋排叉木,亦用大绳实编，如笆相似，向里用斜木柱抢，炮石虽多，亦难击坏。"此外，修筑城门的数量宜少不宜多，但是可增设暗门以做突袭之用；将城墙最易受火炮攻击的四隅加厚并在之上建设更高的角楼来共同抵御火炮的攻击。

据史料记载，陈规在守德安府抵御李横攻城期间，曾带领军民多次周旋守城，依靠他卓越的军事才能和德安城池坚固的防御体系，成功地抵御李横的强攻，保住德安府的安宁，以军事实践证明他所述城池防御发展的各项措施的重要价值。

三、民居建筑的防御体系

中国地域辽阔，民族众多，在古建筑类型中，有一类建筑以选址奇险为特点，以"高墙深院"为其建筑风格，如同一座座坚固的堡垒，盘踞在山林之间。这是区别于军事建筑以外的防御性民居建筑。陈寅恪评述道："凡聚众据险者因欲久支岁月及给养能自足，必择险阻而又可以耕种及有水泉之地。其具备此二者之地必为山顶平原及溪涧水源之地，此又自然之理也。"

中国最具防御的民居尤以福建客家土楼、赣南围屋为集大成者。考古发现，历史上客家人为了躲避战乱和灭族之祸，共进行了五次大规模的迁徙，从中原地区往南迁。到了南方山林后，为了避免战争的波及、当地的匪祸和自然灾害的侵袭，客家人选择聚族而居。他们将居住建筑与碉寨结合，把住房联合成一片从而形成封闭式的居住空间以抵抗外界祸患，最后形成独具特点的客家围屋（图6-44）。

图6-44　南靖县田螺坑土楼群（戴志坚摄，转引自《中国传统建筑解析与传承：福建卷》，中国建筑工业出版社，2017，第36页）

　　福建土楼有一个美丽传说，明正德年间（1426—1434 年），永定雷余式的女儿被召选入宫，成为皇帝的贵妃，因思念家人，皇帝特召其亲弟入皇城陪侍。此人习惯于山林间的自由生活，在皇宫内生活几年之后便请旨回乡，但另一方面他又不舍得金碧辉煌的宫殿高楼，因此皇帝下旨准许他返乡兴建高楼深宅。这位国舅爷回到永定，建起了高大明亮的五福楼。这个传说虽真假难定，但足以说明客家土楼的源远流长、历史悠久。

　　土楼之所以谓之土楼，源自它的外墙是由土建造，此土为加入特殊比例的红糖、蛋清、糯米配置而成，墙壁下厚上薄，固若金汤。土楼形状多样，以圆形最为注目。它们的尺度极大，直径一般可达几十米，大型土楼的直径可达七八十米，因此可容纳几百家人同住。出于防御性的考虑，土楼内部的功能和门窗洞口的布置是不同一般的。土楼的一二层除大门外不开窗，因此一层用于厨房杂物，二层为存储空间，三层及以上才是居住空间。居住空间的卧房朝外开小窗，窗口内大外小，可以方便观察外部敌情，同时能降低被武器击中的概率（图 6-45）。

图 6-45　怀远楼外景（戴志坚摄，转引自《中国传统建筑解析与传承：福建卷》，中国建筑工业出版社，2017，第 164 页）

　　土楼除了外部构造的坚固外，在内部空间也有一套流畅的防御体系。楼内一般设置内廊环绕，并均匀放置楼梯以形成水平方向和竖直方向的交通联系带，一旦战事爆发，居民们可以快速地进行防御安排，同时土楼内还留有几口水井，平时就供生活所需，战时用于防御火攻和战备用水。

　　赣南围屋是区别于土楼的另一种围屋形式（参见本章图 6-19），它是集家、祠、堡于一体的防御性民居建筑。形状有圆形、半圆形和方形，与土楼所不同的是，方形围屋的四角还筑有高出 1 米左右的碉堡，较之土楼更增加瞭望和观察敌情的防御能力。

　　在中国的部分地区，存在很多的村寨楼堡类防御型民居，一般以一个村子或一个姓氏家族群居防御。比如山西省晋城市的皇城相府，是建于明清时期的官宦宅居建筑群（图 6-46）。整座相府依靠山势地形，占据地势险要、易守难攻之处。建筑群分内外两城，其中城墙防御系统中建设有许多藏兵洞，洞体坚固，并将防御工事、兵营、军需仓库等功能融合在一起。内城北部建一高堡楼，楼内备有水井、石磨等常用生活设施，并置有暗道，以备战时人们的躲藏和撤离。整个皇城相府兵洞连城，防御严密，堪称为民居建筑防御体系中的杰作。

图 6-46　山西皇城相府防御系统（姚慧拍摄）

　　山西王家大院位于山西省灵石县静升村（图 6-47），历史上，静升村常遭受响马（即土匪、强盗）和逃兵的侵扰，所以防御功能对于王家大院的建造来说是极其重要的。王家大院的防御体系包含两种重要的防御性建筑——堡子建筑和围院建筑。堡子建筑同时具备居住和防御两种功能，堡墙是由夯土垒筑，四周设有堡门，同时在城墙之上还设有角楼等防御设施以做瞭望之用。围院建筑的功能与堡子相同，它隶属于堡子建筑的一部分，一般位于堡子北边的高处，以王家大院高家崖为例，这些围院建筑分为东、中、西三部分，位于堡子的最高处，用于瞭望和观察村内情况，围院之间又相互联系，因围院建筑是院里家丁和佣人居住的地方，所以在发生紧急情况时可以互传消息协同作战。在王家大院中，各围院建筑是为保护单个堡子存在，而各堡子又因位于村子的高处所以相互联系，担当村子防御的重任，正如《孟子·滕文公章句》所说："出入相友，守望相助。"这些建筑之间环环相扣，紧密关联，共同形成村子完整的防御体系。

　　明朝末年，因土匪猖獗，社会治安混乱，自然灾害频发，广东开平一带住民和华侨开创了开平碉楼的民居形式。此民居的最大特点是在窗洞的构造之上，装备两层窗户：一层为铁板做的窗扇；二层为钢铁栅栏，从而可在双层防护下有效抵御敌人的攻击。

图 6-47　王家大院俯瞰图（图片来源：作者拍摄）

少数民族地区的防御性民居的特色在于选址于奇险之地，形成"易守难攻"之势，正所谓"必居山势险峻之区人迹难通之地无疑，盖非此不足以阻胡马之陵轶，盗贼之寇抄。"其中最为典型的是西藏碉楼和四川桃坪羌寨，碉楼以其高大坚固和门窗系统布局为主要特色，拒敌于门外。而桃坪羌寨以布局复杂、村中道路曲折、空间四面相通来迷惑敌人，从而取胜。

四、古人的精神防御

与物质防御体系相辅相成的是精神防御的建立，它是通过实体防御工程的建设来达到安慰人们心理的作用。从城池选址的风水来看，一般城池都背山面水，有"聚气"的功能，是吉祥宝地，再加上城池防御的密闭性、各种防御建筑的高大威严的形象，在人们心中自然形成一种被保护和绝对安全的心理慰藉。而防御工程中的某些具备"监视功能"的建筑设施，也为人们营造了一种掌控全局的安全领域感，同时对敌方产生一种压迫和震慑。因此，无论是城池还是防御性的民居建筑，都是既在现实中建立坚不可摧的军事防御体系，又在人们的心理上打造牢固的精神防线，这些都是中国古代防御建筑的艺术魅力之所在。

（本节著者　周胜华、姚慧）

主要参考文献

[1] 许宏 . 先秦城市考古学研究 [M]. 北京：北京燕山出版社，2000.

[2] 吴庆州 . 中国军事建筑艺术 [M]. 武汉：湖北教育出版社，2006.

[3] 张驭寰 . 中国城池史 [M]. 天津：百花文艺出版社，2009.

[4] 罗哲文，王振复 . 中国文化建筑大观 [M]. 北京：北京大学出版社，2001.

[5] 荀平，王众 . 中国古代城池军事防御体系探析 [J]. 新建筑，2008（03）：103-105.

[6] 李娟 . 浅析防御性民居建筑 [J]. 山西建筑，2010（34）：47-48.

[7] 陈冬仿 . 环壕的发展与城的起源 [J]. 中原文物，2015（06）：42-45.

[8] 黄永健 . 山西王家大院的建筑艺术风格分析 [D]. 南京：东南大学，2005.

[9] 姚慧 . 左祖右社 [M]. 西安：陕西人民出版社，2017.

第五节　多元认知视角下的古代建筑名称与分类

拥有众多的名称和类型是中国古代建筑的一个显著特点，不同的名称和类型代表着不同的建筑和空间含义。中国传统建筑的类型不是按照同一标准来划分的，有的以建筑形式为依据，有的以功能用途为标准，有的以其所处位置不同为则，更有的是以规模大小之不同而确定。同一建筑形式因用途不同而称谓也随之改变，同一用途的建筑，因为不同的建筑形式，名称也随之而异。

一、复杂多变的建筑名称

复杂多变的建筑名称在园林建筑中表现得尤为突出，园林中单体建筑的适用范围较广，变异性也很大。有的虽名为厅，但可能是堂；有的名虽为轩，也可能是厅。以《红楼梦》中的"大观园"为例，被贵妃所赐名的潇湘馆、怡红院、蘅芜园、浣葛山庄、藕香榭、蓼风轩等，这些所谓的"馆、院、园、山庄、榭、轩"，其实与建筑形式无关，具体功能也并无特殊指定，虽然这些称谓各有所指，意义也各有不同，但它只是"大观园"组群建筑中的一个空间单位，名实并不相副。

建筑物的名称及类型正如一个人一样，它可以有不同的身份、不同的称谓，这些都是根据不同的社会关系而区分的。所以在文字上对建筑物的称谓相同不一定算作一种建筑类型，由于其不同基础关系而产生的名称不能混在一起作为一种类型来划分。这样的实例有很多，下面列举二三例。

中国古代最早出现有关房屋名称的文字就是"宫"和"室"，宫和室有过完全相同一致的解释。"筑土构木，以为宫室。"当时所称的"宫室"泛指建在地面上供居住用的房屋。《尔雅》曰："宫谓之室，室谓之宫。""宫室"的本义是指房屋或者住宅的总称。"古者贵贱所居皆得称宫……至秦汉以来乃定为至尊所居之称。"（北宋邢昺《尔雅疏》）这里"宫"即指普通居住的房子，发展到后来，"宫"变为唯王者专用，"室"则一致延续了其对房屋的通称。但后世宫和室的称呼还是有区别的。王树柚《尔雅说诗》曰："今案后世之制，宫可以言为室，室不可以言宫，分别甚明。"

《说文》有"堂，殿也"之句，"堂""殿"指的是高大建筑物，称谓的由来出于对建筑物雄伟壮丽的一种赞叹，是由形容词所致，是到了出现大型建筑物之后才有的名称。为什么将大型建筑物称作"堂""殿"？《释名》解释是"堂犹堂堂高显貌也"，许慎在《说文解字》中释"殿"为："殿，堂之高大者也。""殿，堂之高大者也。盖古本如此。"（清沈涛《说文古本考》）如此说来，"堂""殿"之称只不过是一种赞叹之词。这又是"同实"而"异名"的字。其后，对于一般主体建筑物多称为"堂"，或者建筑物中的主要公共空间也称为"堂"，作为建筑空间的一部分，在位置上与室相对，"前堂后室"，这也是堂的本意（图6-48、参见本章图6-51）。而"殿"本来就是指高大的空间，其在功能上既适用于宫殿建筑，也适用于寺庙建筑。"宫"和"殿"逐渐演变为皇室专用的建筑名称。

图6-48　佚名，《女孝经图》局部（引自中南海画册编辑委员会编《中国传世名画》，西苑出版社，1998）

"楼阁"二字虽常常相连，但本来的意义并不相同。"楼"与"阁"的关系很密切，它们各自的定义、形式、功能有许多相似的地方，但因使用的方式和部位不同而有了不同的名称。在功能上，楼一般用于居住，作为园林建筑则具备多种功用，可居、可观。阁一般做储物之用，如储藏典籍、图书。两种建筑形式之间也互相影响，对于楼与阁在具体形制上的区别，根据《中国大百科全书》对"楼阁"词条的解释："中国古代建筑中的多层建筑物。楼与阁在早期有所区别，楼是指重屋，阁是指下部架空、底层高悬的建筑（图 6-49、图 6-50）。阁一般平面近方形，两层，有平座，在建筑群中可居于主要位置……楼则多狭而修曲，在建筑群中居于次要位置……后世楼阁二字互通，无严格区分。"而古建筑学家陈明达先生对楼、阁则概括为"自地面立柱网，柱网上安铺作即是平坐，上面再立柱网、建殿屋，即是阁。自地面建殿屋，又在上面建平坐、殿屋，则为楼。简言之多层房屋最下层是平坐的，称为'阁'，最下层是殿屋的称为'楼'。由于其形近似，楼与阁的称呼早已混淆不清了。"精辟地指出了楼与阁在建筑结构形式上的区别。

图 6-49 三阁组合寺院——初唐、莫高窟 331 窟、南壁（引自孙毅华著《中世纪建筑画》，华东师范大学出版社，2010，第 115 页）

周人所说的"明堂"，在殷人称为"重屋"，夏后氏称为"世室"，虽然在建筑类型上一脉相承，但是其具体规模和高度尺寸是有区别的，它们名称的变迁本身就代表了此种建筑类型发展的过程，它们是不同历史阶段的建筑类型。如"馆"与"斋"等

图 6-50　莫高窟 217 窟的净土经变寺院中的楼、台、阁组合建筑群（引自郑汝中编《飞翔的精灵》，华东师范大学出版社，2010，第 36 页）

并不代表一类什么样的建筑类型，其基本含义是因功能不同而名称不同。"馆""斋"本身也并不代表任何一种建筑形式，"馆"的基本含义就是准备为来客使用的建筑物，其后成为一种公共建筑物的称呼。中国古代的文人士大夫很喜欢称自己的书房画室为"斋"，只是一种幽居的房屋之意。而"房"（图 6-51）"闱""闼"最早是因为使用的位置和大小不同而出现的建筑名称。再比如"市""阙""观""亭"等多种建筑类型，在不同时期词意发生了很大的变化，甚至在同一时期的含意也有明显的差别。

建筑名称的变化与政治动荡也有很大的关联，根据《汉书·王莽传》所载，在公元 8 年，王莽夺汉位，建国号"新"以后，曾经对建筑名称进行了大量的修改。当时除了对长安 12 个门重新命名外，还改长乐宫为常乐室，未央宫为寿成室，前殿为王路堂等。其实也正是因为王莽恪守孝道、勤身博学、精通儒家典籍的品质，王莽自身作为"儒君"的文化背景，才博取了包括扬雄、桓谭、刘歆在内的大量名儒的支持，发动了"易姓改名"的政治巨变。这些建筑文化方面的变动也是当时整个社会背景的一个缩影。

另外，在中国古代近百种建筑类型当中，有相当一部分随着时间的推移不但发生了指称上的变化，甚至逐渐消解了它们在建筑方面的含义。比如"屋漏"和"奥""宦""窔"

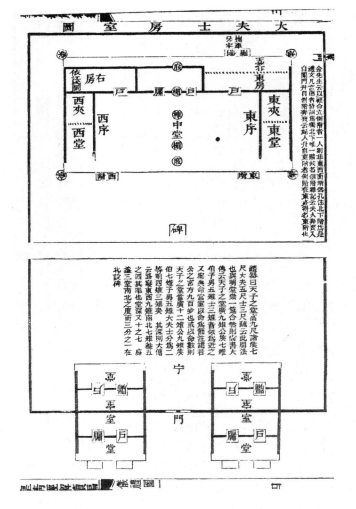

图 6-51　周代宫室平面图（[清]张惠言《礼仪图》士大夫堂室图，引自曹春平著《中国建筑理论钩沉》，中国建筑文化研究文库，湖北教育出版社，2004）

（图 6-52）并列指称室的四个角落空间，西南隅谓之奥，西北隅谓之屋漏，东北隅谓之宧，东南隅谓之窔（《尔雅·释宫》）。它们是古代对于角落空间进行区分的表现。东汉孙炎注《尔雅》时曰："屋漏者，当室之白日光所漏入。"而并非房屋的破漏。

日本东京大学横山正教授在《中国园林》一文中提到曹雪芹在《红楼梦》中所描写的大观园："这座凭空想象的富丽堂皇的官邸，描写得细致周详。清朝以来，曾几次设想按原样重建大观园。参照原书，究竟何处是建筑物，何处是园林，浑然一体，不易区分。构思巧妙富于情趣的无数亭台楼阁之间的空隙，尽是园林。也可以视为包括这些建筑群在内的都是园林。换言之，园林中到处镶嵌着形形色色的亭台楼阁。""亭台楼阁"是其讲述的十个园林之美之一。

明计成在《园冶·屋宇》中共列出 15 种建筑类型：门楼、堂、斋、室、房、馆、楼、台、阁、亭、榭、轩、卷、广、廊。中国古典园林中建筑的形式和名目繁多，这么多的园林建筑类型横山正教授何以只选择"亭台楼阁"来概括园林中的建筑景观？究其原因，还是因为相比之下，亭、台、楼、阁在诸多建筑类别中形式和名称相对稳定而流传下来，各自也有较为突出的功能特点。

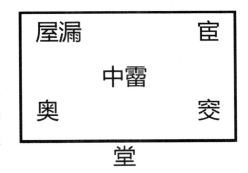

图 6-52 室之四隅及中霤位置关系图（奥、屋漏、宧、窔、中霤插图）（引自石增礼论文《中国古代建筑类型分类》插图）

以此看来，自古以来，古人很喜欢和重视对每一个建筑单体和整个建筑群命名，按照功能和形式给予合适的称谓，此风今日似乎还在流传。"事实是这样，一部分建筑类型的名称或者说称谓因为历代都以其为重大或者著名的建筑物命名，因此就长期保留和应用。宫、室、堂、馆、楼、阁、轩、斋等名称仍然流行，或者也算是传统精神的一种延续。但是，另一方面，古代也有过一些对建筑物的称呼或者名称到了今日已经完全消失，甚至不大为人所知所指为何物。"（李允鉌《华夏意匠》）

二、建筑类型的不同认知视角

建筑类型的产生与命名是社会认知发展的重要组成，其中是有相应规律的，透过其中的信息可以更加全面深入地了解当时社会对于建筑类型及整个建筑文化的认知程度。由此看到，中国古代建筑类型的发展过程在功能和名称上是交叉进行的，它们之间进行了大量的转换。

现在很难考证中国古典建筑类型究竟有多少种？怎么划分？考古学家在商代遗址中发现的甲骨文，被认为是经过长期发展后才形成的中古文字。可以说，从商代的甲骨文甚至更早的图形符号开始，中国建筑类型就已经被大体上进行了分类，这种造字特征所涵盖的信息也很早就被古代学者所意识到了，东汉许慎的《说文解字》可以说是将之系统化的始作俑者。

从西周时期开始，历史上的文献记载逐渐增多，其中记述周代礼制规定的"三礼"（《周礼》《礼记》《仪礼》）可以说是当时的主要代表。比如在《仪礼》中，对于周代君王和士大夫的行为举止做了甚为详细的记载，从中可以窥视到当时诸侯宅第的平面布局形式（图 6-40），同时提及门、宁、堂、室、户、牖、碑、西阶、西夹、西堂、西序、中堂、楣、栋、东阶、东序、东堂、东夹、户、牖、右房、室、东房、北堂、侧阶、闱门多个建筑名称。在这些文献记载中，虽然并没有专门对建筑类型进行分类，可是实际的使用过程中已经出现了较为系统化的成组群的建筑类型。也直接或间接地影响到唐宋时以"礼仪""居处"部的建筑类型划分。

诸子百家的相关文献也有关于建筑类型的零星记载。汉代以前关于建筑类型记载的最为重要的文献应该是《尔雅·释宫》，《释宫》作为《尔雅》中的一篇，虽然仅仅五百余字，但是其中却涉及汉代以前的大部分建筑类型，如宫、室、家、序、奥、屋漏、窔、宦、阁、台、榭、屋、门、屏、树、闳、阙、闱、闺、阁、闳、塾、庙、寝、楼等。它对建筑类型相互关系的叙述也非常有条理，在这些叙述中，有相当一部分成为日后各朝各代学者注释建筑类型的准则，比如其中的隅、闱、塾、庙、寝等更是成为该建筑类型的经典定义。

《说文解字》是东汉许慎的巨著，是中国历史上第一部系统地分析字形并考究字原的专著，堪称中国最早的字典。它对字的分类整理和解释，直接反映了对当时客观世界的认知，而其中对于建筑类型的解释，则是建筑类型发展史上的一次重要定性。东汉末年刘熙所著的《释名》，其中的第十七篇"释宫室"，是对建筑类型和意义的专门解释。以郑玄为主的对汉代以前文献所做的注疏，也是后代学者所依循的经典解释。其中与建筑类型相关的部分内容虽不能成为严格的体系，但是在广度上可以说基本涵盖了当时所有的建筑类型。

中国古代凡采集群书，分别部居，以类相从，便于寻检者，称为"类书"，这些"类书"是古代贤达文人整理文献的一种分类方式，其中对于建筑类型部分的叙述顺序和章节结构，体现了古代社会看待建筑的不同角度。下面简要介绍一下唐宋时期的几部典型"类书"对于建筑相关部分的记载顺序。

唐代徐坚等人所著的《初学记》中相关建筑类型的叙述顺序：

礼部上（第十三卷）：总载礼一；祭祀二；郊丘三；宗庙四；社稷五；明堂六……

居处部（第二十四卷）：都邑一；城郭二；宫三；殿四；楼五；台六；堂七；宅八；库藏九；门十；墙壁十一；苑囿十二；园圃十三；道路十四；市十五

唐代欧阳询编撰的《艺文类聚》中相关建筑类型的叙述顺序：

礼部上（卷二十八）：礼、祭祀、郊丘、宗庙、明堂、辟雍、学校、释奠

礼部中（卷三十九）：巡守、籍田、社稷、朝会、燕会、封禅、亲蚕

居处部一（卷六十一）：总载居处部

居处部二（卷六十二）：宫、阙、台、殿、坊

居处部三（卷六十三）：门、楼、橹、观、堂、城、馆

居处部四（卷六十四）：宅舍、庭、坛、室、斋、庐、道路

宋代李昉等人编撰的《太平御览》中关于建筑类型的叙述顺序：

礼仪部十：庙、神主

礼仪部十一：社稷、先农、灵星

礼仪部十二：明堂

礼仪部十三：辟雍、灵台、学校

礼仪部十四：庠序、释奠、养老

居处部一：宫

居处部二：室

居处部三：殿

居处部四：堂（堂塸附）、楼

居处部五：台上

居处部六：台下

居处部七：阙、观

居处部八：宅

居处部九：第、邸、屋、家、舍、庐（屠苏附）、庵

居处部十：门上

居处部十一：门下

居处部十二：户、枢、关、键、闸、阁、阁、㭚、闼

居处部十三：厅事、斋、房、庭、阶、陛、墀、序、廊、塾、坛、屏、庋、宁

居处部十四：厨、灶、宝、厕

居处部十五：墙壁、柱、梁、栋

居处部十六：窗、槛、椽、檐、梲、㮰、闲、铺首、藻井、鸱尾、碩础、奥、屋漏、宧、窔、塼、瓦

居处部十七：井

居处部十八：仓、囷、庚

居处部十九：府库藏、厩

居处部二十：城上

居处部二十一：城下

居处部二十二：馆驿、传舍、亭

居处部二十三：逆旅、道路、驰道、途、阡陌、街巷

居处部二十四：苑囿

居处部二十五：园圃、圈、牢、藩篱、华表

上述“类书”的编撰目的多为历史文献的归类叙述，它们在本身叙述顺序中遵循了“分别部居，以类相从”的原则。将礼部与居处部建筑类型相区别开来的做法，是古代学者看待中国建筑类型的一种特殊视角，体现了礼制关系在当时社会中的重要地位。这种方法虽然并不是针对具体建筑元素构成的分析和看法，叙述逻辑显得比较杂乱，从中也看不到严格的分类体系和相关分类的说明。但在《太平御览》居处部的排列中能看到以功能相近，或以叙述相似内容归类的明显痕迹。从三者对比中也看到，《太平御览》中的礼仪部的类型比《初学记》《艺文类聚》明显减少了，内容也有所不同。而在居处部中相反，后者的类型、名称较前者更为丰富，增加了《尔雅》和《说文解字》等文献的内容，如屋漏、奥、宧、窔、传舍、亭、逆旅、街巷等。同时增加了一些古代建筑的构件名称，如辅首、鸱尾、磌础等。

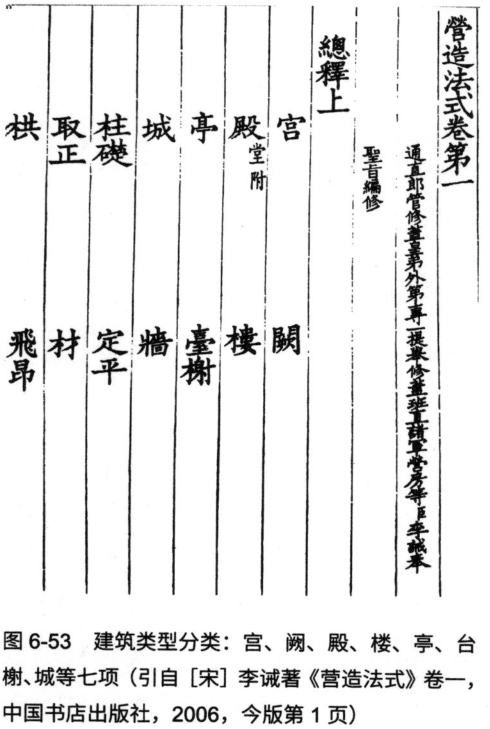
營造法式卷第一
通直郎管修蓋皇弟外第專一提舉修蓋班直諸軍營房等臣李誡奉
聖旨編修
總釋上
宮 闕
殿（堂附） 樓
亭 臺榭
城 牆
柱礎 定平
取正 材
栱 飛昂

图 6-53 建筑类型分类：宫、阙、殿、楼、亭、台榭、城等七项（引自［宋］李诫著《营造法式》卷一，中国书店出版社，2006，今版第 1 页）

而宋代著名大匠李诫在《营造法式》的“总释”中所提及的建筑类型只有宫、阙、殿、楼、亭、台榭、城七项（图 6-53）。但《营造法式》是指导官式建筑施工及预算的技术工具书，其分类更具有实践操作的意义，和“类书”文献有一定的区别。

近代乐嘉藻先生著《中国建筑史》中吸收了西方建筑思想，上篇就形式上分类：平屋、台、楼观、阁、亭、轩、塔、桥、坊（华表、棂星门附）、门、屋盖、斗拱。下篇就用途上分类：城市、宫室、明堂、苑囿园林、庭院建筑、庙寺观共 12 个篇章。

刘致平先生所著的《中国建筑类型及结构》一书中，第二章单体建筑部分的叙述结构：一、楼、阁；二、宫、室、殿、堂；三、亭、廊及轩、榭、斋、馆、舫；四、门、阙；五、桥。其中，对一些重要建筑类型在形态方面有简单的分类介绍，涉及一些建筑类型在形态方面的辨析，以及类型自身的发展情况。该书仍然限于园林宫苑、造园要素等单个建筑类型或者一小组建筑类型的关系比较及其形态和用途上的区别。

以上两著作的建筑分类，均缺少内容上的完整性和结构上的系统性。而现代建筑研究注重的是历史文献、考古发掘和实物相证的方法。目前，现行版本的中国古代建筑史的编写，大部分是按照功能分类进行分章节叙述的，比如城市规划、宫殿建筑、寺庙建筑、民居、陵墓、园林建筑等几大类。而编撰最权威、最全面的《中国古代建筑史五卷集》则是按照历史朝代的不同和功能分类依次叙述。以功能划分的现代建筑历史观，这种记述方式显然并不符合中国古代建筑类型的自身分类模式，不能真实完整地反映古代建筑自身变化交叉的结构体系。古代文献中很多类型，如前文所讨论的"明堂""阙""观""亭""楼""阁""房""斋""暴室""闱"等多种类型结构中不知归为何类。

可以看出，中国古代的文献经典中既没有系统科学的分类方法，更没有固定的模式。而现代建筑史学的写法和目的是叙述性质的，并没有对古代建筑类型自身复杂的结构进行分析。其分类方法也不能全面代表中国古代建筑发展长河中错综复杂的变化。

三、建筑类型及命名的更替与消解

如前所述，中国古代建筑拥有众多的建筑类型和名称。每个成熟的名称和它所代表的类型之间存在着意义上的对应关系，这种对应关系是用名称的更替来表示差别。对于建筑名称的差别，陈从周先生有这么一段话，很生动："本来中国木构建筑，在体形上有其个性与局限性，殿是殿，厅是厅，亭是亭，各具体例，皆有一定的尺度，不能超越，画虎不成反类犬，放大缩小各有范畴。拙政园东部将亭子放大了，既非阁，又不像亭，人们看不惯，有很多意见。"

在中国古代物种分类中一个特殊的例子，在我国的东周时期，由于马对军事以及生产、生活方面的重要性，人们给了它足够的关注，仅《诗经》里面的《鲁颂·駉、驖、駜之什》一篇提到的马的种类就有近 20 种，其中有：駉、牡、骄、皇、骊、黄、雅、駜、骍、骐、骓、骆、骝、雒、駰、騢、驔，等等。现在看来简直有些不可思议，后来，随着社会的发展，马的重要性已非昔日可比了，那么，以前的种种分类及差别就显得麻烦并且没有必要，于是这种分类方式也就逐渐消解了。中国古代大量的建筑类型也是这样，在后世的发展中有的得到了保留和发展，有的逐渐淡出人们的使用范畴。分类的由繁到简（或者相反）的变化所反映的恰恰是此类物种或建筑对于人类重要性的程度高低。

"所以，通过事物名称的变化，可以认知人们当时对事物本身的认识程度和关注程度。名称的产生，意味着新的意义产生；名称和它所代表的事物的定型和沿用，意味着人们对该事物认知的成熟；名称的消解，意味着名称代表的事物和人们生活方式的脱离。换句话说，就是建筑类型的名称与意义之间具有必然的联系。""从建筑类型的发展史来看，近现代以来，在中国持续几千年的建筑名称在一夜之间大量地退出历史舞台，其原因也就是这些建筑类型所代表的意义已经首先被淘汰了，现代人进入另外一种认识建筑的分类系统了。"（石增礼论文《中国古代建筑类型及分类》）

其实，中国古代人眼中的建筑所具有的意义比现在要复杂得多，可以说中国古代每一种建筑类型的出现和发展都是具有其深刻的历史背景和文化含义的。建设等级制度、建设规模、建造尺度、建筑形态、建筑位置、建筑使用功能及使用者的身份地位等要素，都是中国古代学者看待建筑的重要角度，它们的特征含义也绝不仅仅局限于建筑本身的功能，甚至这些要素所占有的比重在分类及命名时与建筑使用功能相差无几。可以说，对这些要素的认知和区别就是中国古代建筑被分类的基本原因。古代社会对建筑物使用、命名及观法的多样性和不同时代所存在的不可比性，决定了任何分类方法都将无法穷尽、覆盖或涵盖中国古代的全部建筑类型。

（本节著者　姚慧）

主要参考文献

[1] 刘叙杰，傅熹年，潘谷西，等 . 中国古代建筑史五卷集 [M]. 北京：中国建筑工业出版社，2003.

[2] 李允鉌 . 华夏意匠 [M]. 天津：天津大学出版社，2005.

[3] 刘致平 . 中国建筑类型及结构 [M]. 北京：中国建筑工业出版社，2000.

[4] 姚慧 . 如翚斯飞 [M]. 西安：陕西人民出版社，2017.

[5] 乐嘉藻 . 中国建筑史 [M]. 北京：团结出版社，2013.

[6] 石增礼 . 中国古代建筑的类型与分类 [D]. 杭州：浙江大学，2004.

[7] （明）计成 . 园冶注释 [M]，北京：中国建筑工业出版社 .1988.

[8] （汉）许慎撰 .（清）段玉裁注 . 说文解字 [M]. 上海：上海古籍出版社，1988.

后 记

一

本书写作的最初想法诞生于 2017 年元旦，那时刚刚完成陕西人民出版社《左祖右社》和《如翚斯飞》两本关于《三才图会》宫室卷内容解读的著作。每每徜徉在博大精深的传统建筑文化中，留恋欣赏精美的传统建筑艺术，常常有许多感慨和疑惑：如古代先人到底是怎样设计、营造房子的？是什么因素影响着古代的营造活动？有哪些传统文化是和古代建筑营造文化融合、交汇、并产生文化同构现象的？中国古代的营造文明到底是什么？由哪些内容组成？给我们有什么样的启示？翻阅浩瀚如海的专业论著、研究成果，都是碎片化的，难以梳理清楚，对于这些问题我们常常是"只缘身在此山中"。抱着这样的疑惑，基于对传统文化及营造文明的热爱和思考，谨以个人之兴趣和多年的研究学习成果，这本著作的概念想法就产生了。

中华民族有悠久的文明传统、博大深邃的精神内涵。而传统营造文明有着广阔的文化范畴，"盘根错节"的文明线索，各种文化现象复杂多元很难理清楚。回头来看，对自己提出的问题似乎也没有得出好的答案。本书最终以中国古代建筑营造的文化现象为主要研究对象的面目出现，试图在有限的篇幅中，对中国传统文化背景上对中国传统建筑文化的交汇、融合、同构现象进行解读，从古代建筑发展历史中创造的文明进行总结和阐述。探寻中国建筑文化的民族之魂，触摸传统建筑之"中国心"，以其达到传承、宣扬传统建筑文化的灿烂文明，增强民族文化自信的目的。

二

在写作的过程中，与朋友们经常讨论，我也常常反问自己，我们所研究的古代传统营造文明，到底应该研究什么、继承什么？我们所研究的究竟是文明还是落后？相信很多读者和我一样抱着这样的疑惑。余秋雨先生说过"文化的新陈代谢，是永远不变的规律，有时候我们以为拥抱的是文化，其实是落后。"毫无疑问，一个国家和民族只有延续创造自己的优秀文化才能屹立于世界文化之林，我们优秀的传统建筑文化更应该研究、继承和发展。所有的技术及其文化都是需要发展的，要跟上时代前进的脚步才不会落后，我们研究传统营造文明不仅仅是为了研究它和记录它，而是为了更好地发扬和创新，文化和文明也需要"与时俱进"。

梁思成先生在《为什么研究中国建筑》中说到"艺术创造不能完全脱离以往的传统基础而创立。艺术的进境是基于丰富的遗产上，今后的中国建筑亦不能例外。"基于当时建筑创作环境还说到"知己知彼，温故知新，已有科学技术的建筑师增加了本国的学识及趣味，他们的创造力量自然会在不自觉中雄厚起来，这便是研究中国建筑的最大意义。"现在读来还是那么富有时代意义。当代建设者们也常常陷入扭曲混乱的价值标准和迷茫的文化传承，反映出我国建筑行业严重缺乏文化自信。我想我们有博大精深的中华传统文明做后盾，用创新提升文明的发展转动力，用创造思维构建中国特色的建筑文化体系，发展和创新具有中华文化品质的新时代建筑文明。我们感兴趣的强大的生命创造力是会创造奇迹的。

三

在这部著作修改接近尾声的时候，发生了几件和传统文明相关的事件，非常值得纪念。

2019 年 4 月 15 日，法国巴黎圣母院发生火灾，整座建筑损毁严重。这座欧洲历史上第一座完全哥特式的教堂，是世界人类文明的共同遗产。在全世界关注人群的注视下，巴黎圣母院标志性的尖顶被烧毁，轰然崩塌。巴黎圣母院的大火更应引以为戒，不要让留存不多的古代营造文明古迹再遭毁灭。

2019 年 5 月 15 日，适逢亚洲文明对话大会在北京隆重举行，习近平总书记对中华文明做了最精辟的阐述总结，提出文明的创新发展思路："应该用创新增添文明动力、激活文明进步的源头活水，不断创造出超越时空、富有永恒魅力的文明成果。"并指明了中国文明之未来方向："今日之中国，不仅是中国之中国，而且是亚洲之中国、世界之中国。未来之中国，必将以更加开放的姿态拥抱世界、以更有活力的文明成就贡献世界。"

2019 年 5 月 16 日，享誉世界的著名华裔建筑大师贝聿铭辞世，这位现代派设计大师最值得尊敬的是对中国传统文化的执着，被外界对照的"东方"与"西方"的文化背景，似乎在他的艺术世界中，对立又和解："我在文化缝隙中活得自在自得，在学习西方新观念的同时,不放弃本身丰富的传统。"因此被称为文化缝隙中优雅的摆渡者,他从截然不同的文化土壤中汲取精华,又游韧有余地在两个世界穿梭,是一位中国传统建筑文化和营造文明传承与创新的践行者。

四

本书是集体智慧和劳作的结晶,在写作出版过程中得到许多朋友的支持,首先感谢全部参与撰稿的参编者。清华大学单德启教授、北京建筑大学刘临安教授不吝赐序,陕西师范大学王敏芝教授不吝赐稿,张鑫、周胜华、赵雅丽、王海洁、李青、郝韵、赵燕、颜超、闫敏、左捍廷几位研究生不辞辛苦帮助查找文献资料、整理图片,对你们表示最诚挚的谢意。感谢一直以来鼓励我给予我指导的各位师长,感谢始终支持我的家人,使我在繁忙的工作之余,有更多的时间精力做自己感兴趣的事情。

中国建材工业出版社的总编辑佟令玫女士,编辑李春荣女士、孙炎女士,在本书的编撰及多次反复修改过程中,始终倾其心力,提出许多富有建设性的意见,在此深表谢意。

本书的出版得到西安大明宫实业集团、甘肃亚特投资集团有限公司、陕西宝鸡鹏博房地产开发有限公司、西安尚沃实业有限公司、西安长安细柳古建筑工程有限公司、西户高新区发展公司的倾情支持。在此表示最衷心的感谢。

姚 慧
2019 年 4 月 7 日初稿西安建筑科技大学雁塔校区
2019 年 6 月 7 日端午节修改于西安曲江新区寓中